新工科·普通高等教育机电类系列教材

互换性与技术测量

主　编　徐兰英
副主编　伍　强
参　编　李纬华　文　奇　陈飞昕　刘涵章
主　审　叶邦彦

机械工业出版社

本书采用现行国家标准，面向智能制造发展要求，结合广东省一流本科课程建设成果，致力于培养新工科背景下智能制造高素质人才。全书遵照深入浅出的原则，系统介绍了互换性、几何量公差及技术测量等基本知识，其中颇具特色的是将思政元素巧妙融入书中，以培养学生探索未知、追求真理、勇攀科学高峰的责任感和使命感，培养学生精益求精的大国工匠精神。

全书共分9章，主要内容包括：绪论、测量技术基础、孔与轴的极限与配合、几何公差及检测、表面粗糙度及检测、光滑极限量规、尺寸链、典型结合件的互换性、圆柱齿轮传动的互换性。

本书图文并茂，紧密联系生活，从实践出发，采用现行国家标准，与时俱进。本书课程资源丰富，包括学银在线课程学习网站、电子课件（PPT）、视频微课、各章习题答案等（有需要者可发送邮件至 gsxly@gpnu. edu. cn 获取），可供读者参考使用，以便于开展教学和自学活动。

本书可作为普通高等教育本科院校机械专业、机电专业或相近专业的教学用书，也可供从事相关行业的工程技术人员及计量检验人员参考使用。

图书在版编目（CIP）数据

互换性与技术测量 / 徐兰英主编. -- 北京 : 机械工业出版社，2025. 5. --（新工科·普通高等教育机电类系列教材）. -- ISBN 978-7-111-78327-5

Ⅰ. TG801

中国国家版本馆 CIP 数据核字第 202530TA42 号

机械工业出版社（北京市百万庄大街 22 号　邮政编码 100037）
策划编辑：余　皞　　责任编辑：余　皞　章承林
责任校对：韩佳欣　张　薇　　封面设计：张　静
责任印制：任维东
河北宝昌佳彩印刷有限公司印刷
2025 年 8 月第 1 版第 1 次印刷
184mm×260mm · 12. 75 印张 · 314 千字
标准书号：ISBN 978-7-111-78327-5
定价：45. 00 元

电话服务　　网络服务
客服电话：010-88361066　　机 工 官 网：www. cmpbook. com
010-88379833　　机 工 官 博：weibo. com/cmp1952
010-68326294　　金 书 网：www. golden-book. com
封底无防伪标均为盗版　　机工教育服务网：www. cmpedu. com

前言

PREFACE

本书是广东省一流本科课程“互换性与技术测量”的立体化教材。

“互换性与技术测量”是高等学校机械专业、机电专业及相近专业的一门重要的专业基础课。随着智能制造、人工智能、机器人等新工科专业的发展，未来新兴产业和新经济需要的是实践能力强、创新能力强、具备国际竞争力的复合新型工科人才。这无疑使教育教学改革面临着巨大挑战，而教材建设是教育教学改革中的一项重要工作。本书是作者结合互换性与技术测量应用实际和多年的教学工作经验编写而成的。为主动应对新一轮科技革命和产业变革、支撑服务创新驱动发展、“制造强国”等国家战略，本书以国家级一流本科专业为依托，突出互换性与技术测量的实际应用，力图培养精益求精的大国工匠，实现专业知识与思政元素的有机融合、标准化和计量学两个学科的有机融合。

本书由国家级一流本科课程负责人徐兰英教授主编，参加本书编写的有广东技术师范大学徐兰英教授（第 1 章、第 3 章和第 4 章）、广东技术师范大学的伍强教授（第 2 章、第 7 章）、广东技术师范大学的李纬华副教授（第 6 章）、广东技术师范大学的文奇副教授（第 5 章）、广东技术师范大学的陈飞昕老师（第 8 章）、广东技术师范大学的刘涵章老师（思考题及线上资源建设）。在本书编写过程中，华南理工大学叶邦彦教授等提供了热情的指导和帮助，在此表示感谢。

由于编者的水平有限，书中难免存在不足之处，敬请读者批评指正。

编　者

目　录

CONTENTS

第1章　绪　　论

1.1　互换性

1.1.1　互换性的含义

互换性是指同一规格的某一产品（包括零件、部件、构件）与另一产品在尺寸、功能上能够彼此互相替换的性能。在机械制造中，零部件的互换性是指机器或仪器中，在不同工厂、不同车间，由不同工人生产的同一规格的一批合格零部件，在装配前不需做任何挑选，任取其中一个，装配时无需进行修配和调整，装配后能满足预定的使用功能和性能要求。

互换性在工业及日常生活中的应用已经非常普遍。例如，汽车、洗衣机或日光灯等家用电器的零件，都是按照互换性要求生产的，当这些机器上的某个零件坏了或磨损了，可以迅速换上一个新的同样规格的零件，并且在更换与装配后也能很好地满足使用要求。

互换性生产对我国现代化建设具有非常重大的意义，近代互换性始于兵工生产，现已广泛应用于机械、电子、汽车、国防军工等几乎所有工业生产领域。机械和仪器制造业中的互换性通常包括几何参数（如尺寸）和力学性能（如硬度、强度）的互换，本教材仅讨论几何参数的互换。

1.1.2　互换性的种类

1. 几何参数互换性与功能互换性

按照使用要求，互换性可分为几何参数互换性与功能互换性。几何参数互换性是指机电产品在几何参数（包括尺寸、几何形状、相互位置和表面粗糙度等）方面充分近似所达到的互换性，属于狭义互换性。产品性能不仅取决于几何参数互换性，还取决于功能互换性。功能互换性是指产品在力学性能、理化性能等方面的互换性，如强度、刚度、硬度、使用寿命、抗腐蚀性、导电性等，又称广义互换性。功能互换性重点在保证除尺寸配合要求以外的其他功能和性能要求。

2. 完全互换性与不完全互换性

按照互换性程度和范围，互换性可分为完全互换性与不完全互换性。完全互换性也称绝对互换性，是指同一规格的零部件在装配或更换时，既不需要选择，也不需要任何辅助加工与修配，装配后就能满足预定的使用功能及性能要求。完全互换性常用于厂外协作及批量生产。不完全互换性也称有限互换性，是允许零部件在装配前可以有附加选择，如预先分组或者在装配过程中进行调整和修配，且装配后能满足预期的使用要求，适用于中小批量生产的高精度产品，通常为生产厂商内部生产的零部件或机构的装配件。

当产品使用要求很高、装配精度要求较高时，采用完全互换性会使零件制造公差减小，制造精度提高，加工困难，加工成本提高，甚至无法加工。此时可将零件的制造公差适当放大，使之便于加工，在零件完工后再经测量将零件按实际尺寸大小分组，使每组零件间实际尺寸的差别减小，再按相应组零件进行装配（即大孔与大轴相配，小孔与小轴相配）。这样既可保证装配精度和使用要求，又能降低加工难度和制造成本。此时仅组内零件可以互换，组与组之间不可互换，故属于不完全互换性。

3. 外互换性与内互换性

按照应用场合，互换性可分为外互换性与内互换性。外互换性是指部件或机构与其相配合零部件之间的互换性，例如滚动轴承内圈内径与轴颈的配合、外圈外径与轴承座孔的配合。内互换性是指部件或机构内部组成零件之间的互换性，例如滚动轴承内、外圈滚道与滚动体之间的装配。

1.1.3 互换性的作用

现代化生产活动是建立在先进技术装备、严密分工、广泛协作基础上的社会化大生产。为了顺利实现专业化的协作生产，各工厂生产的零部件都应该有适当、统一的技术要求。只有零部件具有互换性，才能将构成一台复杂机器的成千上万个零部件进行高效率、分散的专业化生产，然后集中到总装厂或总装车间装配成为机器。互换性已经成为提高制造水平、促进技术进步的强有力手段之一，在产品设计、制造、使用和维修等方面发挥着极其重要的作用。

在设计方面，能最大限度地采用标准零部件和结构，使得许多零部件不必重复设计计算，大大减轻了设计、计算和绘图等工作量，缩短了产品开发周期，这对开发系列产品，促进产品结构、性能的不断改进都具有重要意义。

在制造及装配方面，互换性有利于组织专业化协作生产，同一台机器的各个零部件可以分散在多个工厂同时加工，有利于采用先进工艺和高效率的加工设备，有利于实现加工过程和装配过程的机械化、自动化和智能化。

在使用维护及维修方面，可以及时更换已磨损或损坏的零部件，从而减少机器的维修时间和费用，增加机器的平均无故障工作时间，延长机器的使用寿命，提高其使用价值。在电力、航天、核工业、国防军工等特殊应用场合，互换性的作用难以用经济价值衡量，必须采用互换性的零部件，以确保机器设备持续正常运转。

在生产组织管理方面，无论是技术和物资供应、计划管理，还是生产组织和协作，零部件具有互换性，都便于实行科学化管理。

总之，互换性原则能给产品的设计、制造、使用、维护以及组织管理等领域带来巨大的经济效益和社会效益，而生产水平的提高、技术的进步又能促进互换性不断发展。

1.2 标准化与优先数系

1.2.1 标准化

GB/T 20000.1—2014《标准化工作指南　第 1 部分：标准化和相关活动的通用术语》对标准化的定义：为了在即定范围内获得最佳秩序，促进共同效益，对现实问题或潜在问题确立共同使用和重复使用的条款以及编制、发布和应用文件的活动。所谓标准化，是指在经济、技术、科学及管理等社会实践中，对重复性事物和概念通过制定、发布和实施标准达到统一，以获得最佳秩序和社会效益的全部活动过程。标准化是一个不断循环而又不断提高其水平的动态过程。

标准化是一个系统工程，其任务是设计、组织和建立标准体系，以促进人类物质文明及生活水平的提高。标准化也是一门与许多学科交叉渗透的重要综合性学科，是技术与管理交叉融合的学科，是介于自然科学与社会科学之间的边缘学科。

标准化是广泛实现互换性生产的前提。现代工业生产的特点是规模大、分工细、协作单位多、互换性要求高。为了适应生产中各个部门之间的协调和各个生产环节的衔接，必须有一种手段，使分散的、局部的生产部门和生产环节保持必要的技术统一，成为一个有机的整体，以实现互换性生产。为了全面保证互换性，不仅要合理地确定零部件的制造公差，而且要对影响制造精度及质量的各个生产环节、阶段和方面实施标准化。

标准化是反映社会现代化水平的一个重要标志，现代化的程度越高，对标准化的要求也越高。标准化对于加速发展国民经济，提高产品和工程建设质量，提高劳动生产率，搞好环境保护和安全卫生以及改善人民生活等都起着重要作用，积极运用标准化成果，创造和发展标准化，已经成为现代工业发展的必然趋势。

1.2.2 标准

1. 标准的含义

标准是标准化的主要体现形式。所谓标准，是指对需要协调统一的重复性事物（如产品、零部件）和概念（如术语、规则、方法、代号、量值）所做的统一规定。标准以科学技术和实践经验的综合成果为基础，经有关方面协商一致，由主管机构批准，以特定形式发布，作为共同遵守的准则和依据。

标准是人类科学知识的积淀、技术活动的结晶、多年实践经验的总结，代表着先进的生产力，能够促进技术交流与合作，因此应积极采用现行的标准。

2. 标准的种类

按照标准化对象的特性，标准通常分为技术标准、管理标准和工作标准三大类。

（1）技术标准　技术标准是指根据生产技术活动的经验和总结，作为技术上共同遵守的法规而制定的各项标准。技术标准又分为基础标准、产品标准、工艺标准、方法标准、检测试验标准，以及安全、卫生、环境保护标准等。

基础标准是指在一定范围内作为其他标准的基础并普遍使用，具有广泛指导意义的标准。在每个领域中，基础标准是覆盖面最大的标准，它是该领域中所有标准的共同基础，是产品设计和制造中必须采用的工程语言和技术数据，也是机械精度设计和检测的依据。国际标准化组织和各国标准化机构都非常重视基础标准的制定工作。本教材所涉及的大多数标准都属于基础标准。

（2）管理标准　管理标准是指对标准化领域中需要协调统一的管理事项所制定的标准。

（3）工作标准　工作标准是指对工作的责任、权利、范围、质量要求、程序、效果、检查方法、考核办法等所制定的标准，一般包括部门工作标准和岗位（个人）工作标准。

标准的分类如图 1-1 所示。

3. 标准的级别

按照级别和作用范围，标准分为国际标准、国家标准、行业标准（专业标准、部标准）、地方标准和企业标准 5 级。低一级标准不得与高一级标准相冲突。为了适应高新技术标准化发展变化快的特点，对于技术尚在发展中、需要有相应的标准文件引导其发展或具有标准化价值但目前尚不能制定标准的项目，以及采用国际标准化组织（International Organization for Standardization，ISO）、国际电工委员会（International Electro Technical Commission，IEC）、国际电信联盟（International Telecommunication Union，ITU）及其他国际组织技术报告的项目，可制定国家标准化指导性技术文件（GB/Z），作为对四级标准的补充。

- 标准
  - 技术标准
    - 基础标准
      - 标准化工作的指导性标准
      - 通用技术语言标准
      - 产品系列化标准
      - 互换性标准
      - 产品质量保证和质量检验标准
      - 环境条件标准
      - …
    - 产品标准
    - 方法标准
    - 安全、卫生及环境保护标准
  - 管理标准
    - 技术管理标准
    - 经济管理标准
    - 生产管理标准
    - 行政管理标准
    - 管理基础标准
  - 工作标准

图 1-1　标准的分类

（1）国家标准　是指由国家标准化主管机构批准、发布，在全国范围内统一的标准。我国的国家标准分为国标（GB）和国军标（GJB）。

（2）行业标准（专业标准、部标准）　专业标准是指由专业标准化主管机构或专业标准化组织批准发布，在某专业范围内统一的标准。部标准是指由各主管部、委（局）批准发布，在该部门范围内统一的标准，部标准已逐步向专业标准过渡。对没有国家标准而又需要在全国某个行业范围内统一的技术要求，可制定行业标准。

（3）地方标准　对没有国家标准和行业标准而需要在省、自治区、直辖市范围内统一的技术要求可以制定地方标准。

（4）企业标准　企业标准是指由企（事）业或其上级有关机构批准发布的标准。企业生产的产品，对没有国家标准、行业标准和地方标准的，应当制定相应的企业标准；对已有国家标准、行业标准或地方标准的，鼓励企业制定严于前三级标准要求的企业标准。

4. 强制性标准和推荐性标准

按照法律属性，标准又分为强制性标准和推荐性标准两大类。强制性国家标准的代号为GB，推荐性国家标准的代号为GB/T。

涉及人体健康、人身财产安全、卫生及环境保护等的标准属于强制性标准，具有法律约束力，而其他标准则属于推荐性标准。尽管推荐性标准不具有法律约束力，但是一经被采用，或在合同中被引用，则应严格执行，并受合同法或有关经济法的约束。

5. 国际标准

国际标准是指由国际标准化团体通过的标准。各国可自愿而不是强制采用国际标准，但由于国际标准集中了先进工业国家的技术经验，从本国的外贸利益出发也往往积极采用国际标准。随着贸易的国际化，标准也日趋国际化，以国际标准为基础制定本国标准，已成为世界贸易组织（World Trade Organization，WTO）对各成员国的要求。

采用国际标准制定本国标准一般有以下3种方式：

（1）等同采用　国家标准在采用国际标准时，在技术内容和编写方法上和国际标准完全相同，用 idt（identical）表示。

（2）等效采用　国家标准在采用国际标准时，在技术内容上完全相同，但在编写方法上和国际标准不完全相同，用 eqv（equivalent）表示。

（3）不等效采用　在技术内容上和国际标准不相同，用 neq（non-equivalent）表示。

ISO 9000 及 ISO 14000 是当前应用最广泛的国际标准。1987 年发布了 ISO 9000 质量管理体系标准，立即引起了世界各国的广泛关注与积极采用。据统计，ISO 9000 已被 100 多个国家和地区转化为本国标准。ISO 9000 的发布，标志着国际标准化活动已从名词术语、试验方法及产品质量三大传统领域迈向了管理体系的标准化与认证。1996 年发布的 ISO 14000 环境管理体系标准，使国际标准化与认证有了更广阔的活动空间。

1.2.3　优先数与优先数系

1. 优先数系

工程上各种技术参数的协调、简化和统一是标准化的重要内容。工程设计中，各种性能指标参数都要用数值来表示。例如，动力机械的功率和转速值确定后，不仅会传播到有关机器的相应参数上，而且必然会传播到其本身的轴、轴承、键、齿轮、联轴器等一整套零部件的尺寸和材料特性参数上，进而传播到加工和检验这些零部件的刀具、量具、夹具及机床等的相应参数上。技术参数的数值传播在生产实际中极为普遍，并且跨越行业和部门的界限。工程技术上的参数数值，即使差别很小，经过反复传播以后，也会造成尺寸规格的繁多杂乱，以致给生产组织、协作配套、使用维修及贸易等带来很大困难。因此，必须从全局出发，对各种技术参数加以协调。

优先数系方法就是对各种技术参数的数值进行协调、简化和统一的一种科学的数值取值制度。优先数与优先数系是 1877 年由法国人查尔斯·雷诺（Charles Renard）首先提出的。当时载人升空的气球所使用的钢丝绳尺寸由设计者随意规定，多达 425 种，雷诺根据单位长度不同直径钢丝绳的重量级数来确定绳索的尺寸，按几何公比递增，每进 5 项使项值增大 10 倍，把钢丝绳规格减少到 17 种，并在此基础上产生了优先数的系列，简称优先数系。后人为了纪念雷诺将优先数系称为 Rr 数系。

2. 优先数的系列和代号

工程技术上通常采用的优先数系是一种十进制几何级数，是由 5 种公比且每项含有 10 的整数次幂的等比级数导出的一组近似等比数列，其中每一项数值称为优先数。

优先数系常用的 5 种公比见表 1-1。其中，R5、R10、R20、R40 为基本数系，R80 为补充数系。实际使用时应按照 R5、R10、R20、R40 的顺序优先选用。

表 1-1　优先数系常用的公比

优先数系	公比	优先数系	公比
R5	$q_5=\sqrt[5]{10}\approx1.6$	R40	$q_{40}=\sqrt[40]{10}\approx1.06$
R10	$q_{10}=\sqrt[10]{10}\approx1.25$	R80	$q_{80}=\sqrt[80]{10}\approx1.03$
R20	$q_{20}=\sqrt[20]{10}\approx1.12$		

优先数系的主要优点有：

1）相邻两项的相对差均匀，疏密适中，而且运算方便，简单易记。

2）在同一系列中优先数（理论值）的积、商、整数（正或负）幂等仍为优先数。

3）优先数系可以向数值增大和减少两端延伸。

因此，优先数系在产品设计、工艺设计、标准制定等领域得到了广泛的应用，并成为国际上统一的标准数值制。优先数系在公差标准中广泛使用，例如极限与配合国家标准中，公差值就是按 R5 系列确定的。

实践证明，合理选择优先数往往在一定数值范围内能以较少的品种规格满足用户的需要。

GB/T 321—2005《优先数和优先数系》与国际标准一致，其中范围 1~10 的优先数系的基本系列见表 1-2，所有大于 10 的优先数均可按表列数乘以 10、100、…求得；所有小于 1 的优先数，均可按表列数乘以 0.1、0.01、…求得。有时在工程上还采用派生系列，即在 R 系列中，每逢 P 项选取一个优先数，组成新的派生系列，以符号 R*r*/*p* 表示。如 R10/3 系列就是在 R10 系列中，从 1.00 开始，每隔 3 个数选一个，此时所有的数都是成倍增加的。

表 1-2　优先数系的基本系列（常用值）

R5	1.00	1.60	2.50	4.00	6.30	10					
R10	1.00	1.25	1.60	2.00	2.50	3.15	4.00	5.00	6.30	8.00	10.00
R20	1.00	1.12	1.25	1.40	1.60	1.80	2.00	2.24	2.50	2.80	3.15
	3.55	4.00	4.50	5.00	5.60	6.30	7.10	8.00	9.00	10.00	
R40	1.00	1.06	1.12	1.18	1.25	1.32	1.40	1.50	1.60	1.70	1.80
	1.90	2.00	2.12	2.24	2.36	2.50	2.65	2.80	3.00	3.15	3.35
	3.55	3.75	4.00	4.25	4.50	4.75	5.00	5.30	5.60	6.00	6.30
	6.70	7.10	7.50	8.00	8.50	9.00	9.50	10.00			

1.3　课程性质和任务

1.3.1　课程性质

本课程是高等学校机械类各专业的一门重要技术基础课，是联系机械设计类课程与制造工艺类课程的纽带，也是从基础课过渡到专业课程的桥梁。本课程以零件的加工误差为起点，从保证产品设计质量、实现零件互换性的角度探讨互换性与技术测量的相关问题。对产品质量设计的科学化、标准化进行深入的理解并贯彻于零件的设计与制造活动当中。

本课程的特点是定义和术语多，代号和符号多，基本概念、标准规定、经验公式多，而逻辑性和推理性较少。刚接触专业基础课的学生会感到枯燥，概念难以掌握，需要记忆的内容多，记不住，不会用。因此要有充分的思想准备，只要在学习中抓住问题的主要矛盾，及时总结归纳，找出各个术语、概念、规定之间的区别和联系，围绕互换性和精度设计的主线去分析和解决问题，并多做习题，重视实践性教学环节的训练，加强理论与实践的联系，就能顺利完成从基础课程过渡到专业课程的学习。

1.3.2　课程任务和要求

本课程的学习应达到下列要求：

1）掌握互换性、标准化的概念及机械零部件精度设计的基本原理和方法。

2）熟悉有关互换性标准的基本术语和定义，掌握标准的主要内容、特点和应用原则。

3）准确查用相关公差表格，并能正确地进行图样标注。

4）学会根据实际零件的功能要求进行几何参数的精度设计。

5）学会使用常用的计量器具进行精密测量，熟悉几种典型几何量的检测方法。

6）基本掌握光滑极限量规的精度设计。

1.4　互换性发展历程

互换性原理始于兵器制造。早在我国战国时期（公元前 476 年—公元前 221 年）生产的兵器便能符合互换性要求。例如，西安秦始皇陵兵马俑坑出土的大量弩机的组成零件均具有互换性。虽然这些零件是青铜制品，但是方头圆柱销和销孔等零件已能保证一定的间隙配合。

18 世纪初，美国批量生产的火枪实现了零件互换。随着织布机、缝纫机和自行车等新的机械产品大批量生产的需要，又出现了高精度工具和机床，促使互换性生产由军事工业迅速扩大到一般机械制造业。

20 世纪初，汽车工业迅速发展，形成了现代化大工业生产，由于批量大和零部件品种多，要求组织专业化集中生产和广泛的协作。工业标准是实现生产专业化与协作的基础。机械工业中最重要的基础标准之一是公差与配合标准。

1902 年，英国纽瓦尔公司编制出版的“极限表”，是世界上最早的公差与配合标准。1910 年，我国巩县兵工厂已经开始使用量规。20 世纪 30 年代前后，各工业国家都颁布了公差与配合国家标准。1926 年，国际标准化协会（ISA）成立，1935 年公布了国际公差制 ISA 草案。第二次世界大战后，国际标准化组织（ISO）重建，并于 1962 年颁布 ISO 286—1962《极限与配合制》。

我国较大规模的互换性生产开始于 1931 年的沈阳兵工厂和 1937 年的金陵兵工厂。为了加速发展我国的机械工业，1955 年第一机械工业部按照苏联 OCT 公差制颁布了《公差与配合》标准，为强制性标准，老一辈工程技术人员还记得分子“A”代表基孔制；分母“B”代表基轴制，分为静、过渡、动三种配合种类。1959 年 6 月 3 日，国家科学技术委员会颁布了公差与配合相关的国家标准 GB 159~174—1959，于 1960 年 7 月 1 日起实施。1979 年颁布修订的公差与配合相关国家标准 GB 1800~1804—1979，从 1980 年 7 月 1 日起实施，代替原来的国家标准，包括尺寸、形状和位置、表面粗糙度等基本要素的公差和轴承、螺纹、齿轮等通用零件的公差与配合等整套标准。随着国际标准的修订，1997 年，我国对 GB/T 1800 等相关标准等效采用国际标准进行了修订。1999 年，我国成立了全国产品几何技术规范标准化技术委员会（SAC/TC 240，标委会），直属于国家标准化管理委员会，专门负责我国互换性方面标准的研究与制定工作。

互换性标准的建立和发展是随着制造业的发展而逐步完善的。图 1-2 所示为互换性的百年发展历史。

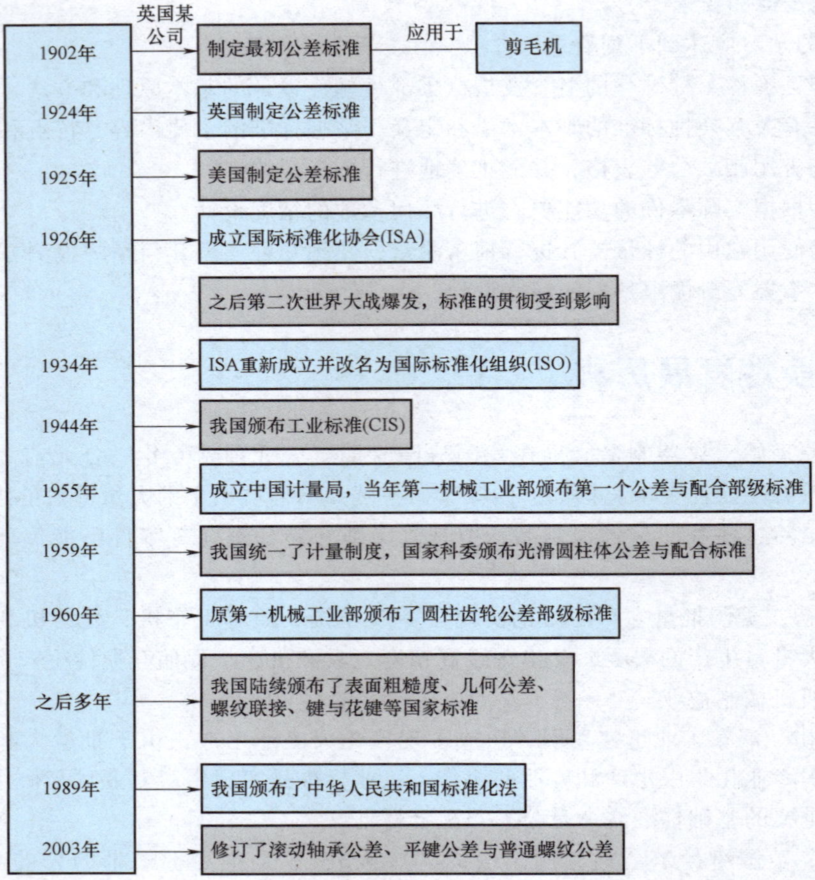

图 1-2　互换性的百年发展历史

思考题

1-1　何谓互换性？互换性的种类及应用场合有哪些？

1-2　何谓公差？何谓误差？二者的区别和联系有哪些？如果没有公差标准，也能按互换性原则进行生产吗？为什么？

1-3　工业生产的标准化有何作用？

1-4　本课程的学习目的是什么？

第2章 测量技术基础

测量是机械制造不可缺少的重要组成部分。在测量过程中，应保证计量单位的统一和量值的准确，正确地选择计量器具和测量方法，并分析测量误差产生的原因和正确处理测量数据等。

2.1 测量的基本概念

2.1.1 测量的定义

人类在认识自然改造自然的过程中，往往需要对一些现象或物体进行定量的描述，并以量值来表示。量值是指用一个数和一个合适的计量单位表示的量，如1m、5kg等。

测量就是为确定被测对象量值而进行的实验过程。也就是将被测的量与作为单位或标准的量，在数值上进行比较，从而确定两者比值的实验认识过程。用公式表示为

$$q=\frac{L}{E}$$

式中，L为被测量值；E为计量单位；q为测量所得的比值。任何一个测量过程都有被测对象和所采用的计量单位，即用计量单位表示被测量的数值为

$$L=qE$$

本书所研究的测量是几何量测量，包括长度、角度、表面粗糙度、几何误差等的测量。

2.1.2 测量的四要素

测量过程是一个比较的过程。在这一过程中，除了明确被测对象、计量单位以外，还需要采用一定的方法，选用合适的计量器具，以及判定测量结果是否准确可靠。因此，一个完整的测量过程应包括被测对象、计量单位、测量方法以及测量精度四个要素。

（1）被测对象　机械制造中被测对象是各式各样的，要测量的参数也多种多样。对于被测对象的特性、被测参数的定义、有关标准和测量的要求等，都必须有清晰而明确的理解和认识，才能正确地进行测量。

（2）计量单位　计量单位是进行测量的依据。被指定作为计量单位的量值应该稳定不变，能够复现，便于应用，而且应该是统一的。我国从1984年起实行法定计量单位，确定以“米制”作为我国的基本计量制度。其中，长度量的基本单位是米（m），其他常用长度单位有毫米（$1\text{mm}=10^{-3}\text{m}$）、微米（$1\mu\text{m}=10^{-3}\text{mm}$）和纳米（$1\text{nm}=10^{-3}\mu\text{m}$）；角度单位是弧度（rad），其他常用角度单位还有度（°）、分（′）和秒（″）。

（3）测量方法　测量方法是指测量时所采用的测量原理、计量器具和测量条件的总和。包括测量的原理、方式和步骤，以及根据被测对象的特性，如精度、大小、材质、结构形状及数量等选用计量器具和辅助用具，以及测量时的主、客观条件（如温度、湿度、振动、噪声、环境及操作人员的水平、心理素质和情绪）等。

（4）测量精度　测量精度是指测量结果与被测量真值的一致性程度。任何测量过程总

会不可避免地出现测量误差，测量误差小，说明测量结果更接近真值，即测量精度高。由于测量误差的存在，任何测量结果都是以一近似值表示。因此，不知道测量精度的测量结果是不完整的。

对测量的基本要求是必须将测量误差控制在允许的限度内，保证所需的测量效率，并做到经济合理。

2.2 长度基准和量值的传递

2.2.1 长度基准及长度单位

（1）长度基准　为了长度测量的准确度，首先需要建立统一、可靠的长度基准。长度基准是指定义、复现、保存长度单位并通过它传递给其他计量器具的物体。对长度基准的要求是稳定不变、便于保存和易于复现。

（2）长度单位　长度单位“米”是国际单位制的七个基本单位之一。1983 年第十七届国际计量大会将“米”定义为光在真空中在 1/299792458s 时间间隔内所经过的距离。近年来，由于激光频率稳定技术和频率测量技术取得了重大进展，故采用激光波长作为长度基准，它具有很好的稳定性和复现性。

2.2.2 长度量值传递系统

为了保证长度量值的统一和准确，必须建立一套从长度基准到实际测量工作中使用的各种计量器具，直至被测零件的量值传递系统，并从组织上和技术上保证量值传递的准确性，如图 2-1 所示。

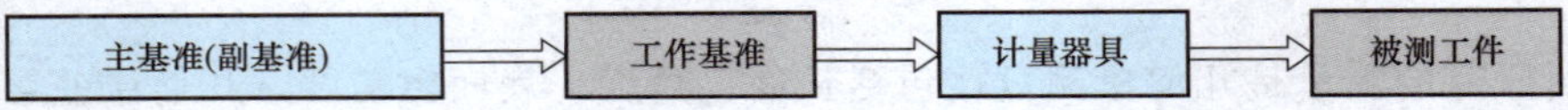

图 2-1　量值传递系统

长度量值的传递有两种基准实物体，即线纹尺和量块，如图 2-2 所示。在机械制造中尤以量块的应用更为广泛。

2.2.3 量块

量块是一种高精度的平面平行端面量具。它主要用于长度量值的传速，计量器具的检定和校准以及机床、设备、夹具等的精密调整，工件的精密划线和精密测量等。

量块通常为矩形截面的长方体。它有一对相互平行的、十分光洁平整的测量面（$Ra \leq 0.01\mu m$），测量面间具有非常精确的尺寸，如图 2-3 所示。量块的测量面可以和另一量块的测量面相研合而组合使用，也可以和具有类似表面质量的辅助体表面相研合而用于量块长度的测量。

量块多用优质钢或耐磨材料（合金钢、玛瑙或大理石）制造。钢制量块的线膨胀系数为 $(11.5 \pm 1.0) \times 10^{-6}/K^{-1}$。经过复杂特殊的热处理后，其表面硬度不低于 63HRC，且具有耐磨性好、不易变形、性质稳定等特点。

1. 量块的相关参数

1）量块长度 l：量块一个测量面上的任意点到与其相对的另一测量面相研合的辅助体表面之间的垂直距离，辅助体的材料和表面质量应与量块相同，如图 2-4a 所示。

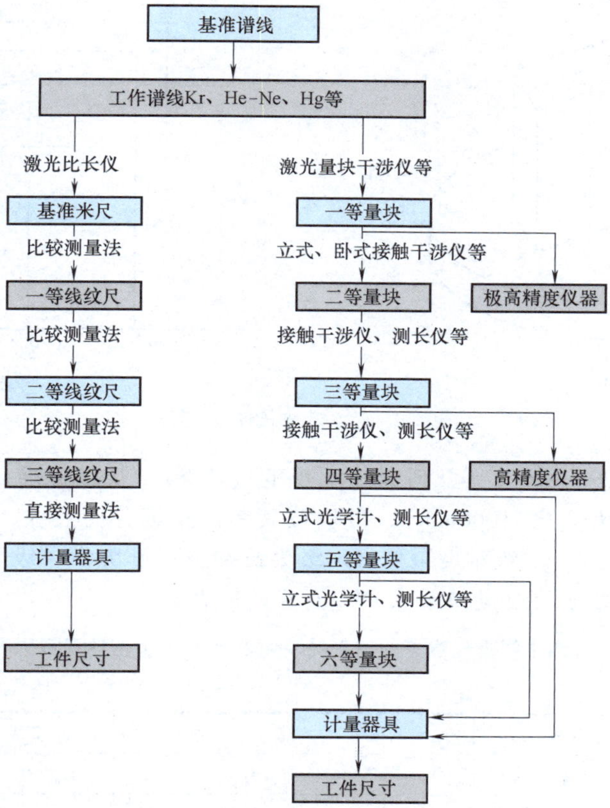

图 2-2　长度量值传递系统

2）量块中心长度 lc：对应于量块未研合测量面中心点的量块长度，如图 2-4a 所示。

3）量块标称长度 ln：标记在量块上，用以表明其与主单位之间关系的量值，也称为量块长度的示值，如图 2-4b 所示。

4）任意点的量块长度相对于标称长度的偏差 e：指代数差 $l-ln$。极限偏差用 t_e 表示。

5）量块长度变动量 V：量块测量面上任意点中的最大长度 l_{max} 与最小长度 l_{min} 之差，如图 2-4b 所示。长度变动量最大允许值用 t_V 表示。

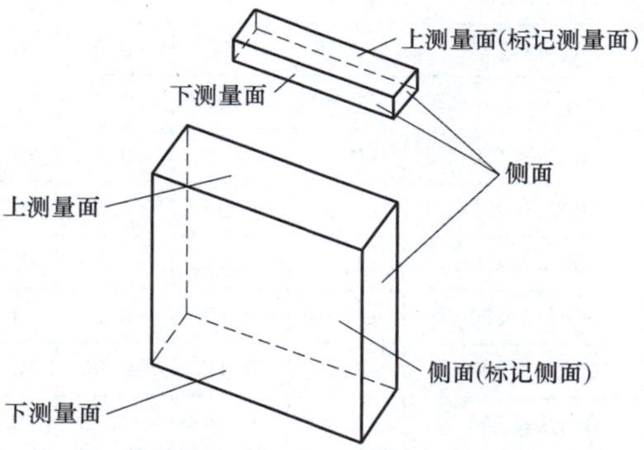

图 2-3　量块及其测量面

6）研合性：量块的一个测量面与另一量块测量面或与另一经精加工的类似量块测量面的表面，通过分子力的作用而相互粘合的性能。

2. 量块的精度

量块的精度是指量块的实际长度与其标称长度之间的偏差，也就是量块的误差。量块的精度与其等级和尺寸有关，一般来说，等级越高，精度越高。

为了满足不同场合的需要，我国的标准对量块规定了若干精度等级。

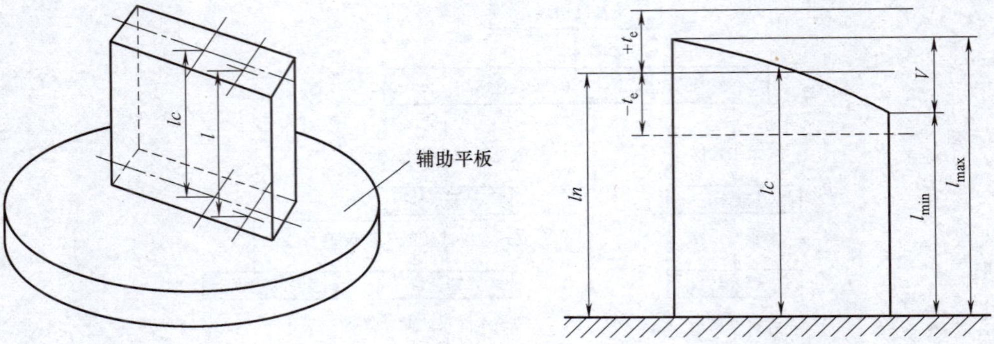

a) b)

图 2-4 有关量块长度的定义

1）根据 GB/T 6093—2001《几何量技术规范（GPS） 长度标准 量块》的规定（本规定适用于标称长度为 0.5～1000mm），量块按其制造精度分为五级，即 0、1、2、3 和 K 级。其中，0 级精度最高，3 级精度最低，K 级为校准级。量块分“级”的主要依据是量块长度极限偏差 t_e 和量块长度变动量最大允许值 t_V，见表 2-1。

表 2-1 量块测量面上任意点的长度极限偏差 t_e 和长度变动量最大允许值 t_V

（单位：μm）

标称长度 ln/mm	K 级		0 级		1 级		2 级		3 级	
	t_e	t_V	t_e	t_V	t_e	t_V	t_e	t_V	t_e	t_V
$ln≤10$	±0.20	0.05	±0.12	0.10	±0.20	0.16	±0.45	0.30	±1.0	0.50
$10<ln≤25$	±0.30	0.05	±0.14	0.10	±0.30	0.16	±0.60	0.30	±1.2	0.50
$25<ln≤50$	±0.40	0.06	±0.20	0.10	±0.40	0.18	±0.80	0.30	±1.6	0.55
$50<ln≤75$	±0.50	0.06	±0.25	0.12	±0.50	0.18	±1.00	0.35	±2.0	0.55
$75<ln≤100$	±0.60	0.07	±0.30	0.12	±0.60	0.20	±1.20	0.35	±2.5	0.60
$100<ln≤150$	±0.80	0.08	±0.40	0.14	±0.80	0.20	±1.6	0.40	±3.0	0.65
$150<ln≤200$	±1.00	0.09	±0.50	0.16	±1.00	0.25	±2.0	0.40	±4.0	0.70
$200<ln≤250$	±1.20	0.10	±0.60	0.16	±1.20	0.25	±2.4	0.45	±5.0	0.75
$250<ln≤300$	±1.40	0.10	±0.70	0.18	±1.40	0.25	±2.8	0.50	±6.0	0.80
$300<ln≤400$	±1.80	0.12	±0.90	0.20	±1.80	0.30	±3.6	0.50	±7.0	0.90
$400<ln≤500$	±2.20	0.14	±1.10	0.25	±2.20	0.35	±4.4	0.60	±9.0	1.00
$500<ln≤600$	±2.60	0.16	±1.30	0.25	±2.6	0.40	±5.0	0.70	±11.0	1.10
$600<ln≤700$	±3.00	0.18	±1.50	0.30	±3.0	0.45	±6.0	0.70	±12.0	1.20
$700<ln≤800$	±3.40	0.20	±1.70	0.30	±3.4	0.50	±6.5	0.80	±14.0	1.30
$800<ln≤900$	±3.80	0.20	±1.90	0.35	±3.8	0.50	±7.5	0.90	±15.0	1.40
$900<ln≤1000$	±4.20	0.25	±2.00	0.40	±4.2	0.60	±8.0	1.00	±17.0	1.50

注：距离测量面边缘 0.8mm 范围内不计。

2）根据 JJG 146—2011《量块》的规定，量块按其检定精度分为 1～5 共五等。其中，1 等精度最高，5 等精度最低。量块分“等”的主要依据是量块长度的测量不确定度、长度变动量允许值、平面平行度允许偏差和研合性等指标，各等量块的长度测量不确定性及长度变动量允许值见表 2-2。

表 2-2 各等量块的长度测量不确定性及长度变动量允许值 （单位：μm）

标称长度 ln/mm	1 等		2 等		3 等		4 等		5 等	
	测量不确定度	长度变动量	测量不确定度	长度变动量	测量不确定度	长度变动量	测量不确定度	长度变动量	测量不确定度	长度变动量
ln≤10	0.022	0.05	0.06	0.10	0.11	0.16	0.22	0.30	0.6	0.50
10<ln≤25	0.025	0.05	0.07	0.10	0.12	0.16	0.25	0.30	0.6	0.50
25<ln≤50	0.030	0.06	0.08	0.10	0.15	0.18	0.30	0.30	0.8	0.55
50<ln≤75	0.035	0.06	0.09	0.12	0.18	0.18	0.35	0.35	0.9	0.55
75<ln≤100	0.040	0.07	0.10	0.12	0.20	0.20	0.40	0.35	1.0	0.60
100<ln≤150	0.05	0.08	0.12	0.14	0.25	0.20	0.5	0.40	1.2	0.65
150<ln≤200	0.06	0.09	0.15	0.16	0.30	0.25	0.6	0.40	1.5	0.70
200<ln≤250	0.70	0.10	0.18	0.16	0.35	0.25	0.7	0.45	1.8	0.75
250<ln≤300	0.08	0.10	0.20	0.18	0.40	0.25	0.8	0.50	2.0	0.80
300<ln≤400	0.10	0.12	0.25	0.20	0.50	0.30	1.0	0.50	2.5	0.90
400<ln≤500	0.12	0.14	0.30	0.25	0.60	0.35	1.2	0.60	3.0	1.00
500<ln≤600	0.14	0.16	0.35	0.25	0.7	0.40	1.4	0.70	3.5	1.10
600<ln≤700	0.16	0.18	0.40	0.30	0.8	0.45	1.6	0.70	4.0	1.20
700<ln≤800	0.18	0.20	0.45	0.30	0.9	0.50	1.8	0.80	4.5	1.30
800<ln≤900	0.20	0.20	0.50	0.35	1.0	0.50	2.0	0.90	5.0	1.40
900<ln≤1000	0.22	0.25	0.55	0.40	1.1	0.60	2.2	1.00	5.5	1.50

注：1. 距离测量面边缘 0.8mm 范围内不计。
2. 表内测量不确定度置信概率为 0.99。

3. 量块的使用

量块的精度有上述两种表达方式，与之对应，量块的使用也有两种方法。

1）按“级”使用，应以量块标称长度作为工作尺寸。显然，该尺寸包含了量块的实际制造误差。

2）按“等”使用，应以经检定后所给出的量块中心长度的实测值作为工作尺寸。显然，该尺寸不包含制造误差，但包含了量块检定时相对较小的测量误差。所以，按“等”使用的测量精度比按“级”使用的高。我国进行长度量值传递时用“等”，许多工厂在精密测量中也常按“等”使用量块，因为除可提高测量精度外，还能延长量块的使用期限。

4. 量块的组合

量块不仅具有尺寸准确、性质稳定、表面耐磨等特性，还具有研合性。由于量块是一种单值的定值量具，为了满足一定范围内不同的尺寸要求，可以利用量块的研合性，将不同尺寸的量块进行研合而构成所需要的工作尺寸。这样，既为量块的成套生产创造了条件，又解决了实际应用问题。根据 GB/T 6093—2001《几何量技术规范（GPS） 长度标准 量块》

的规定，我国生产的成套量块有 91 块、83 块、46 块、38 块等 17 种套别。表 2-3 为从标准中摘录的几套量块的尺寸系列。

表 2-3 成套量块的组合尺寸系列（摘自 GB/T 6093—2001）

套别	总块数	级别	尺寸系列/mm	间隔/mm	块数
1	91	0,1	0.5	—	1
			1	—	1
			1.001,1.002,…,1.009	0.001	9
			1.01,1.02,…,1.49	0.01	49
			1.5,1.6,…,1.9	0.1	5
			2.0,2.5,…,9.5	0.5	16
			10,20,…,100	10	10
2	83	0,1,2	0.5	—	1
			1	—	1
			1.005	—	1
			1.01,1.02,…,1.49	0.01	49
			1.5,1.6,…,1.9	0.1	5
			2.0,2.5,…,9.5	0.5	16
			10,20,…,100	10	10
3	46	0,1,2	1	—	1
			1.001,1.002,…,1.009	0.001	9
			1.01,1.02,…,1.09	0.01	9
			1.1,1.2,…,1.9	0.1	9
			2,3,…,9	1	8
			10,20,…,100	10	10

为减少量块组的累积误差，获得较高的尺寸精度，在量块组合时应力求用最少的块数来组成所需的尺寸（一般不超过四块）。选用量块时，应从消去所需尺寸的最后一位或两位数字开始，逐一选取，称之为“去尾数”原则。

【例 2-1】 试从 83 块一套的量块中组成所需要的尺寸：58.865mm。

解：

58.865　　所需量块组尺寸
−1.005　　第一块量块尺寸
57.860

−1.360　　第二块量块尺寸
56.500

−6.500　　第三块量块尺寸
50.000　　第四块量块尺寸

即

$$58.865\text{mm}=(1.005+1.360+6.500+50.000)\text{mm}$$

2.3 测量器具与测量方法

2.3.1 测量器具

测量器具是用于直接或间接测出被测对象量值的量具、测量仪器（量仪）、量规和测量装置的统称。

（1）量具　量具是指结构比较简单、能以固定形式复现量值的计量器具，包括单值量具、多值量具以及标准量具等。

1）单值量具指复现单一量值的量具，如量块、角度块等，通常成套使用。

2）多值量具指能复现同一物理量的一系列不同量值的量具，如线纹尺等。

3）标准量具用作计量标准，供量值传递或检定校准计量器具用，如量块、多面棱体等。

（2）量仪　量仪是指能将被测量转换为可供直接观测的指示值或等效信息的测量仪器（这是它与量具显著的区别），测量仪器一般具有敏感元件（测头）、放大系统和指示（读数）装置。根据其原始信号转换的原理，测量仪器可分为以下几种：

1）机械式量仪，用机械方法实现原始信号转换的量仪，借助杠杆、齿轮、齿条等的转换，将测量微杆的微小移动，经传动和放大机构转变为表盘上指针的角位移，从而指示出相应的数值，机械式量仪又称为指示式量仪。其特点是结构简单、性能稳定和使用方便。

2）光学式量仪，光学方法实现原始信号转换的量仪，如光学比较仪、测长仪、工具显微镜、干涉仪、激光准直仪等。这类量仪主要是利用光学成像的放大或缩小、光束方向改变、光波干涉和光量变化等原理，以实现对被测量值的转换。其特点是精度高、性能稳定。

3）电动式量仪，将原始信号转换为电量形式信息的量仪，如电感测微仪、电容测微仪、圆度仪以及表面粗糙度检查仪等。这类量仪是将被测信号（如测头的位移等）转换为电阻、电容及电感等电量的变化，产生电压或电流输出，经放大和计算后进行显示。其特点是精度高，测量信号便于传输并与计算机连接，故易于实现测量和数据处理的自动化。

4）气动式量仪，以压缩空气为介质，通过气动系统流量或压力的变化来实现原始信号转换的量仪，如浮标式气动量仪、水柱式气动量仪等。这类量仪的特点是结构简单、测量精度和效率高、操作方便，但示值范围小。

5）光机电综合类量仪，综合应用光、机、电技术进行测量，且一般都配有计算机系统进行自动检测、数据处理、结果输出的量仪，如三坐标测量仪、齿轮测量中心等。这类量仪的特点是测量精度高、自动化程度高，能测量较为复杂的零件和参数。

（3）量规　量规是专用的无刻度检验工具。它用于检验零件尺寸、形状与位置误差等的综合结果是否超越极限边界，因而只能判断零件是否合格，而不能测出具体的量值。如塞规、卡规、环规等。

（4）测量装置　测量装置是指为确定被测量值所必需的计量仪器、量具和辅助设备（测量夹具、测量变换器以及辅助用具和电源等）的总称。这类量仪能够测量较多的几何参数和较复杂的零件，有助于实现检测自动化或半自动化。

2.3.2　测量器具的技术性能指标

测量器具的技术性能指标是合理选择和使用计量器具的重要依据，其主要指标如图 2-5 所示。

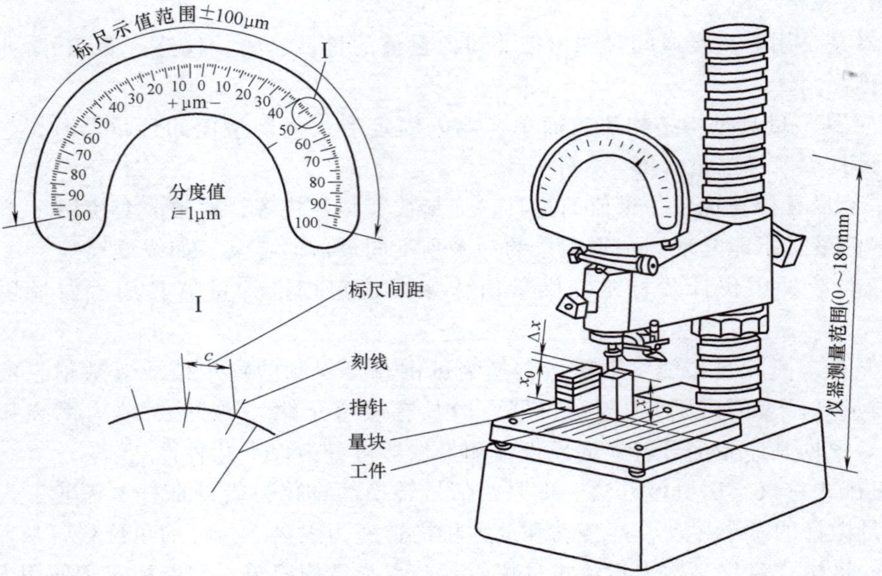

图 2-5　计量器具的技术性能指标

(1) 标尺间距 c　指计量器具标尺或分度盘上相邻主刻线之间的距离或圆弧长度。在一个标尺上，标尺间距通常是均匀的。考虑到人眼在明视距离的分辨能力，一般标尺间距为 1~2.5mm。

(2) 分度值 i　指计量器具标尺或分度盘上每一刻度间距所代表的量值。由于分度值表示计量器具所能读出的被测量值的最小单位，所以一般地说，分度值越小，计量器具的精度越高。

(3) 示值范围 b　指计量器具标尺的指示范围，即计量器具所能显示或指示的最低值到最高值的范围。

(4) 测量范围 B　指计量器具在允许的误差限内所能测量的被测量值的范围。

(5) 灵敏度 K　指计量器具对被测量变化的反应能力。对于一般的长度计量器具，灵敏度又称放大比。对于具有等分刻度的标尺或度盘的量仪，放大比 K 等于标尺间距 c 与分度值 i 之比，即 $K=c/i$。一般分度值越小，计量器具的灵敏度就越高。

(6) 示值误差　指量具标称值或量仪的示值与被测量真值的代数差。

(7) 示值变动　指在测量条件不做任何变动的情况下，对同一被测量进行多次重复测量（一般 5~10 次）时，其结果的最大差异。

(8) 不确定度　指由于测量误差的存在而使测量结果不能确定的程度。

(9) 修正值　指为了消除或减少系统误差，用代数法加到测量结果上的数值，它与示值误差的绝对值相等，但符号相反。例如，示值误差为+0.003mm，则修正值为-0.003mm。

2.3.3　测量方法

测量方法是指测量时所采用的测量原理、测量器具和测量条件的综合，即获得测量结果的方式。

1. 按示值方式不同分类

（1）绝对测量　指计量器具显示或指示的示值为被测量全值的测量。例如，用游标卡尺、外径千分尺测量轴径的大小。

（2）相对测量（比较测量）　指计量器具显示或指示的示值仅仅是被测量相对于某已知标准量的偏差值的测量。被测量值等于已知标准量与偏差值的代数和。如图 2-5 所示，用机械比较仪测量工件尺寸 x，所用标准件量块的尺寸为 x_0 若量仪示值为 Δx，则工件尺寸 $x=x_0+\Delta x$。一般比较测量法的测量精度较高，操作也简单，广泛用于长度的精密测量中。

2. 按测量结果获得方法不同分类

（1）直接测量　指无需将被测量与其他量进行函数关系的辅助计算，而直接得到被测量值的测量。从计量器具读数装置读出的示值，可为被测量的全值，如用外径千分尺测量；也可为相对某已知标准量的偏差，如光学比较仪测量。

（2）间接测量　指测量与被测量之间有已知函数关系的其他量，然后通过辅助计算得到被测量值的测量。如图 2-6 所示，用弓高弦长法间接测量圆弧半径 R。为了得到 R 的量值，只要测得弓高 h 和弦长 b 的量值，然后按公式 $R=b^2/(8h)+h/2$ 计算即可。

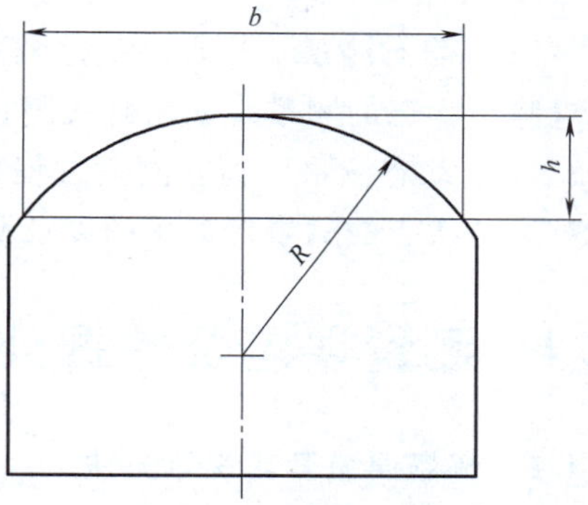

图 2-6　弓高弦长法间接测量圆弧半径

间接测量一般比较麻烦，引起误差的因素也较多。它主要用于不易直接测量或直接测量精度较低的场合。例如，锥度、角度、孔心距、圆弧半径、交点尺寸等的测量。

3. 按计量器具的测量元件与被测零件表面之间是否有机械接触分类

（1）接触测量　指计量器具的测量元件与被测零件表面有机械接触并有测量力存在的测量。接触测量会造成量仪及被测零件的变形和磨损，从而引起测量误差，所以要控制测量力的大小和变化。

（2）非接触测量　指计量器具的测量元件与被测零件表面没有机械接触的测量。例如，光学影像法测量、光学干涉法测量、气动量仪测量孔径、磁力测厚等。因无测量力的存在，故非接触测量适用于薄壁和材料较软的零件的测量。

4. 按测量条件在整个测量过程中是否发生变化分类

（1）等精度测量　指在整个测量过程中，决定测量精度的全部因素或条件不发生变化的测量。例如，由同一观测者使用同一台仪器，在同样的条件下，以同样的方法，同样仔细地对同一被测量进行多次重复的测量。

（2）不等精度测量　指在整个测量过程中，决定测量精度的全部因素或条件可能完全或部分发生改变的测量。显然，其测量结果的可靠性和精确程度各不相同。

5. 按零件上同时被测参数的多少及参数的特性分类

（1）单项测量　指单独地测量被测零件上各个参数的测量。例如，用影像法分别测量螺纹的螺距、牙侧角、中径。这种测量方法主要用于刀具、量具等高精度零件的测量，以及产品质量分析、工序检验、工艺分析、机床调整等。

(2) 综合测量　指测量被测零件上几个相关参数的综合效应或综合参数，从而综合地判断零件是否合格的测量。例如，用螺纹塞规或环规测量被测螺纹是否合格。这种测量方法主要用于完工检验，其主要特点是效率高，适用于大批量生产。

6. 按在工艺过程中的作用分类

(1) 主动测量　指在零件加工过程中进行的测量。其测量结果直接用来控制被测零件的加工过程，决定是否需要继续加工或者判断工艺过程是否正常。它使测量与加工有机地结合，可防止废品的产生，因此又称在线测量。

(2) 被动测量　指零件加工一道工序或所有工序完成以后所进行的测量。其测量结果只能用于发现和剔除废品，因此又称离线测量。

7. 按测量时计量器具的测量元件与被测零件之间是否有相对运动分类

(1) 静态测量　指在测量过程中，被测量或被测零件与计量器具的测量元件之间处于相对静止状态的测量，如用卧式测长仪测量卡规尺寸等。

(2) 动态测量　指在测量过程中，被测量或被测零件与计量器具的测量元件之间处于相对运动状态的测量，如用圆度仪测量圆度误差。

2.4　测量误差及数据处理

2.4.1　测量误差及其表示方法

由于计量器具本身的误差以及测量方法和条件的限制，任何测量过程都不可避免地存在误差，即测量结果并非被测量的真实量值。

1. 测量误差的含义

测量误差是指测得值与被测量真值之间的差异在数值上的表现形式。一般来说，被测量的真值是不知道的。在实际测量时，常用约定真值、相对真值或不存在系统误差情况下的多次测量的算术平均值来代表真值。例如，用按“等”使用的量块检定千分尺，对于千分尺的示值来说，量块的实际尺寸就可视为真值。

2. 测量误差的表示方法

测量误差可用绝对误差和相对误差表示。

(1) 绝对误差 δ　指被测量的测得值（量仪的指示值）x 与其真值 x_0 之差，即

$$\delta = x - x_0 \tag{2-1}$$

例如，用分度值为 0.02mm 的游标卡尺测得某零件的尺寸为 30.06mm，而该零件用高精度量仪测量的结果为 30.035mm（相对真值），则可认为该游标卡尺的绝对误差为

$$\delta = (30.06 - 30.035)\,\text{mm} = +0.025\,\text{mm}$$

绝对误差 δ 的绝对值越小，说明测得值越接近真值，因此测量精度就越高；反之，测量精度就越低。

(2) 相对误差 ε　指测量值绝对误差的绝对值与被测量真值之比。用公式表示为

$$\varepsilon = \frac{|x - x_0|}{x_0} = \frac{|\delta|}{x_0} \times 100\% \tag{2-2}$$

对于上例，若以相对误差表示，则有 $\varepsilon=0.025/30.035\times100\%=0.08\%$。

在长度计量中，相对误差应用较少，通常所说的测量误差，一般是指绝对误差。

由于种种原因，测量误差的大小也是变化的，但它总有一个范围。通常把测量绝对误差的变化范围叫作测量极限误差，用 $\delta_{\lim}$ 表示。即在一定置信概率下，所求真值 x_0 必处于测得值 x 附近的最小范围。用公式表示为

$$x-\delta_{\lim}\leqslant x_0\leqslant x+\delta_{\lim}$$

或

$$x_0=x\pm\delta_{\lim} \tag{2-3}$$

2.4.2　测量误差的来源及其减小措施

在实际工作中，为了提高测量精度，减小测量误差，有必要了解测量误差产生的原因和减小测量误差的途径。在实际测量中，测量误差的来源主要有测量器具误差、测量方法误差、环境误差及人为误差等。

1. 测量器具误差

测量器具误差是指测量器具本身所具有的误差，包括测量器具的设计（即工作原理）、制造、安装调试等误差。

（1）基准件误差　测量器具均有基准件，如刻线尺、分度盘、量块等，这些基准件不可避免地存在误差。例如，测长仪基准刻线尺的刻线误差、调整比较仪用的量块中心长度误差。显然，基准件误差将直接反映到测量结果中，且为测量器具误差的主要来源之一。为此，要提高测量精度，就要提高对基准件的精度要求，并对基准件的误差进行修正。

（2）原理误差　原理误差是指测量器具工作原理与结构布置上造成的测量误差。例如，在测量器具设计中，为简化结构，常用近似机构代替理论上所要求的机构而引起测量误差。

（3）测量力引起的误差　测量力是指测量过程中被测表面承受的测量压力。测量力的存在必将引起被测零件和测量装置产生变形，从而引起测量误差。为了既保证接触可靠，又减小测量力引起的测量误差，多数计量器具都确定了合适的测量力的大小，并装有测量力的稳定装置。

（4）读数误差　读数误差包括瞄准误差和视差两部分。通常，瞄准误差与对准方式、测线宽度、被测件形状、人眼的分辨能力等有关；而视差除了与测量者的主观因素有关外，还取决于读数装置的结构。

（5）计量器具的制造与安装误差　计量器具是由许多零部件组成的，它们在制造和安装中均不可避免地存在误差，从而引起计量器具的误差而给测量过程带来测量误差。例如，导轨的直线度误差、分划板的刻线误差、安装偏心误差以及传动件的间隙等。

2. 测量方法误差

测量方法误差是指测量方法不完善或被测件安装定位方式不当、位置不正等所引起的测量误差。例如，用两点法测量圆度误差、间接测量中采用近似计算、测量基准与工艺基准或设计基准不重合、测头偏离被测长度等。

3. 环境误差

环境误差是指测量时的环境条件不符合标准条件而引起的测量误差。精密测量时，若室温偏离标准温度（20℃）或被测件与基准件有温差或室温变化，都会产生测量误差。再则，由于被测件与计量器具或基准件的材料不同，也将引起测量误差。由偏离标准温度而引起的被测件尺寸的变化量 Δx 的计算公式为

$$\Delta x = x[\alpha_2(t_2-20)-\alpha_1(t_1-20)]$$

即
$$\Delta x = x[(\alpha_2-\alpha_1)(t_2-20)+\alpha_1(t_2-t_1)] \tag{2-4}$$

由被测件与基准件温差和室温变化而引起的被测件尺寸的变化量 $\delta_{\lim}$ 为

$$\delta_{\lim} = \pm x\sqrt{(\alpha_2-\alpha_1)^2(\Delta t)^2+\alpha_1^2(t_2-t_1)^2} \tag{2-5}$$

式中，x 为被测尺寸（mm）；α_1、α_2 为基准件、被测件材料的线膨胀系数（$10^{-6}K^{-1}$）；t_1、t_2 为基准件、被测件的温度（℃）；Δt 为室温变化（℃）。

4. 人为误差

人为误差是指测量者的主观因素（如技术熟练程度、工作疲劳程度、测量习惯、思想情绪等）引起的测量误差。例如，测量者使用计量器具的方法不正确或操作不当等。

2.4.3 测量误差的分类及处理

根据测量误差的特点和性质不同，可将测量误差分为随机误差、系统误差和粗大误差三类。

1. 随机误差

（1）随机误差的定义　随机误差是指在相同条件下多次测量同一量值时，其误差的大小和符号以不可预见的方式变化的误差。它是测量过程中许多独立的、微小的、随机的因素引起的综合结果。例如，计量器具中机构的间隙、运动件间的摩擦力变化、测量力的不恒定及温度、湿度的波动等引起的测量误差。

随机误差是不能消除的，原因是随机误差的存在与变化不受人为支配与控制。单次测量值之间无确定的规律可循，不可能由前一次误差预测后一次误差。但是，对同一被测量进行多次重复测量，其随机误差从总体上却能反映出一定的统计规律，运用概率与统计数学的方法可对其进行描述与处理。通过处理，可以减小随机误差对测量结果的影响，并评定出影响程度。

（2）随机误差的分布及其特性　随机误差的分布及其特性可用实验统计的方法加以说明。

【例 2-2】　对同一被测量进行等精度的 150 次测量，将 150 个测得值按等间隔分成 11 组，各组的尺寸范围及相应的中值 x_i 出现的次数 n_i 和频率 n_i/N 列于表 2-4。显然，总测量次数 $N=\sum n_i$；$\sum n_i/N=1$。

表 2-4　数据表

序号 i	测量值范围	测量中值 x_i	出现次数 n_i	频率 n_i/N
1	7.1305~7.1315	7.131	1	0.007
2	7.1315~7.1325	7.132	3	0.020
3	7.1325~7.1335	7.133	8	0.054
4	7.1335~7.1345	7.134	18	0.120
5	7.1345~7.1355	7.135	28	0.187
6	7.1355~7.1365	7.136	34	0.227
7	7.1365~7.1375	7.137	29	0.193
8	7.1375~7.1385	7.138	17	0.113
9	7.1385~7.1395	7.139	9	0.060
10	7.1395~7.1405	7.140	2	0.013
11	7.1405~7.1415	7.141	1	0.007

解： 根据表 2-4 的数据，以横坐标代表各组的中值 x_i，纵坐标代表频率 n_i/N，可作出如图 2-7a 所示的频率直方图。连接各矩形顶边中点，得到折线所示的随机误差实际分布曲线。当 $N\to\infty$，$\Delta x\to 0$ 时，得到如图 2-7b 所示的光滑曲线——随机误差的正态分布曲线。

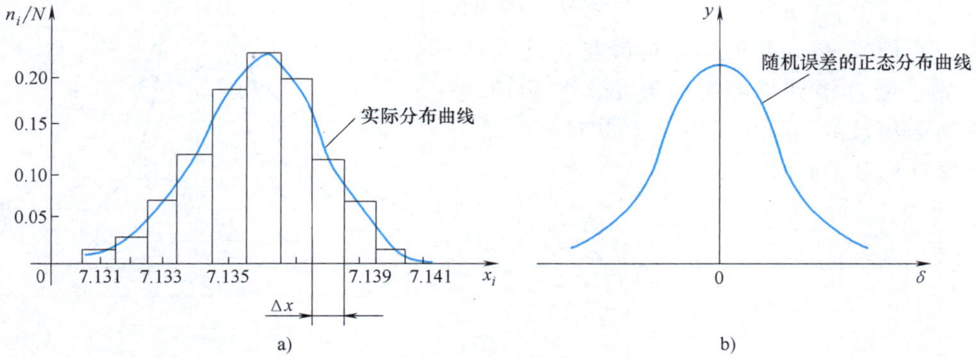

图 2-7 随机误差的分布

由正态分布曲线可以看出，随机误差具有以下四个分布特性：

1）单峰性。绝对值小的随机误差比绝对值大的随机误差出现的概率大。

2）对称性。绝对值相等、符号相反的随机误差出现的概率相等。

3）有界性。在一定的测量条件下，随机误差的绝对值不会超出一定的界限。

4）抵偿性。随着测量次数的增加，随机误差的算术平均值趋向于零。

根据概率论原理，正态分布曲线的数学表达式为

$$y=\frac{1}{\sigma\sqrt{2\pi}}e^{-\frac{\delta^2}{2\sigma^2}} \tag{2-6}$$

式中，y 为概率密度，δ 为随机误差；σ 为标准偏差。

（3）随机误差的评定指标

1）测量列的算术平均值 $\bar{x}$。在相同条件下，对同一被测量进行 n 次重复测量时，得到一系列测得值 x_1、x_2、x_3、…、x_n。这些测得值的算术平均值为

$$\bar{x}=\frac{x_1+x_2+x+\cdots+x_n}{n}=\frac{1}{n}\sum_{i=1}^{n}x_i \tag{2-7}$$

当测量列中没有系统误差时，可取测量列的算术平均值 $\bar{x}$ 作为测量结果。因为它是最接近真值 x_0 的，且测量次数越多，$\bar{x}$ 越接近 x_0，它所代表的测量结果越准确。

2）测量列中单次测量的标准偏差 σ。它是表征对同一被测量进行 n 次测量所得值的分散性的参数。其数学表达式为

$$\sigma=\sqrt{\frac{\delta_1^2+\delta_2^2+\cdots+\delta_n^2}{n}}=\sqrt{\frac{\sum_{i=1}^{n}\delta_i^2}{n}} \tag{2-8}$$

由式（2-6）可以看出，当 δ 为零时，y 有最大值，即 $y_{max}=1/(\sigma\sqrt{2\pi})$。显然，$y_{max}$ 随标准偏差 σ 的大小而变，不同的 σ 对应不同形状的正态分布曲线。如图 2-8 所示，$\sigma_1<\sigma_2<\sigma_3$，而 $y_{max1}>y_{max2}>y_{max3}$，即 σ 越小，y_{max} 越大，分布曲线越陡峭，表明随机误差分布越集

中，测量方法的精密度越高；反之亦然。

3）残余误差 ν_i。指测量列中任一测得值 x_i 与该列的算术平均值 $\bar{x}$ 之差，即

$$\nu_i = x_i - \bar{x} \tag{2-9}$$

由于真值 x_0 是未知的，随机误差 δ_i 也是未知的，故不能直接计算标准偏差 σ。实际应用中，在有限次数的测量情况下，常以残余误差 ν 代替 δ 来计算 σ。此时

$$\sigma = \sqrt{\frac{\nu_1^2 + \nu_2^2 + \cdots + \nu_n^2}{n-1}} = \sqrt{\frac{\sum_{i=1}^{n} \nu_i^2}{n-1}} \tag{2-10}$$

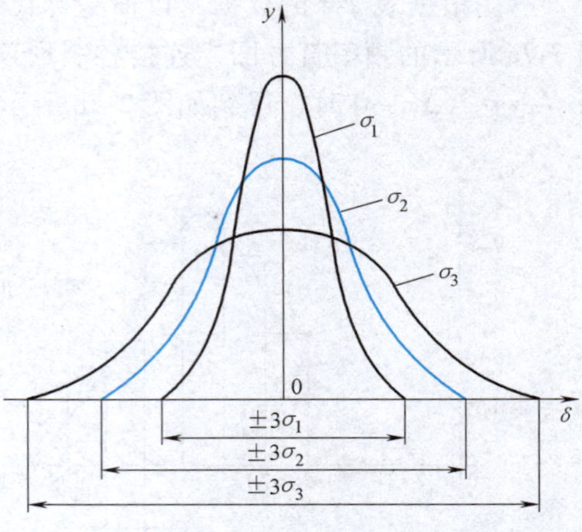

图 2-8　σ 的大小对分布曲线形状的影响

4）测量列算术平均值的标准偏差 $\sigma_{\bar{x}}$。在等精度条件下，对同一被测量进行 m 组、每组 n 次测量时，将得到 m 个算术平均值 $\bar{x}_1$、$\bar{x}_2$、…、$\bar{x}_m$。各组的算术平均值 $\bar{x}_i$ 也不会完全相同，但它们的分散程度比单次测量值 x_i 的分散程度要小得多，且 n 越大，分散程度越小，如图 2-9 所示。为了评定 m 组测量的算术平均值的分布特性，同样可采用算术平均值的标准偏差 $\sigma_{\bar{x}}$ 作为评定指标。

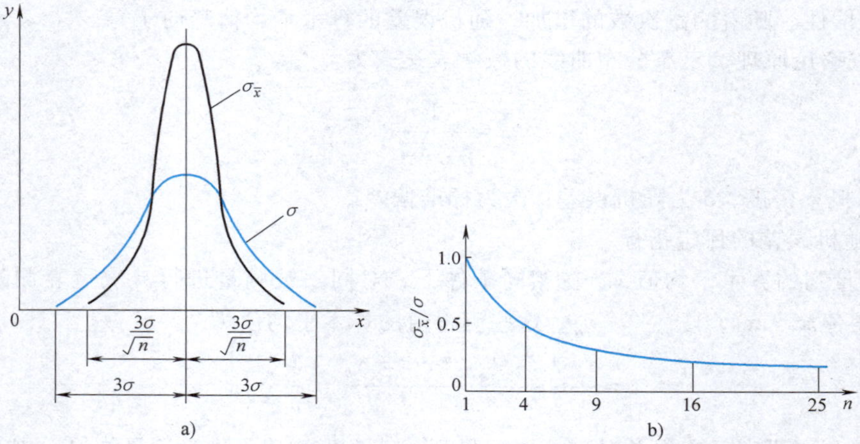

图 2-9　$\sigma_{\bar{x}}$、σ、n 之间的关系

a）$\sigma_{\bar{x}}$ 和 σ 的关系　b）$\sigma_{\bar{x}}/\sigma$ 与 n 的关系

根据误差理论，测量列算术平均值的标准偏差 $\sigma_{\bar{x}}$ 与测量列单次测量值的标准偏差 σ 存在如下关系：

$$\sigma_{\bar{x}} = \frac{\sigma}{\sqrt{n}} \tag{2-11}$$

由式（2-11）可知，增加重复测量的次数 n 可提高测量的精密度；但当 $n>20$ 以后，σ_x 减小已很缓慢，故一般取 $n=10\sim15$。

5）测量极限误差 $\delta_{\lim}$。由随机误差的有界性可知，随机误差不会超过某一范围，此范

围即随机误差的极限值。

如前所述，在多数情况下随机误差呈正态分布。由概率论可知，正态分布曲线与横坐标轴之间所包含的面积等于所有随机误差出现的概率总和。若随机误差落在整个分布范围（$-\infty$，$+\infty$）内，则其概率 P 为

$$P_{(-\infty,+\infty)}=\int_{-\infty}^{+\infty}y\mathrm{d}\delta=\int_{-\infty}^{+\infty}\frac{1}{\sigma\sqrt{2\pi}}\mathrm{e}^{-\frac{\delta^2}{2\sigma^2}}\mathrm{d}\delta=1$$

若随机误差落在区间（$-\delta$，$+\delta$）内，则其概率 P 为

$$P_{(-\delta,+\delta)}=\int_{-\delta}^{+\delta}y\mathrm{d}\delta=\int_{-\delta}^{+\delta}\frac{1}{\sigma\sqrt{2\pi}}\mathrm{e}^{-\frac{\delta^2}{2\sigma^2}}\mathrm{d}\delta$$

为计算方便，进行变量置换，令 $t=\delta/\sigma$，$\mathrm{d}t=\mathrm{d}\delta/\sigma$，则

$$P=\frac{1}{\sqrt{2\pi}}\int_{-t}^{+t}\mathrm{e}^{-\frac{t^2}{2}}\mathrm{d}t=\frac{2}{\sqrt{2\pi}}\int_{0}^{t}\mathrm{e}^{-\frac{t^2}{2}}\mathrm{d}t$$

令 $P=2\phi(t)$，则

$$\phi(t)=\frac{1}{\sqrt{2\pi}}\int_{0}^{t}\mathrm{e}^{-\frac{t^2}{2}}\mathrm{d}t \tag{2-12}$$

函数 $\phi(t)$ 称为拉普拉斯函数，也称正态概率积分，t 称为置信系数。确定了 t 值，即可求出 $\phi(t)$。实际使用时，可直接查正态分布积分表。

若随机误差在 $\pm t\sigma$ 范围内出现的概率为 $2\phi(t)$，则超出的概率为 $1-2\phi(t)$。表 2-5 列出了几个典型的 t 值及其相应超出或不超出 $|\delta|$ 的概率。

表 2-5　典型 t 值对应的概率

$t=\delta/\sigma$	$\lvert\delta\rvert=\pm t\sigma$	$\phi(t)$	不超出 $\lvert\delta\rvert$ 的概率 $P=2\phi(t)$	超出 $\lvert\delta\rvert$ 的概率 $P=1-2\phi(t)$
1	σ	0.3413	0.6826	0.3174
2	2σ	0.4772	0.9544	0.0456
3	3σ	0.49865	0.9973	0.0027
4	4σ	0.499968	0.99936	0.00064

由表 2-5 可以看出，当 $t=3$ 时，在 $\delta=\pm3\sigma$ 范围内的概率为 99.73%，δ 超出该范围的概率仅为 0.27%。因此，在实际测量中，常取 $\pm3\sigma$ 作为单次测量值的极限误差，即

$$\delta_{\lim}=\pm3\sigma \tag{2-13}$$

测量列算术平均值的极限误差为

$$\delta_{\lim\bar{x}}=\pm3\sigma_{\bar{x}}=\pm\frac{3\sigma}{\sqrt{n}} \tag{2-14}$$

2. 系统误差

（1）系统误差的定义和分类　系统误差是指在相同条件下，多次重复测量同一量值时，误差的大小和符号保持不变或按一定规律变化的误差。前者称为定值系统误差，后者称为变值系统误差。

系统误差产生的原因是计量器具本身性能和测量方法不完善、仪器使用不当、环境条件

变化等。理论上讲，系统误差的大小和符号是确定的、可知的，因而也是可以消除的。但实际上，对于有些系统误差的确定还比较困难。故系统误差按照其掌握情况，又可分为已定系统误差和未定系统误差。已定系统误差是指大小和符号均已确定的系统误差，这种误差应在测量过程中设法消除或修正。未定系统误差是指大小和符号未经确定的系统误差，对于这种误差，由于其难以完全查明和消除，只能估计出误差的极限范围，按随机误差处理。

（2）测量列中系统误差的处理　在实际测量中，由于系统误差的绝对值往往较大，故其对测量结果的影响是不容忽视的。然而这种影响并非无规律可循，因此揭示系统误差出现的规律性，并消除其对测量结果的影响，是提高测量精度的有效措施。

1）定值系统误差的发现。由于定值系统误差的大小和符号不变，所以其对测量结果的影响也是一定值。因此它不能从测量列的处理中揭示，而只能通过实验对比法去发现，即通过改变测量条件进行不等精度测量来揭示常值系统误差。例如，在相对测量中，用量块做标准件并按其标称尺寸使用时，由量块的尺寸偏差引起的系统误差可用高精度的量仪进行检定来发现它。

2）变值系统误差的发现。变值系统误差可以从对测量列的处理和分析观察中发现。常用的方法有残余误差（简称“残差”）观察法。残余误差观察法是指根据测量列的各个残差大小和符号的变化规律，直接由残差数据或残差曲线图形来判断有无系统误差。这种方法主要适用于发现大小和符号按一定规律变化的变值系统误差。

根据测量先后次序，将测量列的残差绘制成图（图 2-10），观察残差的规律。若各残差大体上正、负相间，又没有显著变化（图 2-10a）则可认为不存在明显的变值系统误差；若残差数值有规律地递增或递减（图 2-10b、c），则可判断存在线性系统误差；若各残差的大小和符号有规律地呈周期性变化（图 2-10d），则可判断存在周期性系统误差。

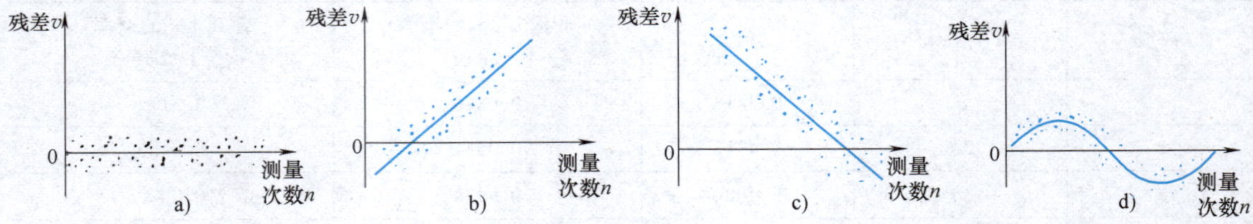

图 2-10　变值系统误差的发现

3）系统误差的消除。系统误差常用以下几种方法消除或减小。

① 根除法。这种方法要求测量者在测量前就将系统误差从产生根源上加以消除。例如，使被测零件和计量器具都处于标准温度；量块按“等”使用，以消除量块的制造和磨损误差等。

② 修正法。这种方法是预先检定出计量器具的系统误差，然后取该系统误差的相反值作为修正值，用代数法将修正值加到实际测得值上，即可得到不包含该系统误差的测量结果。

③ 抵消法。在测量过程中，控制定值系统误差的符号，使其一次出现正值，一次出现负值，然后取这两次读数的算术平均值作为测量结果。

④ 对称测量法。它是减小和消除线性系统误差较为有效的方法。按测量顺序对某一时刻对称地进行测量，取某一中间数值两端相对称的测量值的平均值。如图 2-11 所示，取

$(\theta_1+\theta_5)/2=(\theta_2+\theta_4)/2=\theta_3$。

⑤ 半周期法。每相隔半个周期进行一次测量，以两次测量数据的平均值作为测量结果，即可有效消除周期性误差。如图 2-12 所示，分度盘安装偏心所引起的误差 Δx 以 2π 为周期呈正弦规律变化。若两次测量数据分别为 x_1 和 x_2，而被测量值为 x，e 为偏心量，则

$$x_1=x+\Delta x_1=x+e\sin\theta$$

$$x_2=x+\Delta x_2=x+e\sin(180°+\varphi)=x-e\sin\varphi$$

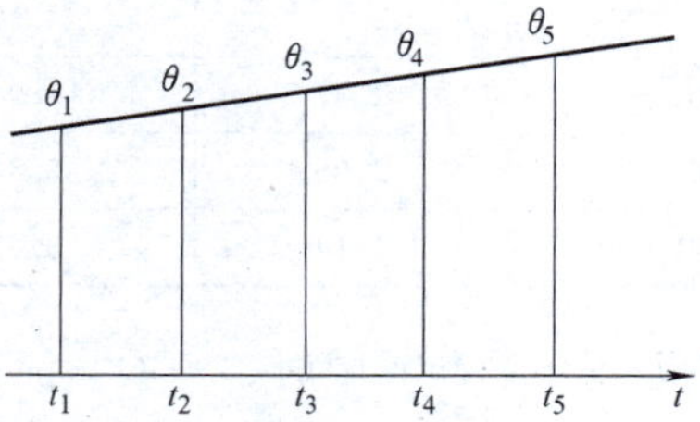

图 2-11　线性系统误差的消除方法

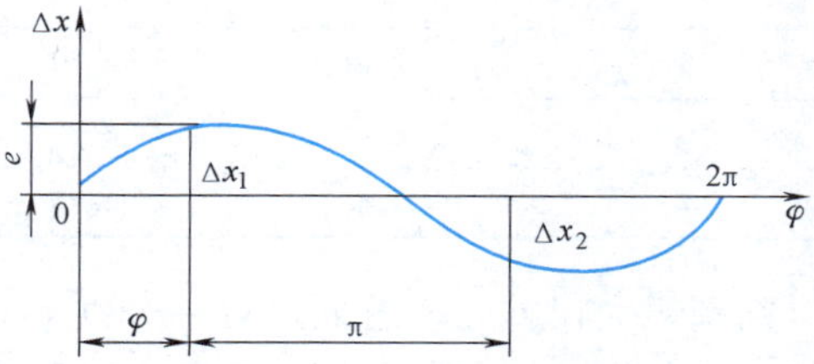

图 2-12　周期性系统误差的消除方法

取 x_1 和 x_2 的平均值，得 $(x_1+x_2)/2=x$，周期误差即被消除。

3. 粗大误差

（1）粗大误差的定义　粗大误差是指超出在一定测量条件下预计的测量误差，即对测量结果产生明显歪曲的测量误差。粗大误差的产生是由某些不正常的原因所造成的。例如，测量者疏忽大意造成的读数错误、记录错误；计量器具和被测件突然振动；使用计量器具的方法不正确等。

（2）测量列中粗大误差的处理　由于粗大误差显著地歪曲测量结果，应根据判别粗大误差的准则设法将其剔除。

判别粗大误差的准则有多种，常用的有拉依达准则、肖维勒准则、狄克逊准则、t 分布检验准则及格拉布斯准则等。下面介绍最常用的两种：

1）拉依达准则。拉依达准则又称 3σ 准则，主要适用于服从正态分布的误差和重复测量次数比较多的情况。当

$$|\nu_i|>3\sigma \tag{2-15}$$

时，则认为该残差所对应的测得值 x_i 含有粗大误差，应予剔除。

2）格拉布斯准则。格拉布斯准则根据顺序统计量的某种分布规律判别粗大误差。当

$$|\nu_i|>G \tag{2-16}$$

时，则认为测得值 x_i 含有粗大误差而应予剔除。式（2-16）中系数 G 与测量次数 n 和置信概率 P_a 有关，见表 2-6。

表 2-6　系数 G 值

测量次数 n	置信概率 P_a		测量次数 n	置信概率 P_a	
	0.95	0.99		0.95	0.99
5	1.67	1.75	8	2.03	2.22
6	1.82	1.94	9	2.11	2.32
7	1.94	2.10	10	2.18	2.41

（续）

测量次数 n	置信概率 P_a		测量次数 n	置信概率 P_a	
	0.95	0.99		0.95	0.99
11	2.23	2.48	18	2.50	2.82
12	2.28	2.55	19	2.53	2.85
13	2.33	2.61	20	2.56	2.88
14	2.37	2.66	30	2.74	3.10
15	2.41	2.70	40	2.87	3.24
16	2.44	2.75	50	2.96	3.34
17	2.48	2.78	100	3.17	3.59

判别粗大误差时，若同时有一个以上的测得值的残差超出判断界限时，一次只能剔除其中$|\nu_i|$最大的那一个数据，然后再按剩下的（$n-1$）个数据重新计算算术平均值、残差和标准偏差，重新进行判断，直到全部数据不含粗大误差为止。

2.4.4 测量精度的分类

测量精度是指被测量的测得值与其真值一致的程度。它和测量误差是从两个不同的角度说明了同一个概念。

1. 精密度

精密度表示测量结果中随机误差的影响程度。它是指在一定测量条件下多次测量所得的各测得值的一致程度。若随机误差小，则精密度高。

2. 正确度

正确度表示测量结果中系统误差的影响程度。它是指在一定测量条件下多次测量所得到的各测得值的分布中心或算术平均值与真值的符合程度。若系统误差小，则正确度高。

3. 准确度（精确度）

准确度表示测量结果中随机误差和系统误差综合影响的程度。它是指在一定测量条件下多次测量所得的各测得值与真值的一致程度。若系统误差和随机误差都小，则准确度高。

2.4.5 测量误差合成及数据处理

1. 直接测量数据的处理

直接测量时，被测量值测量结果的精确度与可靠性仅与这一测量过程有关。在测得值中，可能含有系统误差（已定系统误差及未定系统误差）、随机误差和粗大误差，故应对测量数据进行处理。

通常，已定系统误差按“代数和”合成，即

$$\Delta x = \Delta x_1 + \Delta x_2 + \cdots + \Delta x_n = \sum_{i=1}^{n} \Delta x_i \tag{2-17}$$

式中，Δx_i 为各类误差来源的系统误差；Δx 为测量结果的系统误差。

对于服从正态分布，且彼此相互独立的随机误差和未定系统误差，按“方和根法”合成，即

$$\delta_{\lim} = \pm\sqrt{\delta_{\lim 1}^2 + \delta_{\lim 2}^2 + \cdots + \delta_{\lim n}^2} = \pm\sqrt{\sum_{i=1}^{n} \delta_{\lim i}} \tag{2-18}$$

式中，$\delta_{\lim i}$ 为各类误差来源的随机误差和未定系统误差；$\delta_{\lim}$ 为测量结果总的极限误差。

然后进行单次测量数据的处理，单次测量结果表示为

$$x_0 = (x - \Delta x) \pm \delta_{\lim} \tag{2-19}$$

式中，x 为单次测量（或多次测量中任意一次测量）的测得值。

【例 2-3】　在立式光学比较仪上，用工作尺寸 $L_0 = 30\text{mm}$ 的四等量块作基准，测量公称尺寸为 30mm 的光滑极限量规。测量时室温为（20±1）℃，测量前有等温过程。若所用的立式光学比较仪有+0.3μm 的零位误差，所用量块中心长度的实际偏差为−0.2μm，检定四等量块的测量不确定度为±0.3μm，重复 10 次测量的读数（即量规相对于量块的偏差）见表 2-7 第 2 列所示，试计算测量结果。

表 2-7　数据处理计算表

序号	x_i/μm	$(\nu_i = x_i - \bar{x})$/μm	ν_i^2/μm²	$(\nu_i' = x_i - \bar{x}')$/μm	$\nu_i'^2$/μm²
1	+4.5	+0.5	0.25	+0.14	0.02
2	+4.3	+0.3	0.09	−0.06	0.004
3	+4.4	+0.4	0.16	+0.04	0.002
4	+4.4	+0.4	0.16	+0.04	0.002
5	+4.2	+0.2	0.04	−0.16	0.026
6	+4.4	+0.4	0.16	+0.04	0.002
7	+4.3	+0.3	0.09	−0.06	0.004
8	+0.8	−3.2	10.24	—	—
9	+4.2	+0.2	0.04	−0.16	0.026
10	+4.5	+0.5	0.25	+0.14	0.02
	$\bar{x} = +4.0$	$\sum \nu_i = 0$	$\sum \nu_i^2 = 11.48$	$\sum \nu_i' \approx 0$	$\sum \nu_i'^2 = 0.106$

解：

1）计算测量列的算术平均值

$$\bar{x} = \frac{1}{n}\sum_{i=1}^{n} x_i = \frac{1}{10}\sum_{i=1}^{10} x_i = +4.0\mu\text{m}$$

2）计算残余误差。其计算结果列入表中第 3 列。

3）检查有无显著变值系统误差。根据残差观察法，这些残差没有明显的变化规律，因而可以认为测量列中不存在变值系统误差。

4）计算标准偏差

$$\sigma = \sqrt{\frac{\sum_{i=1}^{n} \nu_i^2}{n-1}} = \sqrt{\frac{11.48}{10-1}}\mu\text{m} \approx 1.13\mu\text{m}$$

5）根据格拉布斯准则判断有无粗大误差。取置信概率 $P_a = 0.99$，$n = 10$，查表 2-6，得 $G = 2.41$，故 $G\sigma = 2.41 \times 1.13\mu\text{m} = 2.72\mu\text{m}$。由表 2-7 中数据可知，$|\nu_8| > G\sigma$，所以 x_8 应予剔除。

6）重新计算算术平均值、残差和标准偏差。

① $$\overline{x}'=\frac{1}{9}\sum_{i=1}^{9}x_i=+4.36\mu m$$

② 各残余误差值列入表 2-7 中第 5 列。

③ $$\sigma'=\sqrt{\frac{0.106}{9-1}}\mu m=0.12\mu m$$

7）再次判断有无粗大误差。查表 2-6 得，$G'=2.32$，故 $G'\sigma'=0.27\mu m$。由表 2-7 中数据可知，$|\nu_i'|<G'\sigma'$，所以已无粗大误差。

8）计算已定系统误差。已定系统误差如下：

立式光学比较仪的零位误差　　$\Delta x_1=+0.3\mu m$

量块中心长度的实际偏差　　$\Delta x_2=-0.2\mu m$

由于被测零件与量块材料的线膨胀系数接近，且测量时的温度与标准温度相差较小，测量前又经过等温处理，所以温度所引起的误差可忽略不计。因此

$$\Delta x=\Delta x_1+\Delta x_2=(+0.3-0.2)\mu m=+0.1\mu m$$

9）计算测量的极限误差。

四等量块的测量不确定度　$\delta_{\lim1}=\pm0.3\mu m$

测量列算术平均值 $\overline{x}$ 的极限误差　$\delta_{\lim2}=\pm\frac{3\sigma'}{\sqrt{n}}=\pm\frac{0.36}{\sqrt{9}}\mu m=\pm0.12\mu m$

所以 $$\delta_{\lim}=\pm\sqrt{\delta_{\lim1}^2+\delta_{\lim2}^2}=\pm\sqrt{0.3^2+0.12^2}\mu m=\pm0.32\mu m$$

10）计算测量结果。

① 被测量规的尺寸为 $d=(d_0+\overline{x}'-\Delta x)=(30+0.0044-0.0001)mm=30.0043mm$。

② 最终测量结果可表示为 $d=(30.0043\pm0.0003)mm$。

2. 间接测量数据的处理

间接测量时，欲测量的量 y 是根据其他有关量 x_1，x_2，…，x_m 的直接测量结果按一定的函数关系式，即 $y=f(x_1, x_2, \cdots, x_m)$ 通过计算求得的。

因此间接测量的误差，不仅与 x_1，x_2，…，x_m 直接测量的误差有关，还受函数关系式的影响，即间接测量的测量误差是其他直接测量的有关量的测量误差的函数。

若各直接测量的量均为彼此无关的独立变量，则被测量的测量误差按下述方法求得。

（1）已定系统误差的处理　若直接测量的各有关量的测量值 x_i 存在已定系统误差 Δx_i，则可求得被测量 y 的系统误差为

$$\Delta y=\frac{\partial f}{\partial x_1}\Delta x_1+\frac{\partial f}{\partial x_2}\Delta x_2+\cdots+\frac{\partial f}{\partial x_m}\Delta x_m=\sum_{i=1}^{m}\frac{\partial f}{\partial x_i}\Delta x_i \tag{2-20}$$

式中，$\frac{\partial f}{\partial x_i}$为各测量值 x_i 的误差传递系数。

（2）随机误差的处理　若直接测量的各有关量的测量值 x_i 存在随机误差，则函数 y（即被测量）也相应存在随机误差。根据误差理论，函数 y 的标准偏差 σ_y 与各直接测量值的标准偏差 σ_{x_i} 的关系为

$$\sigma_y=\sqrt{\left(\frac{\partial f}{\partial x_1}\right)^2\sigma_{x_1}^2+\left(\frac{\partial f}{\partial x_2}\right)^2\sigma_{x_2}^2+\cdots+\left(\frac{\partial f}{\partial x_m}\right)^2\sigma_{x_m}^2}=\sqrt{\sum_{i=1}^{m}\left(\frac{\partial f}{\partial x_i}\right)^2\sigma_{x_i}^2} \tag{2-21}$$

如果各直接测量值的随机误差服从正态分布，因 $\delta_{\lim}=\pm3\sigma$，所以将式（2-22）的等号两边同乘以3，则得间接测量的测量极限误差为

$$\delta_{\lim y}=\pm\sqrt{\left(\frac{\partial f}{\partial x_1}\right)^2\delta_{\lim x_1}^2+\left(\frac{\partial f}{\partial x_2}\right)^2\delta_{\lim x_2}^2+\cdots+\left(\frac{\partial f}{\partial x_m}\right)^2\delta_{\lim x_m}^2}=\pm\sqrt{\sum_{i=1}^{m}\left(\frac{\partial f}{\partial x_i}\right)^2\delta_{\lim x_i}^2} \tag{2-22}$$

式中，$\delta_{\lim x_i}$ 为各直接测量值的极限误差；$\delta_{\lim y}$ 为函数（被测量）的测量极限误差。

【例2-4】 如图2-6所示，用弓高弦长法测量圆弧半径 R。测得弓高 $h=10\text{mm}$，弦长 $b=40\text{mm}$，它们的系统误差和测量极限误差分别为：$\Delta=+0.0008\text{mm}$、$\delta_{\lim h}=\pm0.0015\text{mm}$、$\Delta b=-0.002\text{mm}$、$\delta_{\lim b}=\pm0.002\text{mm}$。试求圆弧半径 R 的测量结果。

解：

1）列出函数关系式　$R=\dfrac{b^2}{8h}+\dfrac{h}{2}$

2）计算圆弧半径 R_a　$R_a=\left(\dfrac{40^2}{8\times10}+\dfrac{10}{2}\right)\text{mm}=25\text{mm}$

3）计算误差传递系数　$\dfrac{\partial f}{\partial b}=\dfrac{b}{4h}=\dfrac{40}{4\times10}=1$

$$\frac{\partial f}{\partial h}=\frac{1}{2}-\frac{b^2}{8h^2}=\frac{1}{2}-\frac{40^2}{8\times10^2}=-1.5$$

4）计算圆弧半径 R 的系统误差 ΔR

$$\begin{aligned}\Delta R&=\frac{\partial f}{\partial b}\Delta b+\frac{\partial f}{\partial h}\Delta h\\&=\frac{b}{4h}\Delta b+\left(\frac{1}{2}-\frac{b^2}{8h^2}\right)\Delta h\\&=\{1\times(-0.002)+[-1.5\times(+0.0008)]\}\text{mm}=-0.0032\text{mm}\end{aligned}$$

5）计算圆弧半径 R 的测量极限误差 $\delta_{\lim R}$

$$\begin{aligned}\delta_{\lim R}&=\pm\sqrt{\left(\frac{b}{4h}\right)^2\delta_{\lim b}^2+\left(\frac{1}{2}-\frac{b^2}{8h^2}\right)\delta_{\lim R}^2}\\&=\pm\sqrt{1^2\times0.002^2+(-0.5)^2\times0.0015^2}\text{mm}=\pm0.003\text{mm}\end{aligned}$$

6）测量结果

$$R=(R_a-\Delta R)\pm\delta_{\lim R}=\{[25-(-0.0032)]\pm0.003\}\text{mm}=(25.0032\pm0.003)\text{mm}$$

此时的置信概率为99.73%。

2.5　珠峰之巅镌刻“中国高度”

2025年是我国自主完成珠穆朗玛峰高程测量50周年。1975年5月27日，我国登山队9

名登山队员首次将测量觇标矗立于珠峰之巅，精确测得海拔高程，随后我国又于2005年、2020年组织实施了珠峰高程测量。一个个精确数据的背后，是测绘技术从传统三角测量到北斗卫星、重力仪全自主化的跨越。

1975年5月27日14时30分，这是一个注定被历史永远铭记的高光时刻。红色的测量觇标第一次竖立在珠穆朗玛峰峰顶，从此珠峰有了中国人精确测量的“身高”。9名登顶突击队员凭借顽强意志和卓越技能，集体登上了珠峰峰顶。他们于世界之巅首次竖立起3.5米高的红色金属觇标，同一时间，坚守在距离珠峰7~21km、海拔5600~6300m的10个控制点上的测绘队员们，立即对珠峰觇标展开平面和高程交会观测。此后连续3天，队员们废寝忘食、夜以继日地奋战。他们在恶劣的环境中，对珠峰进行三角交会观测和垂直直角观测，获取了大量珍贵的第一手测量数据，精确测得珠穆朗玛峰高程为8848.13m。为后续珠峰高程的精确计算提供了强有力的数据支撑。

2005年，正值我国首次精确测量珠峰高程30周年之际，经国务院同意，国家测绘局再次开展测量珠峰高程活动。2005年5月22日北京时间11时08分，我国登山测量队成功登上珠峰峰顶。11时50分，测量觇标稳稳地竖立在峰顶，标志着测量工作进入关键阶段。这一次，中国测绘人实现了多项重大技术突破：第一次将现代大地测量，包括GPS、雪深探测雷达，与经典大地测量，如水准、重力、三角、激光测距、高程导线、高空探测等多种大地测量技术完美融合，首次布测了大规模、高精度的水准网，这一举措对于精确测定该地区大地水准面，也就是珠峰的高程起算面，起到了至关重要的作用。

此外，测绘队员们首次将测距反射棱镜、GPS和觇标巧妙集于一体，顺利实施了珠峰高程三角交会和峰顶GPS测量。他们不畏艰险，把重力测量推进到海拔7790m的高度。尤为值得一提的是，队员们首次获得了珠峰峰顶长时间（40min）、高质量（1秒采样率、双频GPS、无间断）的GPS观测数据，为珠峰高程的精确计算奠定了坚实基础。同时，成功完成了珠峰峰顶雪深雷达探测任务，取得了珍贵的雪深探测资料。2005年10月9日，国务院召开新闻发布会，正式向世界公布了珠峰最新的高程数据——珠穆朗玛峰峰顶岩石面高程为8844.43m。这一数据的背后，是中国测绘人对科技创新的不懈追求和对测量精度的极致把握，彰显了我国在测绘领域的强大实力，为强国梦增添了浓墨重彩的一笔。

历史的长河，总有一些意味深长的巧合。2020年5月27日11时，测量登山队员成功登顶，1975年登顶也是在5月27日。跨越整整45年，是巧合更是历史必然。火红的觇标在同一天又一次高高竖立在世界之巅，这不仅是对测绘精神和登山精神在新时代传承的生动诠释，更是以实际行动向前辈们致以崇高的敬意。此次测量采用了我国自主研发的北斗导航卫星高精度定位技术，彻底改变了过去测量依赖美国GPS技术的局面，彰显了我国在卫星导航领域的自主创新能力。同时，首次在最高海拔地区进行实地重力观测，首次将重力测量仪推进到海拔8000m以上，直至珠峰峰顶，同时还开展了航空重力测量，为测量数据的准确性提供了有力保障。2020年12月，中国同尼泊尔共同宣布基于全球高程基准的珠穆朗玛峰雪面高程为8848.86m。这一成果是两国科技合作的结晶，也是“一带一路”倡议的生动实践。

精确数字的背后，蕴含着众多技术创新和突破。中国测绘人始终以科技创新为强大引擎，推动着测绘事业实现跨越式发展。他们不畏艰难险阻，不惧高山深谷，用脚步丈量大地，用数据描绘山河！

思考题

2-1　测量的实质是什么？一个测量过程包括哪些要素？

2-2　量块的“等”和“级”有什么区别？举例说明如何按“等”和“级”使用。

2-3　试从 83 块一套的量块中，组合下列尺寸：58.78mm，108.17mm，11.05mm。

2-4　何谓系统误差、随机误差和粗大误差？三者误差有何区别？如何进行误差处理？

2-5　举例说明绝对测量与比较测量以及直接测量与间接测量之间的区别。

2-6　对某一零件进行 10 次测量，测得值（单位为 mm）如下：48.45，48.45，48.30，48.15，48.80，48.55，48.20，48.40，48.60，48.70，系统误差已消除，求测量结果。

第 3 章　孔与轴的极限与配合

3.1　概述

在机器制造业中，“极限”用于协调零件的使用要求与制造经济性之间的矛盾；“配合”反映机器零件之间有关功能要求的相互关系。“极限与配合”的标准化，有利于机器的设计制造、使用和维修，直接影响产品的精度、性能和使用寿命，是评定产品质量的重要技术标准。“极限与配合”的标准，不仅是机械工业各部门进行产品设计、工艺设计和制定其他标准的基础，而且是广泛组织协作和专业化生产的重要依据。这个标准几乎涉及国民经济的各个部门，在机械工业中具有重要的作用。

20 世纪 50 年代末，我国参照原苏联标准（OCT）颁布了“公差与配合”国家标准。由于科技飞跃发展，产品精度不断提高，国际技术交流日益频繁，该标准已不适应生产发展的要求。20 世纪 70 年代末，参照国际标准（ISO）制定了新的“公差与配合”国家标准。后来经过几次修订，形成了现行的标准体系：

《产品几何技术规范（GPS）　线性尺寸公差 ISO 代号体系　第 1 部分：公差、偏差和配合的基础》（GB/T 1800.1—2020）；

《产品几何技术规范（GPS）　线性尺寸公差 ISO 代号体系　第 2 部分：标准公差代号和孔、轴极限偏差表》（GB/T 1800.2—2020）；

《极限与配合　尺寸至 18mm 孔、轴公差带》（GB/T 1803—2003）；

《一般公差　未注公差的线性和角度尺寸的公差》（GB/T 1804—2000）。

本章主要阐述极限与配合的构成规则和特征。

3.2　极限与配合的基本词汇

为了正确理解和应用极限与配合的国家标准，必须了解以下基本术语和定义。

3.2.1　有关“尺寸”的术语和定义

1. 尺寸要素

尺寸要素是由一定大小的线性尺寸或角度尺寸确定的几何形状。

2. 尺寸

尺寸是以特定单位表示线性尺寸值或角度值的数值。如半径、直径、长度、高度、深度、中心距、角度等。

3. 公称尺寸

由图样规范确定的理想形状要素的尺寸称为公称尺寸。

公称尺寸是设计零件时，根据使用要求，通过刚度、强度计算或工艺结构等方面的考虑，并按标准直径或标准长度圆整后所给定的尺寸，用 D 和 d 表示（大写字母表示孔，小写字母表示轴），它是计算极限尺寸和极限偏差的起始尺寸。

4. 实际尺寸

实际尺寸是通过测量获得的尺寸。

由于测量误差的存在，故实际尺寸并非是被测尺寸的真值。同时，由于被测工件形状误差的影响和测量误差的随机性，零件同一表面不同部位的实际尺寸，往往是不相同的。

5. 极限尺寸

极限尺寸是指尺寸要素允许尺寸变化的两个极限值。它包括上极限尺寸和下极限尺寸。

1）上极限尺寸是指尺寸要素允许的最大尺寸。

2）下极限尺寸是指尺寸要素允许的最小尺寸。

合格的工件应位于上、下极限尺寸之间。

6. 提取要素的局部尺寸

1）提取组成要素：根据规定方法，对实际（组成）要素测量有限点得到的实际（组成）要素的近似替代要素。

2）提取导出要素：由一个或几个提取组成要素得到的中心点（提取球心）、中心线（如提取轴线）或中心面（提取中心面）。

3）实际（组成）要素：是由无穷多个连续点所构成的要素，但只能用有限的测量点来近似地描述实际表面的组成要素。

3.2.2 有关“偏差和公差”的术语及定义

1. 尺寸偏差（简称偏差）

尺寸偏差是指某一尺寸（实际尺寸、极限尺寸等）减其公称尺寸所得的代数差。实际尺寸减其公称尺寸所得的代数差，称为实际偏差。极限尺寸减其公称尺寸所得的代数差，称为极限偏差。极限偏差包括上极限偏差和下极限偏差：

1）上极限偏差是上极限尺寸减其公称尺寸所得的代数差。孔的上极限偏差用代号“ES”表示；轴的上极限偏差用代号“es”表示。

2）下极限偏差是下极限尺寸减其公称尺寸所得的代数差。孔的下极限偏差用代号“EI”表示；轴的下极限偏差用代号“ei”表示。偏差可以为正值、负值或零值。

2. 尺寸公差（简称公差）

尺寸公差是指允许尺寸的变动量。上极限尺寸减下极限尺寸之差，或上极限偏差减下极限偏差之差，称为尺寸公差。尺寸公差是一个没有符号的绝对值。有关尺寸、偏差和公差的关系，如图 3-1 所示。

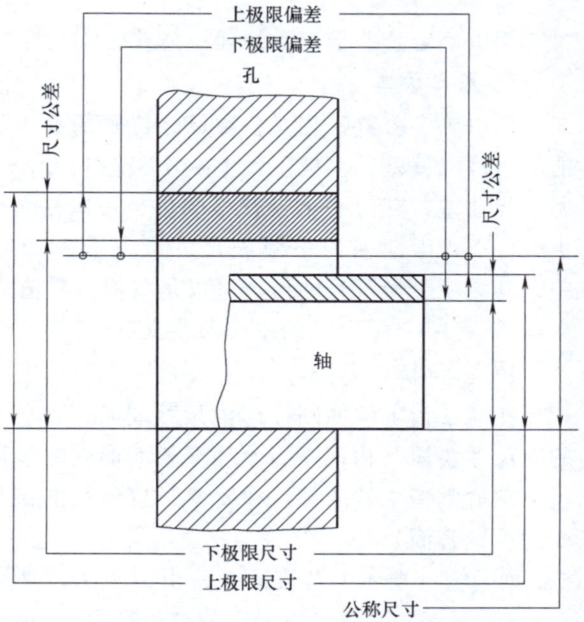

图 3-1 尺寸、偏差和公差的关系

【例 3-1】 公称尺寸为 $\phi 50$mm，上极限尺寸为 $\phi 50.008$mm，下极限尺寸为 $\phi 49.992$mm，试计算偏差和公差。

解： 上极限偏差 = 上极限尺寸 − 公称尺寸

$$=(50.008-50)\text{mm}=+0.008\text{mm}$$

下极限偏差 = 下极限尺寸 − 公称尺寸

$$=(49.992-50)\text{mm}=-0.008\text{mm}$$

公差 = 上极限尺寸 − 下极限尺寸

$$=(50.008-49.992)\text{mm}=0.016\text{mm}$$

公差 = 上极限偏差 − 下极限偏差

$$=[+0.008-(-0.008)]\text{mm}=0.016\text{mm}$$

3. 公差带

图 3-1 所示表明了两个相互结合的孔、轴的公称尺寸、极限尺寸、极限偏差与公差的相互关系。在实际使用中，为简便起见，一般用公差带图（图 3-2）来表示。

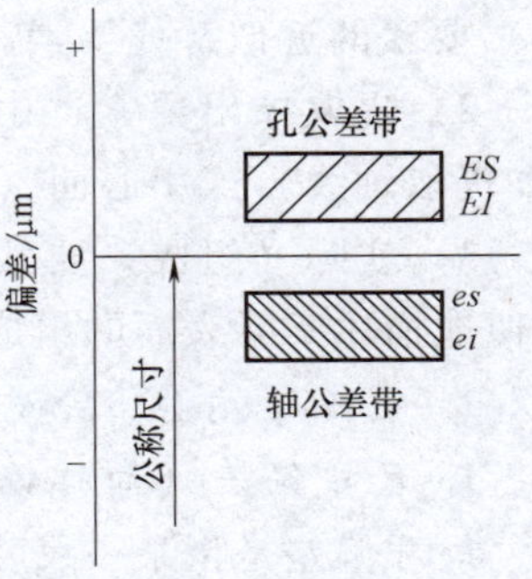

图 3-2 公差带示意图

（1）公差带 在公差带图解中，由代表上极限偏差和下极限偏差或上极限尺寸和下极限尺寸的两条直线所限定的一个区域，称为公差带（或尺寸公差带）。它是由公差大小和基本偏差来决定的（图 3-2）。

（2）公差带图 以公称尺寸为零偏差线，用适当比例，画出两极限偏差或两极限尺寸，以表示尺寸允许变动的界限，称为公差带图（或尺寸公差带图）。

4. 标准公差

用以确定公差带大小的任一公差，称为标准公差，用代号“IT”表示。

5. 基本偏差

用以确定公差带相对公称尺寸位置的那个极限偏差（图 3-3），一般指最接近公称尺寸的那个极限偏差。上极限偏差为上极限尺寸减其公称尺寸所得代数差，其为一个带符号的值，可以是负值、零值或正值；下极限偏差为下极限尺寸减其公称尺寸所得代数差，其为一个带符号的值，可以是负值、零值或正值。

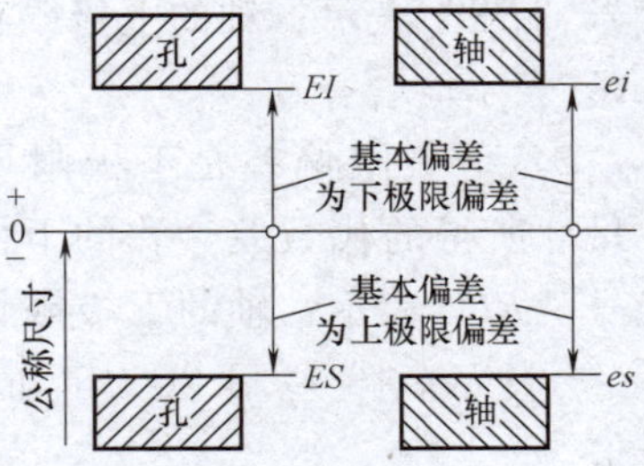

图 3-3 基本偏差示意图

3.2.3 有关“配合”的术语及定义

1. 孔和轴

孔通常指工件的圆柱形内尺寸要素，也包括非圆柱形的内尺寸要素（由两平行平面或切面形成的包容面）。

轴通常指工件的外尺寸要素，也包括非圆柱形的外尺寸要素（由两平行平面或切面形成的被包容面）。

如图 3-4 所示的各表面中，由 D_1、D_2、D_3 和 D_4 各尺寸确定的包容面，均称为孔，由 d_1、d_2、d_3 和 d_4 各尺寸确定的被包容面，均称为轴，而由 L_1、L_2 和 L_3 各尺寸确定的表面，则不是孔或轴。

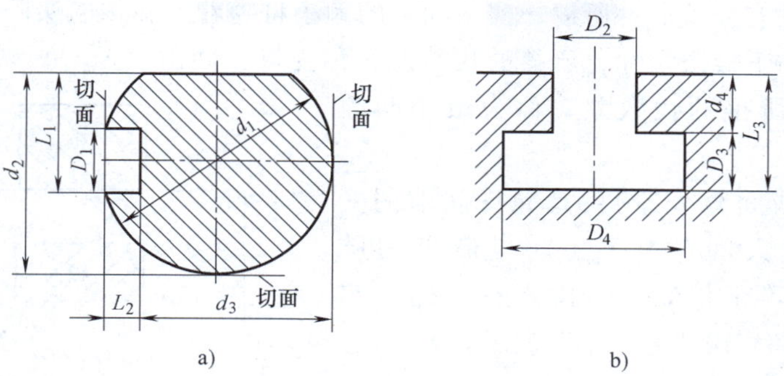

图 3-4　孔和轴

2. 配合

配合是指公称尺寸相同的、相互结合的孔与轴公差带之间的关系。在孔与轴的配合中，孔的尺寸减去轴的尺寸所得的代数差，其值为正值时称为间隙（用 X 表示），其值为负值时称为过盈（用 Y 表示）。

国家标准对配合规定了两种基准制，即基孔制配合与基轴制配合。

1）基孔制配合：基本偏差为一定的孔公差带与不同基本偏差的轴公差带形成各种配合的一种制度。基孔制配合的孔称为基准孔，标准规定基准孔的基本偏差（下极限偏差）为零（即 $EI=0$），基准孔的代号为“H”。

2）基轴制配合：基本偏差为一定的轴公差带与不同基本偏差的孔公差带形成各种配合的一种制度。基轴制配合的轴称为基准轴，标准规定基准轴的基本偏差（上极限偏差）为零（即 $es=0$），基准轴的代号为“h”。

按照相互结合的孔、轴公差带相对位置的不同，两种基准制都可形成间隙配合、过渡配合和过盈配合三类，如图 3-5 所示。

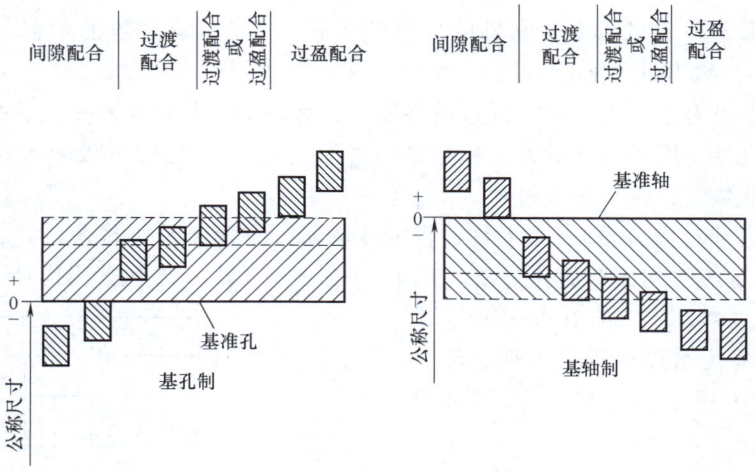

图 3-5　基孔制与基轴制配合

（1）间隙配合　孔的公差带在轴的公差带之上，保证具有间隙的配合（包括最小间隙等于零的配合），称为间隙配合。

由于孔、轴是有公差的，所以，实际间隙的大小将随着孔和轴的实际尺寸而变化。孔的上极限尺寸减轴的下极限尺寸，所得的代数差，称为最大间隙（X_{max}）。孔的下极限尺寸减轴的上极限尺寸所得的代数差，称为最小间隙（X_{min}）。

配合公差（或间隙公差）：是允许间隙的变动量，它等于最大间隙（X_{max}）与最小间隙（X_{min}）之差，也等于相配合的孔公差（T_H）与轴公差（T_S）之和，用代号“T_f”表示。

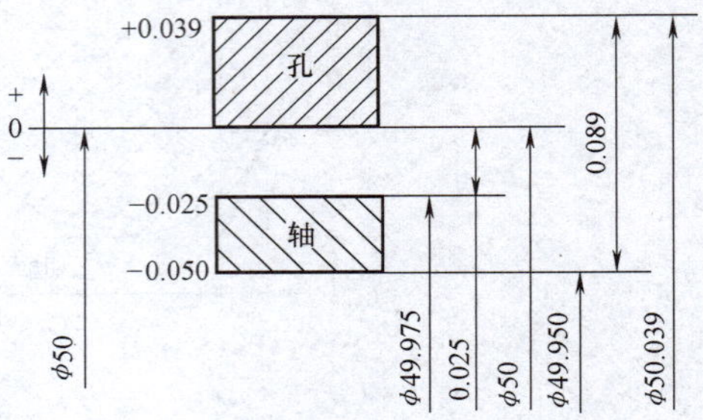

图 3-6　间隙配合孔、轴公差带图

【例 3-2】 $\phi50^{+0.039}_{0}$ 的孔与 $\phi50^{-0.025}_{-0.050}$ 的轴相配合是基孔制间隙配合。孔、轴公差带图如图 3-6 所示，各种计算结果见表 3-1。

表 3-1　计算结果　（单位：mm）

项目	孔	轴
公称尺寸	50	50
上极限偏差	$ES=+0.039$	$es=-0.025$（基本偏差）
下极限偏差	$EI=0$（基本偏差）	$ei=-0.050$
标准公差	$T_H=0.039$	$T_S=0.025$
上极限尺寸	50.039	49.975
下极限尺寸	50.000	49.950
最大间隙	$X_{max}=50.039-49.950=0.089$	
最小间隙	$X_{min}=50.000-49.975=0.025$	
配合公差	$T_f=X_{max}-X_{min}=0.089-0.025=0.064$ 或 $T_f=T_H+T_S=0.039+0.025=0.064$	

（2）过盈配合　孔的公差带在轴的公差带之下，保证具有过盈的配合（包括最小过盈等于零的配合），称为过盈配合。

由于孔、轴是有公差的，故实际过盈将随着孔和轴的实际尺寸而变化。孔的上极限尺寸减轴的下极限尺寸，所得的代数差，称为最小过盈（Y_{min}）。孔的下极限尺寸减轴的上极限尺寸，所得的代数差，称为最大过盈（Y_{max}）。

配合公差（或过盈公差）：是允许过盈的变动量，它等于最小过盈（Y_{min}）与最大过盈（Y_{max}）之差，也等于相配合的孔公差（T_H）与轴公差（T_S）之和，用代号“T_f”表示。

【例 3-3】 $\phi50^{+0.025}_{0}$ 的孔与 $\phi50^{+0.059}_{+0.043}$ 的轴相配合是基孔制过盈配合。孔、轴公差带图如图 3-7 所示，各种计算结果见表 3-2。

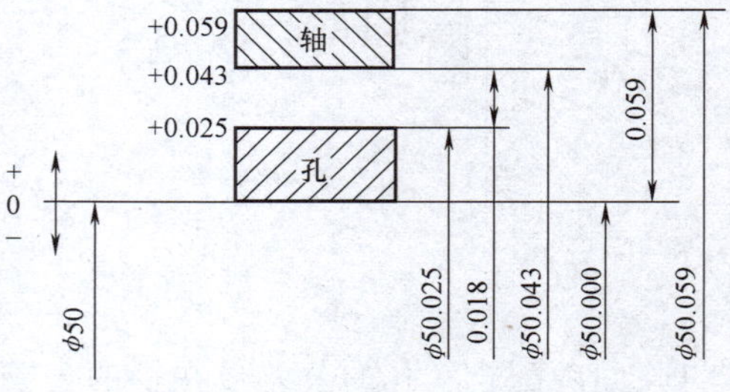

图 3-7　过盈配合孔、轴公差带图

（3）过渡配合　在孔与轴配合中，由于两者的公差带相互交叠，任取一对孔和轴相配，可能具有间隙，也可能具有过盈的配合，称为过渡配合。

表 3-2 计算结果 （单位：mm）

项目	孔	轴
公称尺寸	50	50
上极限偏差	$ES=+0.025$	$es=+0.059$
下极限偏差	$EI=0$（基本偏差）	$ei=+0.043$（基本偏差）
标准公差	$T_H=0.025$	$T_S=0.016$
上极限尺寸	50.025	50.059
下极限尺寸	50.000	50.043
最大过盈	$Y_{max}=50.000-50.059=-0.059$	
最小过盈	$Y_{min}=50.025-50.043=-0.018$	
配合公差	$T_f=Y_{min}-Y_{max}=-0.018-(-0.059)=0.041$ 或 $T_f=T_H+T_S=0.025+0.016=0.041$	

在过渡配合中，表示配合松紧程度的特征值是最大间隙（X_{max}）和最大过盈（Y_{max}）。

配合公差：就是最大间隙（X_{max}）与最大过盈（Y_{max}）之差的绝对值，也等于相配合的孔公差（T_H）与轴公差（T_S）之和，用代号“T_f”表示。

【例 3-4】 $\phi50^{+0.025}_{0}$ 的孔与 $\phi50^{+0.018}_{+0.002}$ 的轴相配合，是基孔制过渡配合。过渡配合孔、轴公差带图如图 3-8 所示，各种计算结果见表 3-3。

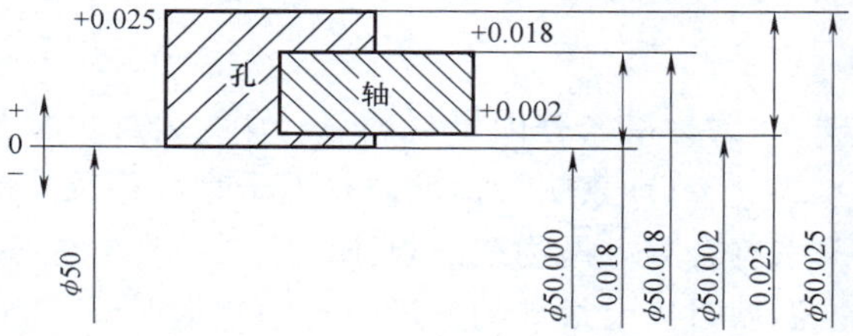

图 3-8 过渡配合孔、轴公差带图

表 3-3 计算结果 （单位：mm）

项目	孔	轴
公称尺寸	50	50
上极限偏差	$ES=+0.025$	$es=+0.018$
下极限偏差	$EI=0$（基本偏差）	$ei=+0.002$（基本偏差）
上极限尺寸	50.025	50.018
下极限尺寸	50.000	50.002
标准公差	$T_H=0.025$	$T_S=0.016$
最大间隙	$X_{max}=50.025-50.002=0.023$	
最小间隙	$X_{min}=50.000-50.018=-0.018$（即最大过盈）	
配合公差	$T_f=X_{max}-Y_{max}=0.023-(-0.018)=0.041$ 或 $T_f=T_H+T_S=0.025+0.016=0.041$	

3.3 极限与配合国家标准

极限与配合国家标准是光滑圆柱体零件或长度单一尺寸的公差与配合的依据，也适用于其他光滑表面和相应结合尺寸的公差以及由它们组成的配合。

根据前述可知，配合是孔、轴公差带的组合。而孔、轴公差带是由公差带的大小和位置两个基本要素组成的。前者决定公差值的大小（即配合精度），后者决定配合的性质（即配合松紧）。为了实现互换性和满足各种使用要求，国家标准对不同公称尺寸，按标准公差系列（公差带大小或公差数值）标准化和基本偏差系列（公差带位置）标准化的原则来制定。

3.3.1 标准公差系列

标准公差（International Tolerance，IT）是国家标准规定的用以确定公差带大小的任一公差值。它的数值是由下列原则确定的。

1. 标准公差因子

零件的制造误差不仅与加工方法有关，而且与零件尺寸的大小有关，为了便于评定零件尺寸公差等级的高低，规定了标准公差因子。

标准公差因子是计算标准公差的基本单位，是制定标准公差系列值的基础。

当公称尺寸≤500mm 时，国家标准的标准公差因子 i 按式（3-1）计算：

$$i=0.45\sqrt[3]{D}+0.001D \tag{3-1}$$

式中，i 为标准公差因子（μm）；D 为公称尺寸分段内首尾两个尺寸的几何平均值（mm）。

式（3-1）表明，标准公差因子是公称尺寸的函数，式中第一项表示标准公差与公称尺寸关系符合立方抛物线的规律；第二项是考虑补偿与直径成正比的误差，包括由于测量偏离标准温度时以及量规的变形引起的测量误差。当直径很小时，第二项所占比例很少；当直径较大时，标准公差因子随直径增加而增大，即标准公差值相应增大。

当尺寸>500~3150mm 时，国家标准的标准公差因子 i 按式（3-2）计算：

$$i=0.04D+21 \tag{3-2}$$

对大尺寸而言，与直径成正比的误差因素，其影响增长很快，特别是温度变化影响大，而温度变化引起的误差随直径的增大呈线性关系，所以国家标准规定大尺寸的标准公差因子采用线性关系。

2. 标准公差等级

国家标准规定的标准公差等级是确定零件尺寸精度的等级。国家标准规定的标准公差是由公差等级系数和标准公差因子的乘积值来决定的。在公称尺寸一定的情况下，公差等级系数是决定标准公差大小的唯一参数。

确定尺寸精确程度的等级称为公差等级。国家标准（GB/T 1800.1—2020）将标准公差分为 20 级，各级标准公差用代号 IT 及数字 01、0、1、2、…、18 表示，如 IT7 称为标准公差 7 级。从 IT01~IT18，等级依次降低而相应的标准公差数值依次增大。公差等级越高，公差值越小；公差等级越低，公差值越大，越易于加工。

当公称尺寸≤500mm，IT5 以下各级标准公差按表 3-4 计算。

每一个公差等级有一个确定的公差等级系数，如表 3-4 中的 7，10，16，…，2500 等数值，由该表可以看出，从 IT6~IT18，公差等级系数按 R5 优先数系增加，公比为 $\sqrt[5]{10}\approx1.6$，即每隔 5 个等级公差值增加 10 倍。

表 3-4 公称尺寸≤500mm 的 IT5~IT18 级标准公差计算公式

标准公差等级	IT5	IT6	IT7	IT8	IT9	IT10	IT11	IT12	IT13	IT14	IT15	IT16	IT17	IT18
公差值/μm	$7i$	$10i$	$16i$	$25i$	$40i$	$64i$	$100i$	$160i$	$250i$	$400i$	$640i$	$1000i$	$1600i$	$2500i$

对公称尺寸≤500mm 的更高等级（如 IT01、IT0 和 IT1 级），主要考虑测量误差，公差计算采用线性关系式，见表 3-5。

表 3-5 公称尺寸≤500mm 的 IT01~IT1 级标准公差计算公式

标准公差等级	IT01	IT0	IT1
公差值/μm	$0.3+0.008D$	$0.5+0.012D$	$0.8+0.02D$

标准公差 IT2~IT4 的数值，大约在 IT1~IT5 级数值之间近似成几何级数，比值为 $\left(\frac{IT5}{IT1}\right)^{\frac{1}{4}}$，即 IT2、IT3、IT4 级的标准公差分别按式（3-3）~式（3-5）计算：

$$IT2=IT1\times\left(\frac{IT5}{IT1}\right)^{\frac{1}{4}} \tag{3-3}$$

$$IT3=IT2\times\left(\frac{IT5}{IT1}\right)^{\frac{1}{4}}=IT1\times\left(\frac{IT5}{IT1}\right)^{\frac{2}{4}} \tag{3-4}$$

$$IT4=IT3\times\left(\frac{IT5}{IT1}\right)^{\frac{1}{4}}=IT1\times\left(\frac{IT5}{IT1}\right)^{\frac{3}{4}} \tag{3-5}$$

从上述情况可以看出，国家标准各级之间的公差分布规律性较强，便于向高、低等级延伸，如 IT17 和 IT18 就是在 ISO 公差制基础上延伸的。若需更高精度的公差，例如，常用尺寸段需要 IT02，亦可延伸。因为 IT01~IT1 的公差计算式中的系数均采用了优先数系 R10/2，由此可推出 IT02 的公差计算式为

$$IT02=0.2+0.005D$$

当有需要时，还可插入中间等级，例如 $IT6.5=1.25IT6=12.5i$，$IT7.5=1.25IT7=20i$，$IT8.5=1.25IT8=31.5i$ 等，即按优先数系 R10 插入，以满足广泛和特殊的需要。

当公称尺寸>500~3150mm 时，国家标准未规定出 IT01、IT0 级标准公差数值，IT1~IT18 各级标准公差同样以公差等级系数和标准公差因子的乘积来计算，见表 3-6。

表 3-6 公称尺寸>500~3150mm 的 IT1~IT18 各级标准公差计算公式

标准公差等级	IT1	IT2	IT3	IT4	IT5	IT6	IT7	IT8	IT9	IT10	IT11	IT12	IT13	IT14	IT15	IT16	IT17	IT18
公差值/μm	$2i$	$2.7i$	$3.7i$	$5i$	$7i$	$10i$	$16i$	$25i$	$40i$	$64i$	$100i$	$160i$	$250i$	$400i$	$640i$	$1000i$	$1600i$	$2500i$

3. 公称尺寸分段

根据标准公差计算公式，每有一个尺寸就应该有一个相对应的公差值。但在生产实践中公称尺寸太多，就会形成一个庞大的公差数值表，给生产带来很多困难。为了减少公差数目，统一公差值，简化公差表格，特别考虑到便于应用，国家标准对公称尺寸进行了分段。

尺寸分段后，对同一尺寸分段内的所有公称尺寸，在相同公差等级的情况下，规定相同的标准公差。国家标准公称尺寸主段落和中间段落的分段见表 3-7。

在公差表格中，一般使用主段落。对过盈或间隙比较敏感的配合，使用分段较密的一些中间段落。

在标准公差和基本偏差的计算公式中，公称尺寸 D 一律以所属尺寸分段内，首、尾两个尺寸的几何平均值来进行计算（在≤3mm 这一尺寸分段中，是用 1 和 3 的几何平均值计算）。例如，80~120mm 公称尺寸分段的计算直径 $\sqrt{80\times120}\,\text{mm}=97.78\text{mm}$，只要属于这一尺寸分段的公称尺寸，其标准公差和基本偏差一律以 97.78mm 进行计算。

表 3-7　公称尺寸分段　（单位：mm）

主段落		中间段落	
大于	至	大于	至
—	3	无细分段	
3	6		
6	10		
10	18	10	14
		14	18
18	30	18	24
		24	30
30	50	30	40
		40	50
50	80	50	65
		65	80
80	120	80	100
		100	120
120	180	120	140
		140	160
		160	180
180	250	180	200
		200	225
		225	250

主段落		中间段落	
大于	至	大于	至
250	315	250	280
		280	315
315	400	315	355
		355	400
400	500	400	450
		450	500
500	630	500	560
		560	630
630	800	630	710
		710	800
800	1000	800	900
		900	1000
1000	1250	1000	1120
		1120	1250
1250	1600	1250	1400
		1400	1600
1600	2000	1600	1800
		1800	2000
2000	2500	2000	2240
		2240	2500
2500	3150	2500	2800
		2800	3150

在尺寸分段方法上，对≤180mm 的尺寸分段，考虑到与国际公差的一致，仍保留不均匀递增数系；对>180mm 的尺寸分段，采用十进制几何数系——优先数系，主段落按优先数系 R10 分段，中间段落按优先数系 R20 分段；在>500~3150mm 的尺寸分段，也采用优先数系分段。

【例 3-5】 公称尺寸 $\phi25$mm，求 IT6 和 IT7。

解： 25mm 属于 18~30mm 尺寸分段。

几何平均值　$D=\sqrt{18\times30}\,\text{mm}\approx23.24\text{mm}$

标准公差因子

$$i=0.45\sqrt[3]{D}+0.001D$$
$$=(0.45\sqrt[3]{23.24}+0.001\times23.24)\text{mm}$$
$$\approx1.31\mu\text{m}$$
$$IT6=10i=10\times1.31\mu\text{m}=13.1\mu\text{m}\approx13\mu\text{m}$$
$$IT7=16i=16\times1.31\mu\text{m}=20.96\mu\text{m}\approx21\mu\text{m}$$

按上述计算的公差值，必须按国家标准规定的尾数化整规则进行圆整。表 3-8 所列标准公差，即为圆整后的标准值。

3.3.2 基本偏差系列

根据前述，基本偏差是用来确定公差带相对公称尺寸位置的上极限偏差或下极限偏差，一般指最接近公称尺寸的那个极限偏差。基本偏差是国家标准公差带位置标准化的重要指标。

基本偏差系列示意图如图 3-9 所示，基本偏差的代号用拉丁字母表示，大写代表孔，小写代表轴。在 26 个字母中，除去易与其他混淆的 I、L、O、Q、W（i、l、o、q、w）5 个字母外，采用 21 个。再加上用两个字母 CD、EF、FG、ZA、ZB、ZC、JS（cd、ef、fg、za、

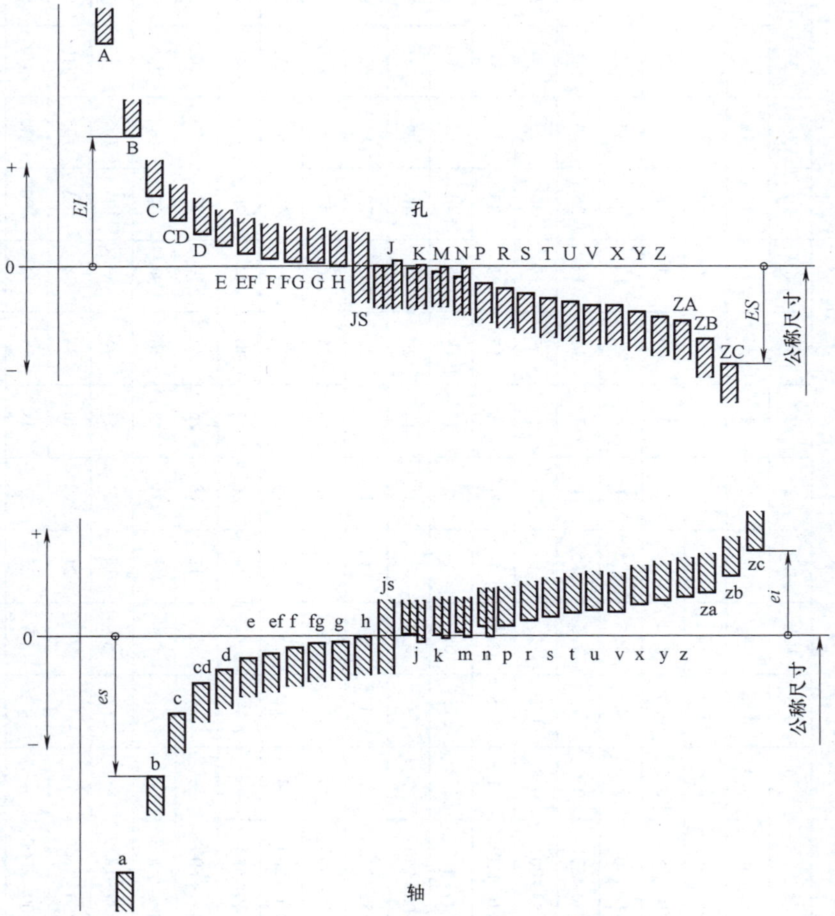

图 3-9 基本偏差系列示意图

表 3-8　公称尺寸至 3150mm 的标准公差数值（GB/T 1800.1—2020）

公称尺寸/mm	标准公差等级																			
	IT01	IT0	IT1	IT2	IT3	IT4	IT5	IT6	IT7	IT8	IT9	IT10	IT11	IT12	IT13	IT14	IT15	IT16	IT17	IT18
	μm														mm					
≤3	0.3	0.5	0.8	1.2	2	3	4	6	10	14	25	40	60	100	0.14	0.25	0.40	0.60	1.0	1.4
>3~6	0.4	0.6	1	1.5	2.5	4	5	8	12	18	30	48	75	120	0.18	0.30	0.48	0.75	1.2	1.8
>6~10	0.4	0.6	1	1.5	2.5	4	6	9	15	22	36	58	90	150	0.22	0.36	0.58	0.90	1.5	2.2
>10~18	0.5	0.8	1.2	2	3	5	8	11	18	27	43	70	110	180	0.27	0.43	0.70	1.10	1.8	2.7
>18~30	0.6	1	1.5	2.5	4	6	9	13	21	33	52	84	130	210	0.33	0.52	0.84	1.30	2.1	3.3
>30~50	0.6	1	1.5	2.5	4	7	11	16	25	39	62	100	160	250	0.39	0.62	1.00	1.60	2.5	3.9
>50~80	0.8	1.2	2	3	5	8	13	19	30	46	74	120	190	300	0.46	0.74	1.20	1.90	3.0	4.6
>80~120	1	1.5	2.5	4	6	10	15	22	35	54	87	140	220	350	0.54	0.87	1.40	2.20	3.5	5.4
>120~180	1.2	2	3.5	5	8	12	18	25	40	63	100	160	250	400	0.63	1.00	1.60	2.50	4.0	6.3
>180~250	2	3	4.5	7	10	14	20	29	46	72	115	185	290	460	0.72	1.15	1.85	2.90	4.6	7.2
>250~315	2.5	4	6	8	12	16	23	32	52	81	130	210	320	520	0.81	1.30	2.10	3.20	5.2	8.1
>315~400	3	5	7	9	13	18	25	36	57	89	140	230	360	570	0.89	1.40	2.30	3.60	5.7	8.9
>400~500	4	6	8	10	15	20	27	40	63	97	155	250	400	630	0.97	1.55	2.50	4.00	6.3	9.7
>500~630	—	—	9	11	16	22	30	44	70	110	175	280	440	700	1.10	1.75	2.8	4.4	7.0	11.0
>630~800	—	—	10	13	18	25	35	50	80	125	200	320	500	800	1.25	2.0	3.2	5.0	8.0	12.5
>800~1000	—	—	11	15	21	29	40	56	90	140	230	360	560	900	1.40	2.3	3.6	5.6	9.0	14.0
>1000~1250	—	—	13	18	24	34	46	66	105	165	260	420	660	1050	1.65	2.6	4.2	6.6	10.5	16.5
>1250~1600	—	—	15	21	29	40	54	78	125	195	310	500	780	1250	1.95	3.1	5.0	7.8	12.5	19.5
>1600~2000	—	—	18	25	35	48	65	92	150	230	370	600	920	1500	2.30	3.7	6.0	9.2	15.0	23.0
>2000~2500	—	—	22	30	41	57	77	110	175	280	440	700	1100	1750	2.80	4.4	7.0	11.0	17.5	28.0
>2500~3150	—	—	26	36	50	69	93	135	210	330	540	860	1350	2100	3.30	5.4	8.0	13.5	21.0	33.0

注：1. 公称尺寸小于或等于 1mm 时，无 IT14~IT18。
2. 公称尺寸大于 500mm 的 IT1~IT5 的标准公差数值为试行的。

zb、zc、js）表示的 7 个，共有 28 个代号，即孔和轴各有 28 个基本偏差。其中，JS 和 js 在各个公差等级中公差带的位置完全对称，因此，基本偏差可为上极限偏差（+IT/2），也可为下极限偏差（-IT/2）。JS 和 js 将逐渐取代近似对称偏差 J 和 j，故在国家标准中，孔仅保留了 J6、J7、J8，轴仅保留了 j5、j6、j7、j8 等几种。

由图 3-9 可以看出，在孔的基本偏差中，A～H 为下极限偏差 *EI*，其绝对值依次减小，J～ZC 为上极限偏差 *ES*（除 J 和 K 外）；在轴的基本偏差中，a～h 为上极限偏差 *es*，j～zc 为下极限偏差 *ei*（除 j 和 k 外）。其中，H 和 h 的基本偏差为零，分别表示基准孔和基准轴。

在基本偏差系列示意图中，仅绘出了公差带的一端，对公差带另一端未绘出，因为它取决于公差等级和这个基本偏差的组合。

1. 轴的基本偏差

轴的基本偏差是在基孔制配合的基础上制定的。轴和孔的基本偏差公式见表 3-9。

表 3-9　轴和孔的基本偏差公式

公称尺寸/mm		轴			公式	孔			公称尺寸/mm	
大于	至	基本偏差	符号(-或+)	代号		代号	符号(-或+)	基本偏差	大于	至
1	120	a	-	*es*	$265+1.3D$	*EI*	+	A	1	120
120	500				$3.5D$				120	500
1	160	b	-	*es*	$\approx 140+0.85D$	*EI*	+	B	1	160
160	500				$\approx 1.8D$				160	500
0	40	c	-	*es*	$52D^{0.2}$	*EI*	+	C	0	40
40	500				$95+0.8D$				40	500
0	10	cd	-	*es*	C、c 和 D、d 值的几何平均值	*EI*	+	CD	0	10
0	3150	d	-	*es*	$16D^{0.44}$	*EI*	+	D	0	3150
0	3150	e	-	*es*	$11D^{0.41}$	*EI*	+	E	0	3150
0	10	ef	-	*es*	E、e 和 F、f 值的几何平均值	*EI*	+	EF	0	10
0	3150	f	-	*es*	$5.5D^{0.41}$	*EI*	+	F	0	3150
0	10	fg	-	*es*	F、f 和 G、g 值的几何平均值	*EI*	+	FG	0	10
0	3150	g	-	*es*	$2.5D^{0.34}$	*EI*	+	G	0	3150
0	3150	h	无符号	*es*	偏差=0	*EI*	无符号	H	0	3150
0	500	j			无公式			J	0	500
0	3150	js	+ -	*es* *ei*	$0.5\text{IT}n$	*EI* *ES*	+ -	JS	0	3150
0	500	k	+	*ei*	$0.6\sqrt[3]{D}$	*ES*	-	K	0	500
500	3150		无符号		偏差=0		无符号		500	3150
0	500	m	+	*ei*	IT7-IT6	*ES*	-	M	0	500
500	3150				$0.024D+12.6$				500	3150

（续）

公称尺寸/mm		轴			公式	孔			公称尺寸/mm	
大于	至	基本偏差	符号（-或+）	代号		代号	符号（-或+）	基本偏差	大于	至
0	500	n	+	ei	$5D^{0.34}$	ES	-	N	0	500
500	3150				$0.04D+21$				500	3150
0	500	p	+	ei	IT7+0~5	ES	-	P	0	500
500	3150				$0.072D+37.8$				500	3150
0	3150	r	+	ei	P、p 和 S、s 值的几何平均值	ES	-	R	0	3150
0	50	s	+	ei	IT8+1~4	ES	-	S	0	50
50	3150				IT7+0.4D				50	3150
24	3150	t	+	ei	IT7+0.63D	ES	-	T	24	3150
0	3150	u	+	ei	IT7+D	ES	-	U	0	3150
14	500	v	+	ei	IT7+1.25D	ES	-	V	14	500
0	500	x	+	ei	IT7+1.6D	ES	-	X	0	500
18	500	y	+	ei	IT7+2D	ES	-	Y	18	500
0	500	z	+	ei	IT7+2.5D	ES	-	Z	0	500
0	500	za	+	ei	IT8+3.15D	ES	-	ZA	0	500
0	500	zb	+	ei	IT9+4D	ES	-	ZB	0	500
0	500	zc	+	ei	IT10+5D	ES	-	ZC	0	500

注：1. 公式中 D 是公称尺寸段的几何平均值（mm）；基本偏差的计算结果以 μm 计。

2. j、J 只在表 3-10、表 3-11 中给出其值。

3. 公称尺寸至 500mm 轴的基本偏差 k 的计算公式仅适用于标准公差等级 IT4~IT7，对所有其他公称尺寸和所有其他标准公差等级的基本偏差 k=0；孔的基本偏差 K 的计算公式仅适用于标准公差等级小于或等于 IT8，对所有其他公称尺寸和所有其他标准公差等级的基本偏差 K=0。

a~h 用于间隙配合，基本偏差的绝对值等于最小间隙。其中，a、b、c 用于大间隙和热动配合，考虑发热膨胀的影响采用与直径成正比关系的公式计算（其中 c 适用于直径大于 40mm）。d、e、f 主要用于旋转运动，为了保证良好的液体摩擦，最小间隙应与直径成平方根关系，但考虑到表面粗糙度的影响，间隙应适当减小，故 d、e、f 的计算公式是按此要求确定的。g 主要用于滑动和半液体摩擦，或用于定位配合，间隙要小，所以直径的指数有所减小。基本偏差 cd、ef、fg 的绝对值分别按 c 与 d、e 与 f、f 与 g 的绝对值的几何平均值确定，适用于尺寸较小的旋转运动。

j~n 主要用于过渡配合，由于所得间隙和过盈均不太大，可以保证孔、轴配合时，有较好的对中性。其中，j 主要用于与轴承相配的轴，它的基本偏差根据经验数据确定。对于 k，规定了 k4~k7 的基本偏差 $ei=+0.6\sqrt[3]{D}$，其值较小，对其余的公差等级，均取 $ei=0$。对于 m，是按 m6 的上极限偏差与 H7（最常用的基准孔）的上极限偏差相当来确定的。所以 m 的基本偏差 $ei=+(IT7-IT6)\approx+2.8\sqrt[3]{D}$。对于 n，按它与 H6 配合为过盈配合，而与 H7 配合为过渡配合来考虑的，所以，n 的数值大于 IT6 而小于 IT7，取 $ei=+5D^{0.34}$。

p~zc 按过盈配合来规定，从保证配合的最小过盈来考虑，常按相配基准孔的标准公差

（多数为 H7）和所需的最小过盈来确定其基本偏差数值。p 和 H7 配合时要求有几微米的最小过盈，所以 ei=IT7+(0~5μm)。基本偏差 r 按 p 与 s 的几何平均值确定。对于 s，当 $D \leqslant$ 50mm 时，要求与 H8 配合有几个微米的最小过盈，故 ei=IT8+(0~4μm)。从 D>50mm 的 s 起，包括 t、u、v、x、y、z 等，要求它们与 H7 相配时，最小过盈依次为 0.4D、0.63D、D、1.25D、1.6D、2D、2.5D，而 za、zb、zc 分别与 H8、H9、H10 配合时，最小过盈依次为 3.15D、4D、5D，以上最小过盈的系数符合优先数系，规律性较好，便于应用。

轴的另一个偏差（上极限偏差或下极限偏差），根据轴的基本偏差和标准公差，按下列关系式计算

$$ei = es - \mathrm{IT} \tag{3-6}$$

或

$$es = ei + \mathrm{IT} \tag{3-7}$$

公称尺寸>500~3150mm，轴的基本偏差仍按表 3-9 中的公式计算，其数值见表 3-10。

2. 孔的基本偏差

孔的基本偏差按表 3-9 中给出的公式计算，由该表中的公式可见，对同一字母孔的基本偏差与轴的基本偏差是完全对称的，即孔、轴基本偏差的绝对值相等而符号相反，即

$$EI = -es$$

$$ES = -ei$$

这一规则适用于所有的基本偏差，但下列情况除外：

1）公称尺寸>3~500mm，标准公差等级为 IT9~IT16 的基本偏差 N，其数值（ES）等于零。

2）公称尺寸>3~500mm，标准公差等级≤IT8（IT8、IT7、IT6、…）的基本偏差，K、M、N 以及标准公差等级≤IT7（IT7、IT6、IT5、…）的基本偏差 P~ZC，在计算孔的基本偏差时，应附加一个“Δ”值。

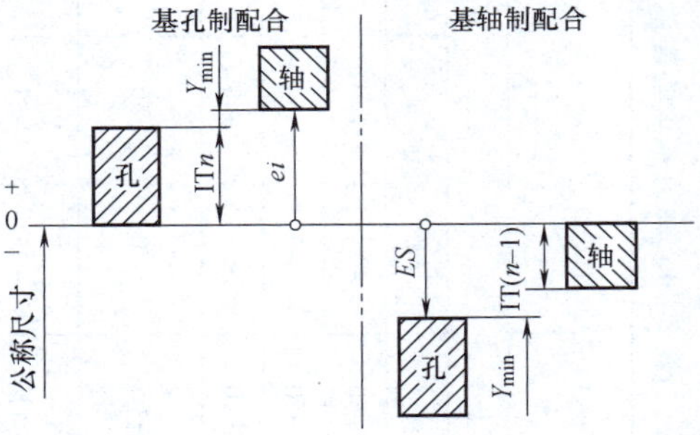

图 3-10 配合公差

在较高公差等级中，孔比同级轴加工困难，在生产中常采用孔比轴低一级相配，并要求按基轴制和基孔制形成配合（如 H7/P6 和 P7/h6），具有相同的极限间隙或过盈，如图 3-10 所示可知：

基孔制最小过盈 $Y_{\min} = ES - ei = (+\mathrm{IT}n) - ei$

基轴制最小过盈 $Y_{\min} = ES - ei = ES - [-\mathrm{IT}(n-1)]$

因为

$$ES + \mathrm{IT}(n-1) = \mathrm{IT}n - ei$$

由此，得出孔的基本偏差为

$$ES = -ei + [\mathrm{IT}n - \mathrm{IT}(n-1)]$$

$$ES = -ei + \Delta \tag{3-8}$$

式中，ITn 为某一级孔的标准公差；IT（n−1）为比某一级孔高一级的轴的标准公差。

孔的另一个偏差（上极限偏差或下极限偏差）按下列关系式计算：

$$EI = ES - \mathrm{IT} \tag{3-9}$$

$$ES = EI + \mathrm{IT} \tag{3-10}$$

轴的基本偏差数值见表 3-10，孔的基本偏差数值见表 3-11。

表 3-10　轴的基本偏差数值（GB/T 1800.1—2020）　　（单位：μm）

公称尺寸/mm		基本偏差数值(上极限偏差 es)											
		所有标准公差等级											
大于	至	a	b	C	cd	d	e	ef	f	fg	g	h	js
—	3	-270	-140	-60	-34	-20	-14	-10	-6	-4	-2	0	偏差 = $\pm\frac{ITn}{2}$，式中，n 是标准公差等级数
3	6	-270	-140	-70	-46	-30	-20	-14	-10	-6	-4	0	
6	10	-280	-150	-80	-56	-40	-25	-18	-13	-8	-5	0	
10	14	-290	-150	-95	-70	-50	-32	-23	-16	-10	-6	0	
14	18												
18	24	-300	-160	-110	-85	-65	-40	-25	-20	-12	-7	0	
24	30												
30	40	-310	-170	-120	-100	-80	-50	-35	-25	-15	-9	0	
40	50	-320	-180	-130									
50	65	-340	-190	-140		-100	-60		-30		-10	0	
65	80	-360	-200	-150									
80	100	-380	-220	-170		-120	-72		-36		-12	0	
100	120	-410	-240	-180									
120	140	-460	-260	-200		-145	-85		-43		-14	0	
140	160	-520	-280	-210									
160	180	-580	-310	-230									
180	200	-660	-340	-240		-170	-100		-50		-15	0	
200	225	-740	-380	-260									
225	250	-820	-420	-280									
250	280	-920	-480	-300		-190	-110		-56		-17	0	
280	315	-1050	-540	-330									

（续）

公称尺寸 /mm		基本偏差数值（上极限偏差 es）											
		所有标准公差等级											
大于	至	a	b	C	cd	d	e	ef	f	fg	g	h	js
315	355	-1200	-600	-360		-210	-125		-62		-18	0	偏差 $=\pm\frac{ITn}{2}$，式中，n 是标准公差等级数
355	400	-1350	-680	-400									
400	450	-1500	-760	-440		-230	-135		-68		-20	0	
450	500	-1650	-840	-480									
500	560					-260	-145		-76		-22	0	
560	630												
630	710					-290	-160		-80		-24	0	
710	800												
800	900					-320	-170		-86		-26	0	
900	1000												
1000	1120					-350	-195		-98		-28	0	
1120	1250												
1250	1400					-390	-220		-110		-30	0	
1400	1600												
1600	1800					-430	-240		-120		-32	0	
1800	2000												
2000	2240					-480	-260		-130		-34	0	
2240	2500												
2500	2800					-520	-290		-145		-38	0	
2800	3150												

（续）

公称尺寸/mm		基本偏差数值(下极限偏差 ei)																		
		IT5 和 IT6	IT7	IT8	IT4~IT7	≤IT3, >IT7	所有标准公差等级													
大于	至	j			k		m	n	p	r	s	t	u	v	x	y	z	za	zb	zc
—	3	-2	-4	-6	0	0	+2	+4	+6	+10	+14		+18		+20		+26	+32	+40	+60
3	6	-2	-4		+1	0	+4	+8	+12	+15	+19		+23		+28		+35	+42	+50	+80
6	10	-2	-5		+1	0	+6	+10	+15	+19	+23		+28		+34		+42	+52	+67	+97
10	14	-3	-6		+1	0	+7	+12	+18	+23	+28		+33		+40		+50	+64	+90	+130
14	18													+39	+45		+60	+77	+108	+150
18	24	-4	-8		+2	0	+8	+15	+22	+28	+35		+41	+47	+54	+63	+73	+98	+136	+188
24	30											+41	+48	+55	+64	+75	+88	+118	+160	+218
30	40	-5	-10		+2	0	+9	+17	+26	+34	+43	+48	+60	+68	+80	+94	+112	+148	+200	+274
40	50											+54	+70	+81	+97	+114	+136	+180	+242	+325
50	65	-7	-12		+2	0	+11	+20	+32	+41	+53	+66	+87	+102	+122	+144	+172	+226	+300	+405
65	80									+43	+59	+75	+102	+120	+146	+174	+210	+274	+360	+480
80	100	-9	-15		+3	0	+13	+23	+37	+51	+71	+91	+124	+146	+178	+214	+258	+335	+445	+585
100	120									+54	+79	+104	+144	+172	+210	+254	+310	+400	+525	+690
120	140	-11	-18		+3	0	+15	+27	+43	+63	+92	+122	+170	+202	+248	+300	+365	+470	+620	+800
140	160									+65	+100	+134	+190	+228	+280	+340	+415	+535	+700	+900
160	180									+68	+108	+146	+210	+252	+310	+380	+465	+600	+780	+1000
180	200	-13	-21		+4	0	+17	+31	+50	+77	+122	+166	+236	+284	+350	+425	+520	+670	+880	+1150
200	225									+80	+130	+180	+258	+310	+385	+470	+575	+740	+960	+1250
225	250									+84	+140	+196	+284	+340	+425	+520	+640	+820	+1050	+1350
250	280	-16	-26		+4	0	+20	+34	+56	+94	+158	+218	+315	+385	+475	+580	+710	+920	+1200	+1550
280	315									+98	+170	+240	+350	+425	+525	+650	+790	+1000	+1300	+1700

（续）

公称尺寸/mm		基本偏差数值（下极限偏差 ei）																		
		IT5 和 IT6	IT7	IT8	IT4～IT7	≤IT3，>IT7	所有标准公差等级													
大于	至	j			k		m	n	p	r	s	t	u	v	x	y	z	za	zb	zc
315	355	-18	-28		+4	0	+21	+37	+62	+108	+190	+268	+390	+475	+590	+730	+900	+1150	+1500	+1900
355	400									+114	+208	+294	+435	+530	+660	+820	+1000	+1300	+1650	+2100
400	450	-20	-32		+5	0	+23	+40	+68	+126	+232	+330	+490	+595	+740	+920	+1100	+1450	+1850	+2400
450	500									+132	+252	+360	+540	+660	+820	+1000	+1250	+1600	+2100	+2600
500	560				0	0	+26	+44	+78	+150	+280	+400	+600							
560	630									+155	+310	+450	+660							
630	710				0	0	+30	+50	+88	+175	+340	+500	+740							
710	800									+185	+380	+560	+840							
800	900				0	0	+34	+56	+100	+210	+430	+620	+940							
900	1000									+220	+470	+680	+1050							
1000	1120				0	0	+40	+66	+120	+250	+520	+780	+1150							
1120	1250									+260	+580	+840	+1300							
1250	1400				0	0	+48	+78	+140	+300	+640	+960	+1450							
1400	1600									+330	+720	+1050	+1600							
1600	1800				0	0	+58	+92	+170	+370	+820	+1200	+1850							
1800	2000									+400	+920	+1350	+2000							
2000	2240				0	0	+68	+110	195	+440	+1000	+1500	+2300							
2240	2500									+460	+1100	+1650	+2500							
2500	2800				0	0	+76	+135	+240	+550	+1250	+1900	+2900							
2800	3150									+580	+1400	+2100	+3200							

注：基本尺寸小于或等于 1mm 时，基本偏差 a 和 b 均不采用。公差带 js7～js11，若 ITn 值数是奇数，则取偏差 $=\dfrac{\pm \mathrm{IT}(n-1)}{2}$。

表 3-11　孔的基本偏差数值（GB/T 1800. 1—2020）　　（单位：μm）

公称尺寸/mm		基本偏差数值																						
		下极限偏差 *EI*												上极限偏差 *ES*										
		所有标准公差等级												IT6	IT7	IT8	≤IT8	>IT8	≤IT8	>IT8	≤IT8	>IT8	≤IT7
大于	至	A	B	C	CD	D	E	EF	F	FG	G	H	JS	J			K		M		N		P 至 ZC
—	3	+270	+140	+60	+34	+20	+14	+10	+6	+4	+2	0	偏差 = $\pm\frac{ITn}{2}$ 式中，*n* 是标准公差等级数	+2	+4	+6	0	0	−2	−2	−4	−4	在大于 IT7 的标准公差等级的基本偏差数值上增加一个 Δ 值
3	6	+270	+140	+70	+46	+30	+20	+14	+10	+6	+4	0		+5	+6	+10	−1+Δ		−4+Δ	−4	−8+Δ	0	
6	10	+280	+150	+80	+56	+40	+25	+18	+13	+8	+5	0		+5	+8	+12	−1+Δ		−6+Δ	−6	−10+Δ	0	
10	14	+290	+150	+95	+70	+50	+32	+23	+16	+10	+6	0		+6	+10	+15	−1+Δ		−7+Δ	−7	−12+Δ	0	
14	18																						
18	24	+300	+160	+110	+85	+65	+40	+28	+20	+12	+7	0		+8	+12	+20	−2+Δ		−8+Δ	−8	−15+Δ	0	
24	30																						
30	40	+310	+170	+120	+100	+80	+50	+35	+25	+15	+9	0		+10	+14	+24	−2+Δ		−9+Δ	−9	−17+Δ	0	
40	50	+320	+180	+130																			
50	65	+340	+190	+140		+100	+60		+30		+10	0		+13	+18	+28	−2+Δ		−11+Δ	−11	−20+Δ	0	
65	80	+360	+200	+150																			
80	100	+380	+220	+170		+120	+72		+36		+12	0		+16	+22	+34	−3+Δ		−13+Δ	−13	−23+Δ	0	
100	120	+410	+240	+180																			
120	140	+460	+260	+200		+145	+85		+43		+14	0		+18	+26	+41	−3+Δ		−15+Δ	−15	−27+Δ	0	
140	160	+520	+280	+210																			
160	180	+580	+310	+230																			
180	200	+660	+340	+240		+170	+100		+50		+15	0		+22	+30	+47	−4+Δ		−17+Δ	−17	−31+Δ	0	
200	225	+740	+380	+260																			
225	250	+820	+420	+280																			
250	280	+920	+480	+300		+190	+110		+56		+17	0		+25	+36	+55	−4+Δ		−20+Δ	−20	−34+Δ	0	
280	315	+1050	+540	+330																			

（续）

公称尺寸/mm		基本偏差数值																					
		下极限偏差 *EI*												上极限偏差 *ES*									
大于	至	所有标准公差等级												IT6	IT7	IT8	≤IT8	>IT8	≤IT8	>IT8	≤IT8	>IT8	≤IT7
		A	B	C	CD	D	E	EF	F	FG	G	H	JS	J			K		M		N		P 至 ZC
315	355	+1200	+600	+360		+210	+125		+62		+18	0		+29	+39	+60	−4+Δ		−21+Δ	−21	−37+Δ	0	
355	400	+1350	+680	+400																			
400	450	+1500	+760	+440		+230	+135		+68		+20	0		+33	+43	+66	−5+Δ		−23+Δ	−23	−40+Δ	0	
450	500	+1650	+840	+480																			
500	560					+260	+145		+76		+22	0					0		−26		−44		
560	630																						
630	710					+290	+160		+80		+24	0	偏差 = $\pm\frac{ITn}{2}$ 式中，*n* 是标准公差等级数				0		−30		−50		在大于 IT7 的标准公差等级的基本偏差数值上增加一个 Δ 值
710	800																						
800	900					+320	+170		+86		+26	0					0		−34		−56		
900	1000																						
1000	1120					+350	+195		+98		+28	0					0		−40		−66		
1120	1250																						
1250	1400					+390	+220		+110		+30	0					0		−48		−78		
1400	1600																						
1600	1800					+430	+240		+120		+32	0					0		−58		−92		
1800	2000																						
2000	2240					+480	+260		+130		+34	0					0		−68		−10		
2240	2500																						
2500	2800					+520	+290		+145		+38	0					0		−76		−135		
2800	3150																						

（续）

公称尺寸/mm		基本偏差数值												Δ值					
		上极限偏差 *ES*																	
		标准公差等级大于 IT7												标准公差等级					
大于	至	P	R	S	T	U	V	X	Y	Z	ZA	ZB	ZC	IT3	IT4	IT5	IT6	IT7	IT8
—	3	-6	-10	-14		-18		-20		-26	-32	-40	-60	0	0	0	0	0	0
3	6	-12	-15	-19		-23		-28		-35	-42	-50	-80	1	1.5	1	3	4	6
6	10	-15	-19	-23		-28		-34		-42	-52	-67	-97	1	1.5	2	3	6	7
10	14	-18	-23	-28		-33		-40		-50	-64	-90	-130	1	2	3	3	7	9
14	18						-39	-45		-60	-77	-108	-150						
18	24	-22	-28	-35		-41	-47	-54	-63	-73	-98	-136	-188	1.5	2	3	4	8	12
24	30				-41	-48	-55	-64	-75	-88	-118	-160	-218						
30	40	-26	-34	-43	-48	-60	-68	-80	-94	-112	-148	-200	-274	1.5	3	4	5	9	14
40	50				-54	-70	-81	-97	-114	-136	-180	-242	-325						
50	65	-32	-41	-53	-66	-87	-102	-122	-144	-172	-226	-300	-405	2	3	5	6	11	16
65	80		-43	-59	-75	-102	-120	-146	-174	-210	-274	-360	-480						
80	100	-37	-51	-71	-91	-124	-146	-178	-214	-258	-335	-445	-585	2	4	5	7	13	19
100	120		-54	-79	-104	-144	-172	-210	-254	-310	-400	-525	-690						
120	140	-43	-63	-92	-122	-170	-202	-248	-300	-365	-470	-620	-800	3	4	6	7	15	23
140	160		-65	-100	-134	-190	-228	-280	-340	-415	-535	-700	-900						
160	180		-68	-108	-146	-210	-252	-310	-380	-465	-600	-780	-1000						
180	200	-50	-77	-122	-166	-236	-284	-350	-425	-520	-670	-880	-1150	3	4	6	9	17	26
200	225		-80	-130	-180	-258	-310	-385	-470	-575	-740	-960	-1250						
225	250		-84	-140	-196	-284	-340	-425	-520	-640	-820	-1050	-1350						
250	280	-56	-94	-158	-218	-315	-385	-475	-580	-710	-920	-1200	-1550	4	4	7	9	20	29
280	315		-98	-170	-240	-350	-425	-525	-650	-790	-1000	-1300	-1700						

（续）

公称尺寸/mm		基本偏差数值												Δ值					
		上极限偏差 *ES*																	
大于	至	标准公差等级大于IT7												标准公差等级					
		P	R	S	T	U	V	X	Y	Z	ZA	ZB	ZC	IT3	IT4	IT5	IT6	IT7	IT8
315	355	-62	-108	-190	-268	-390	-475	-590	-730	-900	-1150	-1500	-1900	4	5	7	11	21	32
355	400		-114	-208	-294	-435	-530	-660	-820	-1000	-1300	-1650	-2100						
400	450	-68	-126	-232	-330	-490	-595	-740	-920	-1100	-1450	-1850	-2400	5	5	7	13	23	34
450	500		-132	-252	-360	-540	-660	-820	-1000	-1250	-1600	-2100	-2600						
500	560	-78	-150	-280	-400	-600													
560	630		-155	-310	-450	-660													
630	710	-88	-175	-340	-500	-740													
710	800		-185	-380	-560	-840													
800	900	-100	-210	-430	-620	-940													
900	1000		-220	-470	-680	-1050													
1000	1120	-120	-250	-520	-780	-1150													
1120	1250		-260	-580	-840	-1300													
1250	1400	-140	-300	-640	-960	-1450													
1400	1600		-330	-720	-1050	-1600													
1600	1800	-170	-370	-820	-1200	-1850													
1800	2000		-400	-920	-1350	-2000													
2000	2240	-195	-440	-1000	-1500	-2300													
2240	2500		-460	-1100	-1650	-2500													
2500	2800	-240	-550	-1250	-1900	-2900													
2800	3150		-580	-1400	-2100	-3200													

注：1. 公称尺寸小于或等于1mm时，基本偏差A和B及大于IT8的N均不采用。公差带JS7和JS11，若ITn值数是奇数，则取偏差=$\pm\frac{IT(n-1)}{2}$。

2. 对小于或等于IT8的K、M、N和小于或等于IT7的P至ZC，所需Δ值从表内右侧选取。例如：18~30mm段的K7，$\Delta=8\mu m$，所以$ES=(-2+8)\mu m=6\mu m$；18~30mm段的S6，$\Delta=4\mu m$，所以$ES=(-35+4)\mu m=31\mu m$。特殊情况：250~315mm段的M6，$ES=-9\mu m$（代替$-11\mu m$）。

【例 3-6】 确定 $\phi25H7/f6$、$\phi25F7/h6$ 中孔与轴的极限偏差。

解：按例 3-5 求得：

几何平均直径 $D\approx23.24\text{mm}$

标准公差因子 $i\approx1.31\mu\text{m}$

标准公差 $IT6=10i=10\times1.31\mu\text{m}\approx13\mu\text{m}$

$IT7=16i=16\times1.31\mu\text{m}\approx21\mu\text{m}$

轴 f6 的基本偏差为上极限偏差 es，查表 3-9 得

$$es=-5.5D^{0.41}=-5.5\times(23.24)^{0.41}\mu\text{m}\approx-20\mu\text{m}$$

轴 f6 的下极限偏差 ei

$$ei=es-IT6=(-20-13)\mu\text{m}=-33\mu\text{m}$$

基准孔 H7 的基本偏差 EI，查表 3-11 得

$$EI=0\mu\text{m}$$

孔 H7 的上极限偏差 ES

$$ES=EI+IT7=(0+21)\mu\text{m}=+21\mu\text{m}$$

孔 F7 的基本偏差为 EI

$$EI=-es=+20\mu\text{m}$$

孔 F7 的上极限偏差 ES

$$ES=EI+IT7=(+20+21)\mu\text{m}=+41\mu\text{m}$$

基准轴 h6 的基本偏差为 es

$$es=0\mu\text{m}$$

轴 h6 的下极限偏差 ei

$$ei=es-IT6=(0-13)\mu\text{m}=-13\mu\text{m}$$

故得：$\phi25H7\left(^{+0.021}_{0}\right)$、$\phi25f6\left(^{-0.020}_{-0.033}\right)$，$\phi25F7\left(^{+0.041}_{+0.020}\right)$、$\phi25h6\left(^{0}_{-0.013}\right)$。

【例 3-7】 确定 $\phi25H8/p8$、$\phi25P8/h8$ 中孔与轴的极限偏差。

解：$IT8=ai=(25\times1.31)\mu\text{m}\approx33\mu\text{m}$

轴 p8 的基本偏差为下极限偏差 ei，查表 3-10 得

$$ei=+22\mu\text{m}$$

轴 p8 的上极限偏差 es　$es=ei+IT8=(+22+33)\mu\text{m}=+55\mu\text{m}$

孔 H8 的下极限偏差 EI　$EI=0\mu\text{m}$

孔 H8 的上极限偏差 ES　$ES=EI+IT8=+33\mu\text{m}$

孔 P8 的基本偏差为上极限偏差 ES，查表 3-11 得

$$ES=-22\mu\text{m}$$

孔 P8 的下极限偏差 EI　$EI=ES-IT8=(-22-33)\mu\text{m}=-55\mu\text{m}$

轴 h8 的上极限偏差 es　$es=0\mu\text{m}$

轴 h8 的下极限偏差 ei　$ei=es-IT8=(0-33)\mu\text{m}=-33\mu\text{m}$

故得：$\phi25H8\left(^{+0.033}_{0}\right)$、$\phi25p8\left(^{+0.055}_{+0.022}\right)$，$\phi25P8\left(^{-0.022}_{-0.055}\right)$、$\phi25h8\left(^{0}_{-0.033}\right)$。

【例 3-8】 确定 $\phi25H7/p6$、$\phi25P7/h6$ 中孔与轴的极限偏差。

解：从例 3-6 中知：$IT6=13\mu\text{m}$，$IT7=21\mu\text{m}$。

h6 的上极限偏差 $es=0\mu\text{m}$

h6 的下极限偏差 $ei=es-IT6-13\mu m$

H7 的下极限偏差 $EI=0$

H7 的上极限偏差 $ES=EI+IT7=+21\mu m$

轴 p6 的基本偏差为下极限偏差 ei，查表 3-10 得

$$ei=+22\mu m$$

轴 p6 的上极限偏差 es 为

$$es=ei+IT6=(22+13)\mu m=+35\mu m$$

孔 P7 的基本偏差为上极限偏差 ES，查表 3-11 得

$$\Delta=8\mu m$$

$$ES=-ei+\Delta=(-22+8)\mu m=-14\mu m$$

孔 P7 的下极限偏差 EI 为

$$EI=ES-IT7=(-14-21)\mu m=-35\mu m$$

由此可得：$\phi25H7\left(^{+0.021}_{0}\right)$、$\phi25p6\left(^{+0.035}_{+0.022}\right)$，$\phi25P7\left(^{-0.014}_{-0.035}\right)$、$\phi25h6\left(^{0}_{-0.013}\right)$。

上述例 3-6、例 3-7、例 3-8 的公差带分别如图 3-11a~c 所示。

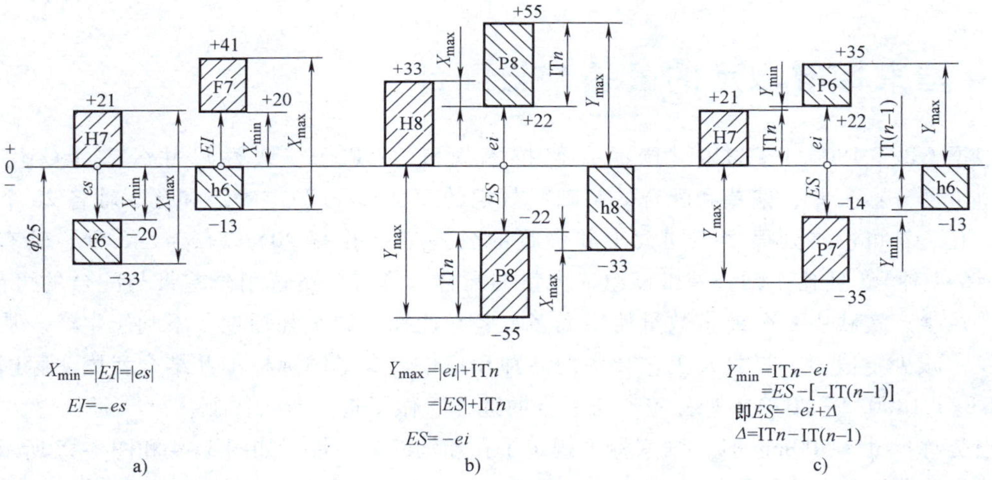

图 3-11　孔、轴配合公差带图

用公式计算标准公差和基本偏差时，其计算结果需按规定化整。在实际使用中，直接采用国家标准列表的数值，不必进行计算。当公称尺寸>500~3150mm 孔的基本偏差同样参照表 3-9 计算，其数值列于表 3-11。当公称尺寸>3150~10000mm 时，国家标准（GB/T 1800.1—2020）推荐了 IT6~IT18 级的标准公差数值，同时也分别推荐了轴、孔各 14 种基本偏差数值，可供使用。

3.3.3　公差、偏差与配合的表示

根据前述，将孔、轴的基本偏差代号与标准公差等级代号组合，就组成孔、轴的公差带代号。例如，孔公差带代号 H7、F8、…，轴公差带代号 f6、h7、…。

将孔和轴的公差带代号组合，就组成配合代号，用分数形式表示。例如，$\frac{H7}{f6}$、$\frac{F8}{h7}$。

一般标注方法为：零件图上，在公称尺寸之后，标注所要求的公差带或（和）上、下

极限偏差，如图 3-12a～c 所示。实际生产中一般采用后两种标注方法。装配图上，在孔、轴相同公称尺寸后，标注配合代号，分子代表孔公差带，分母代表轴公差带。例如，$\phi25\,\dfrac{H7}{f6}$ 或 $\phi25H7/f6$、$\phi25\,\dfrac{H7\left(\begin{smallmatrix}+0.021\\0\end{smallmatrix}\right)}{f6\left(\begin{smallmatrix}-0.020\\-0.033\end{smallmatrix}\right)}$ 或 $\phi25H7\left(\begin{smallmatrix}+0.021\\0\end{smallmatrix}\right)/f6\left(\begin{smallmatrix}-0.020\\-0.033\end{smallmatrix}\right)$、$\phi25\,\dfrac{\left(\begin{smallmatrix}+0.021\\0\end{smallmatrix}\right)}{\left(\begin{smallmatrix}-0.020\\-0.033\end{smallmatrix}\right)}$ 或 $\phi25\,\dfrac{\left(\begin{smallmatrix}+0.021\\0\end{smallmatrix}\right)}{\left(\begin{smallmatrix}-0.020\\-0.033\end{smallmatrix}\right)}$，如图 3-13 所示。

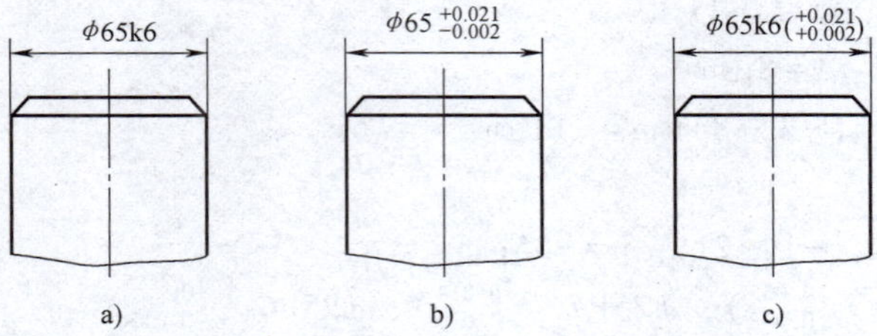

图 3-12　尺寸公差标注法

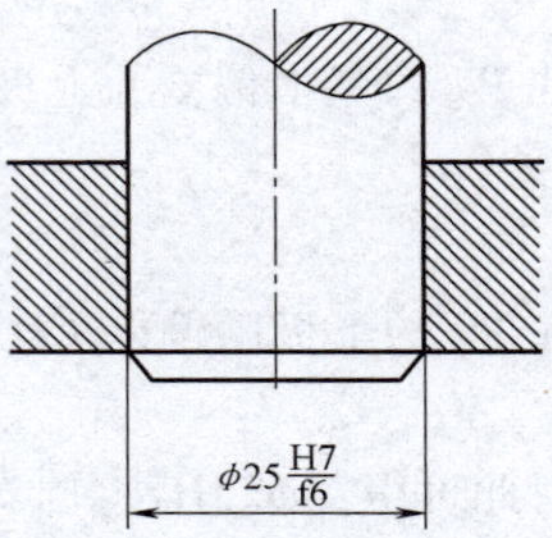

图 3-13　配合标注方法

3.4　国家标准规定的公差带与配合

根据 GB/T 1800.1—2020《产品几何技术规范（GPS）　线性尺寸公差 ISO 代号体系　第 1 部分：公差、偏差和配合的基础》规定的 20 个标准公差等级和孔、轴各 28 个基本偏差，孔、轴可以得到很多不同大小和位置的公差带（孔有 20×27+3＝543 种，轴有 20×27+4＝544 种）。且孔、轴公差带能组成大量的配合，具有广泛选用公差带与配合的可能性。但是，在生产实践中，公差带数量使用太多，势必使标准庞杂和烦琐，不利于生产。从经济性出发，减少定值刀、量具及工艺装备的品种和规格，参考国际标准并结合我国实际国家标准（GB/T 1800.2—2020）对公差带与配合的选择，做了进一步的限制。

当公称尺寸≤500mm 时，国家标准规定了孔和轴的公差带，如图 3-14 和图 3-15 所示。各孔、轴公差带的极限偏差数值，参考 GB/T 1800.2—2020《产品几何技术规范（GPS）　线性尺寸公差 ISO 代号体系　第 2 部分：标准公差代号和孔、轴极限偏差表》。

										H1	JS1																
										H2	JS2																
						EF3	F3	FG3	G3	H3	JS3		K3	M3	N3	P3	R3	S3									
						EF4	F4	FG4	G4	H4	JS4		K4	M4	N4	P4	R4	S4									
					E5	EF5	F5	FG5	G5	H5	JS5		K5	M5	N5	P5	R5	S5	T5	U5	V5	X5					
			CD6	D6	E6	EF6	F6	FG6	G6	H6	JS6	J6	K6	M6	N6	P6	R6	S6	T6	U6	V6	X6	Y6	Z6	ZA6		
			CD7	D7	E7	EF7	F7	FH7	G7	H7	JS7	J7	K7	M7	N7	P7	R7	S7	T7	U7	V7	X7	Y7	Z7	ZA7	ZB7	ZC7
	B8	C8	CD8	D8	E8	EF8	F8	FG8	G8	H8	JS8	J8	K8	M8	N8	P8	R8	S8	T8	U8	V8	X8	Y8	Z8	ZA8	ZB8	ZC8
A9	B9	C9	CD9	D9	E9	EF9	F9	FH9	G9	H9	JS9		K9	M9	N9	P9	R9	S9		U9		X9	Y9	Z9	ZA9	ZB9	ZC9
A10	B10	C10	CD10	D10	E10	EF10	F10	FG10	G10	H10	JS10		K10	M10	N10	P10	R10	S10		U10		X10	Y10	Z10	ZA10	ZB10	ZC10
A11	B11	C11		D11						H11	JS11				N11									Z11	ZA11	ZB11	ZC11
A12	B12	C12		D12						H12	JS12																
A13	B13	C13		D13						H13	JS13																
										H14	JS14																
										H15	JS15																
										H16	JS16																
										H17	JS17																
										H18	JS18																

图 3-14　公称尺寸≤500mm 的孔的公差带代号

代号	公差带代号
a	a9 a10 a11 a12 a13
b	b8 b9 b10 b11 b12 b13
c	c8 c9 c10 c11 c12
cd	cd5 cd6 cd7 cd8 cd9 cd10
d	d5 d6 d7 d8 d9 d10 d11 d12 d13
e	e5 e6 e7 e8 e9 e10
ef	ef3 ef4 ef5 ef6 ef7 ef8 ef9 ef10
f	f3 f4 f5 f6 f7 f8 f9 f10
fg	fg3 fg4 fg5 fg6 fg7 fg8 fg9 fg10
g	g3 g4 g5 g6 g7 g8 g9 g10
h	h1 h2 h3 h4 h5 h6 h7 h8 h9 h10 h11 h12 h13 h14 h15 h16 h17 h18
js	js1 js2 js3 js4 js5 js6 js7 js8 js9 js10 js11 js12 js13 js14 js15 js16 js17 js18
j	j5 j6 j7 j8
k	k3 k4 k5 k6 k7 k8 k9 k10 k11 k12 k13
m	m3 m4 m5 m6 m7 m8 m9
n	n3 n4 n5 n6 n7 n8 n9
p	p3 p4 p5 p6 p7 p8 p9 p10
r	r3 r4 r5 r6 r7 r8 r9 r10
s	s3 s4 s5 s6 s7 s8 s9 s10
t	t5 t6 t7 t8
u	u5 u6 u7 u8 u9
v	v5 v6 v7 v8
x	x5 x6 x7 x8 x9 x10
y	y6 y7 y8 y9 y10
z	z6 z7 z8 z9 z10 z11
za	za6 za7 za8 za9 za10 za11
zb	zb7 zb8 zb9 zb10 zb11
zc	zc7 zc8 zc9 zc10 zc11

图 3-15 公称尺寸≤500mm 的轴的公差带代号

基于决策的考虑，对于孔和轴的公差等级和基本偏差（公差带的位置）的选择，应能够满足所要求使用条件对应的最小和最大间隙或过盈。

对于通常的工程项目，只需要许多可能的配合中的少数配合。表 3-12 和表 3-13 中的配合可满足普通工程项目的需要。基于经济因素，配合应优先选择框中所示的公差带代号。

表 3-12 基孔制优先配合（GB/T 1800. 1—2020）

基准孔	轴公差带代号																	
	间隙配合							过渡配合				过盈配合						
H6						g5	h5	js5	k5	m5		n5	p5					
H7					f6	**g6**	**h6**	**js6**	**k6**	m6	**n6**		**p6**	**r6**	**s6**	t6	u6	x6
H8				e7	**f7**		**h7**	js7	k7	m7					s7		u7	
			d8	**e8**	f8		h8											
H9			d8	**e8**	f8		h8											
H10	b9	c9	**d9**	e9			**h9**											
H11	**b11**	**c11**	d10				h10											

表 3-13 基轴制优先配合（GB/T 1800. 1—2020）

基准轴	孔公差带代号																	
	间隙配合							过渡配合				过盈配合						
h5						G6	H6	JS6	K6	M6		N6	P6					
h6					F7	**G7**	**H7**	**JS7**	**K7**	M7	**N7**		**P7**	**R7**	**S7**	T7	U7	X7
h7				E8	**F8**		**H8**											
h8			D9	**E9**	F9		**H9**											
h9				E8	**F8**		**H8**											
			D9	**E9**	F9		**H9**											
	B11	C10	**D10**				H10											

基孔制与基轴制优先配合公差带图分别如图 3-16 和图 3-17 所示。

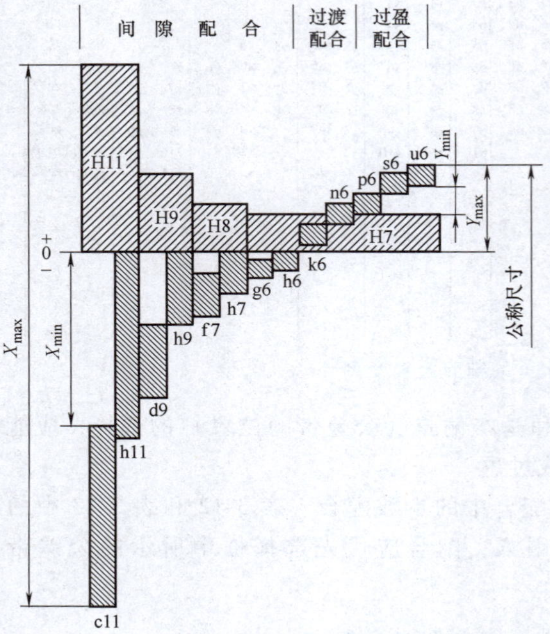

图 3-16　基孔制优先配合公差带图

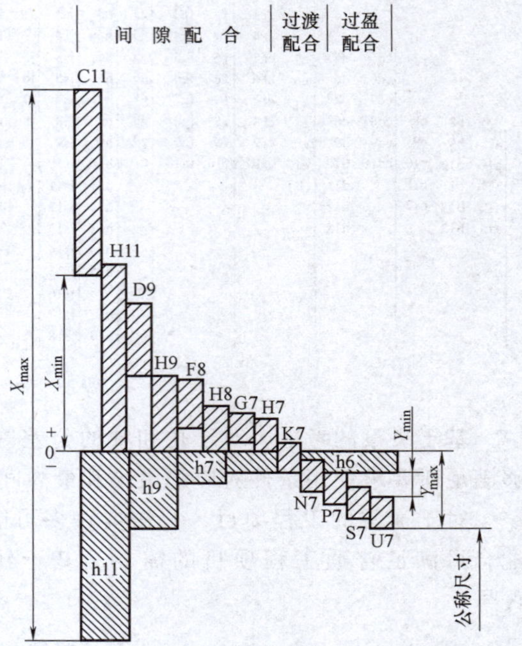

图 3-17　基轴制优先配合公差带图

必须注意，在表 3-12 中，当轴的标准公差小于等于 IT7 级时，是与低一级的孔相配合，大于或等于 IT8 级时，与同级的基准孔相配合。在表 3-13 中，当孔的标准公差小于 IT8 级或少数等于 IT8 级时，是与高一级的基准轴相配合，其余是孔、轴同级相配合。

在精度设计时，应该按照优先、常用和一般用途公差带的顺序选用，组成所要求的配合。当一般公差带不能满足要求时，允许由标准公差和基本偏差组成所需的公差带与配合。

公称尺寸>500~3150mm，国家标准（GB/T 1800.2—2020）规定了孔公差带和轴公差带，分别如图 3-18 和图 3-19 所示。

				H1	JS1								
				H2	JS2								
				H3	JS3								
				H4	JS4								
				H5	JS5								
D6	E6	F6	G6	H6	JS6	K6	M6	N6	P6	R6	S6	T6	U6
D7	E7	F7	G7	H7	JS7	K7	M7	N7	P7	R7	S7	T7	U7
D8	E8	F8	G8	H8	JS8	K8	M8	N8	P8	R8	S8	T8	U8
D9	E9	F9		H9	JS9			N9	P9				
D10	E10			H10	JS10								
D11				H11	JS11								
D12				H12	JS12								
D13				H13	JS13								
				H14	JS14								
				H15	JS15								
				H16	JS16								
				H17	JS17								
				H18	JS18								

图 3-18　公称尺寸>500~3150mm 的孔的公差带代号

				h1	js1								
				h2	js2								
				h3	js3								
				h4	js4								
				h5	js5								
	e6	f6	g6	h6	js6	k6	m6	n6	p6	r6	s6	t6	u6
d7	e7	f7	g7	h7	js7	k7	m7	n7	p7	r7	s7	t7	u7
d8	e8	f8	g8	h8	js8	k8			p8	r8	s8		u8
d9	e9	f9		h9	js9	k9							
d10	e10			h10	js10	k10							
d11				h11	js11	k11							
				h12	js12	k12							
				h13	js13	k13							
				h14	js14								
				h15	js15								
				h16	js16								
				h17	js17								
				h18	js18								

图 3-19 公称尺寸>500~3150mm 的轴的公差带代号

公称尺寸≤18mm，GB/T 1803—2003《极限与配合 尺寸至 18mm 孔、轴公差带》规定了孔公差带 154 种（图 3-20），轴公差带 169 种（图 3-21）。它主要适用于精密机械和钟

										H1		JS1													
										H2		JS2													
						EF3	F3	FG3	G3	H3		JS3	K3	M3	N3	P3	R3								
						EF4	F4	FG4	G4	H4		JS4	K4	M4	N4	P4	R4								
					E5	EF5	F5	FG5	G5	H5		JS5	K5	M5	N5	P5	R5	S5							
			CD6	D6	E6	EF6	F6	FG6	G6	H6	J6	JS6	K6	M6	N6	P6	R6	S6	U6	V6	X6	Z6			
			CD7	D7	E7	EF7	F7	FG7	G7	H7	J7	JS7	K7	M7	N7	P7	R7	S7	U7	V7	X7	Z7	ZA7	ZB7	ZC7
	B8	C8	CD8	D8	E8	EF8	F8	FG8	G8	H8	J8	JS8	K8	M8	N8	P8	R8	S8	U8	V8	X8	Z8	ZA8	ZB8	ZC8
A9	B9	C9	CD9	D9	E9	EF9	F9	FG9	G9	H9		JS9	K9	M9	N9	P9	R9	S9	U9		X9	Z9	ZA9	ZB9	ZC9
A10	B10	C10	CD10	D10	E10	EF10				H10		JS10			N10										
A11	B11	C11		D11						H11		JS11													
A12	B12	C12								H12		JS12													
										H13		JS13													

图 3-20 公称尺寸≤18mm 孔的公差带

										h1		js1													
										h2		js2													
						ef3	f3	fg3	g3	h3		js3	k3	m3	n3	p3	r3								
						ef4	f4	fg4	g4	h4		js4	k4	m4	n4	p4	r4	s4							
		c5	cd5	d5	e5	ef5	f5	fg5	g5	h5	j5	js5	k5	m5	n5	p5	r5	s5	u5	v5	x5	z5			
		c6	cd6	d6	e6	ef6	f6	fg6	g6	h6	j6	js6	k6	m6	n6	p6	r6	s6	u6	v6	x6	z6	za6		
		c7	cd7	d7	e7	ef7	f7	fg7	g7	h7	j7	js7	k7	m7	n7	p7	r7	s7	u7	v7	x7	z7	za7	zb7	zc7
	b8	c8	cd8	d8	e8	ef8	f8	fg8	g8	h8		js8	k8	m8	n8	p8	r8	s8	u8	v8	x8	z8	za8	zb8	zc8
a9	b9	c9	cd9	d9	e9	ef9	f9	fg9	g9	h9		js9	k9	m9	n9	p9	r9	s9	u9		x9	z9	za9	zb9	zc9
a10	b10	c10	cd10	d10	e10	ef10	f10			h10		js10	k10												
a11	b11	c11		d11						h11		js11													
a12	b12	c12								h12		js12													
a13	b13	c13								h13		js13													

图 3-21 公称尺寸≤18mm 轴的公差带

表工业。标准对这些公差带未指明优先、常用和一般的选用顺序，也未推荐配合。各行业、各工厂可根据实际情况自行选用公差带，并组成配合。

3.5 公差与配合的选用

公差制是伴随互换性生产而产生和发展的。极限与配合的相关标准是实现互换性生产的重要基础。合理地选用公差与配合，不但可以更好地促进互换性生产，而且有利于提高产品质量，降低生产成本。

在设计工作中，公差与配合的选用主要包括确定基准制、公差等级与配合种类。

3.5.1 基准制的选用

选择基准制时，应从结构、工艺、经济等方面来综合考虑，权衡利弊。

1）一般情况下，应优先选用基孔制。加工孔比加工轴要困难些，而且所用的刀、量具尺寸规格也多些。采用基孔制，可大大缩减定值刀、量具的规格和数量。只有在具有明显经济效果的情况下，如用冷拔钢作为轴，不必对轴加工，或在同一公称尺寸的轴上要装配几个不同配合的零件时，才采用基轴制。

2）与标准件配合时，基准制的选择通常依标准件而定。例如，与滚动轴承内圈配合的轴应按基孔制；与滚动轴承外圈配合的孔应按基轴制。

3）为了满足配合的特殊需要，允许采用任一孔、轴公差带组成配合。例如，C616 车床主轴箱中齿轮轴筒和隔套的配合（图 3-22）。由于齿轮轴筒的外径已根据与滚动轴承配合的要求选定为 ϕ60js6，而隔套的作用只是隔开两个滚动轴承，做轴向定位用。为了装拆方便，它只要松套在齿轮轴筒的外径上即可，公差等级也可选用更低的，故其公差带选为 ϕ60D10，它的公差与配合图解如图 3-23 所示。同样，另一个隔套与主轴箱孔的配合用 $\phi95\,\dfrac{K7}{d11}$。这类配合就是用不同公差等级的非基准孔公差带和非基准轴公差带组成的。

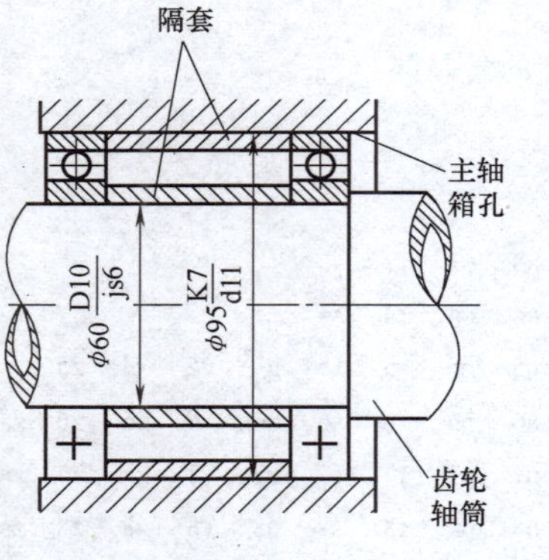

图 3-22 C616 车床主轴箱中齿轮轴筒和隔套的配合

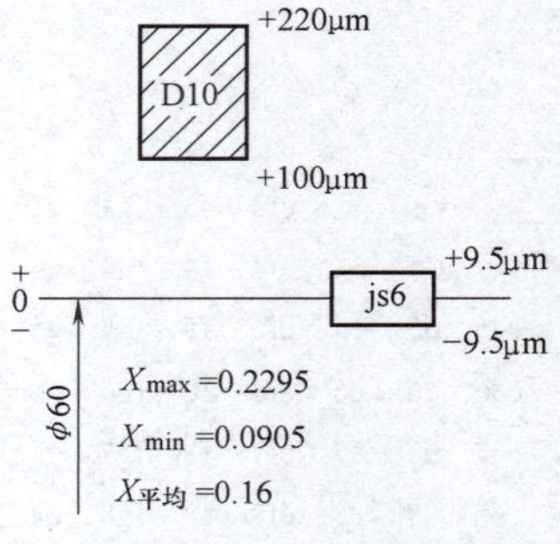

图 3-23 公差与配合图解

3.5.2 公差等级的选用

合理选择公差等级，对解决机器零件的使用要求与制造工艺及成本之间的矛盾，起着决定性的作用。一般选用的原则如下：

1）对于公称尺寸≤500mm 的较高等级的配合，由于孔比同级轴加工困难，当标准公差等级≤IT8 时，国家标准推荐孔比轴低一级相配合，但对标准公差等级>IT8 或公称尺寸>500mm 的配合，由于孔的测量精度比轴容易保证，推荐采用同级孔、轴配合。

2）选择公差等级时既要满足设计要求，又要考虑工艺的可能性和经济性。也就是说，在满足使用要求的情况下，尽量扩大公差值，亦即选用较低的公差等级。

国家标准推荐的各公差等级的应用范围如下：

1）IT01、IT0、IT1 级一般用于高精度量块和其他精密尺寸标准块的公差。它们大致相当于量块的 1、2、3 级精度的公差。

2）IT2～IT5 级用于特别精密零件的配合及精密量规。

3）IT5～IT12 级用于配合尺寸公差。其中，IT5（孔到 IT6）级用于高精度和重要的配合处。例如，精密机床主轴的轴颈，主轴箱体孔与精密滚动轴承的配合，车床尾座孔和顶尖套筒的配合，内燃机中活塞销与活塞销孔的配合等。

4）IT6（孔到 IT7）级用于要求精密配合的情况。例如，机床中一般传动轴和轴承的配合，齿轮、带轮和轴的配合，内燃机中曲轴与轴套的配合。这个公差等级在机械制造中应用较广，国标推荐的常用公差带也较多。

5）IT7～IT8 级用于一般精度要求的配合。例如，一般机械中速度不高的轴与轴承的配合，在重型机械中用于精度要求稍高的配合，在农业机械中则用于较重要的配合。

6）IT9～T10 级常用于一般要求的地方，或精度要求较高的槽宽的配合。

7）IT11～IT12 级用于不重要的配合。

8）IT12～IT18 级用于未注尺寸公差的尺寸精度，包括冲压件、铸锻件的公差等。

国家标准中各公差等级与加工方法的大致关系见表 3-14。

表 3-14 国家标准中各公差等级与加工方法的大致关系

加工方法	公差等级(IT)																	
	01	0	1	2	3	4	5	6	7	8	9	10	11	12	13	14	15	16
研磨	—	—	—	—	—	—	—											
珩						—	—	—	—									
圆磨							—	—	—	—								
平磨							—	—	—	—								
金刚石车							—	—	—									
金刚石镗							—	—	—	—								
拉削							—	—	—	—								
铰孔								—	—	—	—	—						
车									—	—	—	—	—					
镗									—	—	—	—	—					
铣										—	—	—	—					
刨、插												—	—					
钻孔												—	—	—	—			
滚压、挤压												—	—					

（续）

加工方法	公差等级（IT）																	
	01	0	1	2	3	4	5	6	7	8	9	10	11	12	13	14	15	16
冲压												—	—	—	—	—		
压铸													—	—	—	—		
粉末冶金成形								—	—	—								
粉末冶金烧结									—	—	—	—						
砂型铸造、气割																		—
锻造																	—	

3.5.3　配合的选用

在设计中，根据使用要求，应尽可能地选用优先配合和常用配合。如果优先配合与常用配合不能满足要求时，可选标准推荐的一般用途的孔、轴公差带，按使用要求组成需要的配合。若仍不能满足使用要求，还可以从国家标准所提供的 544 种轴公差带和 543 种孔公差带中选取适用的公差带，组成所需要的配合。

确定了基准制以后，选择配合就是根据配合公差（间隙或过盈）的大小，确定与基准件相配的孔、轴的基本偏差代号，同时确定基准件及配合件的公差等级。

对间隙配合，由于基本偏差的绝对值等于最小间隙，故可按最小间隙确定基本偏差代号；对过盈配合，在确定基准件的公差等级后，即可按最小过盈选定配合件的基本偏差代号，并根据配合公差的要求确定孔、轴公差等级。

机器的质量大多取决于对其零部件所规定的配合及其技术条件是否合理，许多零件的尺寸公差，都是由配合的要求决定的，一般选用配合的方法有下列三种：

（1）计算法　计算法是根据一定的理论和公式，计算出所需的间隙或过盈。对间隙配合中的滑动轴承，可用流体润滑理论来计算保证滑动轴承处于液体摩擦状态所需的间隙，根据计算结果，选用合适的配合；对过盈配合，可按弹塑性变形理论，计算出必需的最小过盈，选用合适的过盈配合，并按此验算在最大过盈时是否会使工件材料损坏。由于影响配合间隙量和过盈量的因素很多，理论的计算也是近似的，所以在实际应用时还需经过试验来确定。

（2）试验法　在对产品性能影响很大的一些配合场合，往往用试验法来确定机器工作性能的最佳间隙或过盈。例如，风镐锤体与镐筒配合的间隙量对风镐工作性能有很大影响，一般采用试验法较为可靠，但这种方法，须进行大量试验，成本较高。

（3）类比法　类比法是按同类型机器或机构中，经过生产实践验证的已用配合的实用情况，再考虑所设计机器的使用要求，参照确定需要的配合。

在生产实际中，广泛应用的选择配合的方法是类比法。要掌握这种方法，首先必须分析机器或机构的功用、工作条件及技术要求，进而研究结合件的工作条件及使用要求，其次要了解各种配合的特性和应用。

1. 分析零件的工作条件及使用要求

为了充分掌握零件的具体工作条件和使用要求，必须考虑下列问题：工作时结合件的相对位置状态（如运动速度、运动方向、停歇时间、运动精度等）、承受负荷情况、润滑条件、温度变化、配合的重要性、装卸条件，以及材料的物理力学性能等。根据具体条件不同，结合件配合的间隙量或过盈量必须相应地改变，工作情况对过盈或间隙的影响见表 3-15。

表 3-15 工作情况对过盈或间隙的影响

具体情况	过盈增大或减小	间隙增大或减小
材料许用应力小	减小	—
经常拆卸	减小	—
工作时，孔温高于轴温	增大	减小
工作时，轴温高于孔温	减小	增大
有冲击载荷	增大	减小
配合长度较大	减小	增大
配合面几何公差较大	减小	增大
装配时可能歪斜	减小	增大
旋转速度高	增大	增大
有轴向运动	—	增大
润滑油黏度增大	—	增大
装配精度高	减小	减小
表面粗糙度数值大	增大	减小

2. 了解各类配合的特性和应用

间隙配合的特性是具有间隙。它主要用于结合件有相对运动的配合（包括旋转运动和轴向滑动），也可用于一般的定位配合。

过盈配合的特性是具有过盈。它主要用于结合件没有相对运动的配合。过盈不大时，用键联接传递转矩；过盈大时，靠孔轴结合力传递转矩。前者可以拆卸，后者是不能拆卸的。

过渡配合的特性是可能具有间隙，也可能具有过盈，但所得到的间隙和过盈量，一般是比较小的。它主要用于定位精确并要求拆卸的相对静止的联接。

表 3-16 是轴的基本偏差的特性及应用。表 3-17 是优先配合的配合特性及应用。可供选择配合时参考。

表 3-16 轴的基本偏差的特性及应用

配合	基本偏差	特性及应用
间隙合配	a、b	可得到特别大的间隙，应用很少
	c	可得到很大的间隙，一般适用于缓慢、松弛的动配合。用于工作条件较差（如农业机械），受力变形，或为了便于装配，而必须保证有较大的间隙时。推荐配合为 H11/c11，其较高等级的 H8/c7 配合，适用于轴在高温工作的紧密动配合，如内燃机排气阀和导管
	d	一般用于 IT7～IT11 级，适用于松的转动配合，如密封盖、滑轮、空转带轮等与轴的配合，也适用于大直径滑动轴承配合，如汽轮机、球磨机、轧滚成型和重型弯曲机，以及其他重型机械中的一些滑动轴承
	e	多用于 IT7～IT9 级，通常用于要求有明显间隙，易于转动的轴承配合，如大跨距轴承、多支点轴承等配合，高等级的基本偏差为 e 的轴适用于大的、高速、重载支承，如涡轮发电机、大型电动机及内燃机主要轴承、凸轮轴轴承等配合

（续）

配合	基本偏差	特性及应用
间隙合配	f	多用于 IT6~IT8 级的一般转动配合，当温度影响不大时，被广泛用于普通润滑油（或润滑脂）润滑的支承，如齿轮箱、小电动机、泵等的转轴与滑动轴承的配合
	g	配合间隙很小，制造成本高，除很轻负荷的精密装置外，不推荐用于转动配合。多用于 IT5~IT7 级，最适合不回转的精密滑动配合，也用于插销等定位配合，如精密连杆轴承、活塞及滑阀、连杆销等
	h	多用于 IT4~IT11 级，广泛用于无相对转动的零件，作为一般的定位配合。若没有温度、变形影响，也用于精密滑动配合
过渡配合	js	偏差完全对称（±IT/2），平均间隙较小的配合，多用于 IT4~IT7 级，要求间隙比 h 轴小，并允许略有过盈的定位配合。如联轴器、齿圈与钢制轮毂，可用木槌装配
	k	平均间隙接近于零的配合，适用于 IT4~IT7 级，推荐用于稍有过盈的定位配合，如为了消除振动用的定位配合，一般用木槌装配
	m	平均过盈较小的配合，适用于 IT4~IT7 级，一般可用木槌装配，但在最大过盈时，要求相当的压入力
	n	平均过盈比基本偏差为 m 的轴稍大，很少存在间隙，适用于 IT4~IT7 级，用锤子或压力机装配，通常推荐用于紧密的组件配合。H6/n5 配合时为过盈配合
过盈配合	p	与 H6 或 H7 配合时是过盈配合，与 H8 孔配合时则为过渡配合。对非铁类零件，为较轻的压入配合，当需要时易于拆卸。对钢、铸铁或铜、钢组件装配是标准压入配合
	r	对铁类零件为中等打入配合，对非铁类零件，为轻打入的配合，当需要时可以拆卸。与 H8 孔配合，直径在 100mm 以上时为过盈配合，直径小时为过渡配合
	s	用于钢和铁制零件的永久性和半永久性装配，可产生相当大的结合力。当用弹性材料，如轻合金时，配合性质与铁类零件的基本偏差为 p 的轴相当。如套环压装在轴上、阀座等的配合。尺寸较大时，为了避免损伤配合表面，需用热胀或冷缩法装配
	t	过盈较大的配合。对钢和铸铁零件适于做永久性结合，不用键可传递力矩，需用热胀或冷缩法装配。如联轴器与轴的配合
	u	这种配合过盈大，一般应验算在最大过盈时，工件材料是否损坏，要用热胀或冷缩法装配。如火车轮毂和轴的配合
	v、x、y、z	这些基本偏差所组成的配合的过盈量更大，目前使用的经验和资料还很少，须经试验后才能应用，一般不推荐

表 3-17　优先配合的特性及应用

优先配合		特性及应用
基孔制	基轴制	
$\frac{H11}{e11}$	$\frac{C11}{h11}$	间隙非常大，用于很松的、转动很慢的动配合。要求大公差与大间隙的外露组件，要求装配得很松的配合
$\frac{H9}{d9}$	$\frac{D9}{h9}$	间隙很大的自由转动配合，用于精度非主要要求时，或有大的温度变化、高转速或大的轴颈压力时的配合
$\frac{H8}{f7}$	$\frac{F8}{h7}$	间隙不大的转动配合，用于中等转速与中等轴颈压力的精确转动，也用于装配较易的中等定位配合
$\frac{H7}{g6}$	$\frac{G7}{h6}$	间隙很小的滑动配合，用于不希望自由转动，但可自由移动和滑动并精密定位的配合，也可用于要求明确的定位配合

（续）

优先配合		特性及应用
基孔制	基轴制	
$\frac{H7}{h6}$	$\frac{H7}{h6}$	均为间隙定位配合，零件可自由装拆，工作时一般相对静止不动。在最大实体条件下的间隙为零，在最小实体条件下的间隙由公差等级决定
$\frac{H8}{h7}$	$\frac{H8}{h7}$	
$\frac{H9}{h9}$	$\frac{H9}{h9}$	
$\frac{H11}{h11}$	$\frac{H11}{h11}$	
$\frac{H7}{k6}$	$\frac{K7}{h6}$	过渡配合，用于精密定位的配合
$\frac{H7}{n6}$	$\frac{N7}{n6}$	过渡配合，允许有较大过盈的更精密定位的配合
$\frac{H7}{p6}$	$\frac{P7}{h6}$	过盈定位配合，即小过盈配合，用于定位精度特别重要时，能以最好的定位精度达到部件的刚性及对中性要求，而对内孔承受压力无特殊要求，不依靠配合的紧固性传递摩擦负荷的配合
$\frac{H7}{s6}$	$\frac{S7}{n6}$	中等压入配合，适用于一般钢件，或用于薄壁件的冷缩配合，用于铸铁件可得到最紧的配合
$\frac{H7}{u6}$	$\frac{U7}{h6}$	压入配合，适用于可以承受高压入力的零件，或不宜承受大压入力的冷缩配合

3.6　配制配合

对公称尺寸>500mm 的零件，除采用互换性生产外，根据制造特点可采用配制配合。国家标准（GB/T 1800.1—2020）给出了有关配制配合的正确理解和使用。

配制配合一般用于公差等级较高，单件小批生产的配合零件。是否采用配制配合，由设计人员根据零件生产和使用情况来决定。

3.6.1　对配制配合零件的基本要求

1）先按互换性生产选取配合，配制的结果应满足此配合公差。

2）一般选择较难加工，但能得到较高测量精度的那个零件（多数情况下是孔）作为先加工件，给它一个比较容易达到的公差或按“线性尺寸的未注公差”加工。

3）配制件（多数情况下是轴）的公差，可按所定的配合公差来选取。所以，配制件的公差比采用互换性生产时单个零件的公差要大些。配制件的偏差和极限尺寸以先加工件的实际尺寸为基数来确定。

4）配制配合是关于尺寸极限方面的技术规定，不涉及其他技术要求，如零件的几何公差、表面粗糙度等，不因采用配制配合而降低。

5）测量对保证配合性质有很大关系。要注意各种误差对测量结果的影响，配制配合应采用尺寸相互比较的测量方法。在同样条件下测量，使用同基准装置或校对量具，由同一组计量人员进行测量，以提高测量精度。

3.6.2 图样上的标注方法

配制配合用代号 MF（Matched Fit）表示。借用基准孔的代号“H”或基准轴的代号“h”表示先加工件。在装配图和零件图的相应部位均应标出。装配图上还要标明按互换性生产时的配合要求。

举例：公称尺寸为 ϕ3000mm 的孔和轴，要求配合的最大间隙为 0.45mm，最小间隙为 0.14mm，按互换性生产可选用 ϕ3000H6/f6 或 ϕ3000F6/h6，其 X_{max} = 0.355mm，X_{min} = 0.145mm。现确定采用配制配合。

1）在装配图上标注为 ϕ3000H6/f6 MF（先加工件为孔）或 ϕ3000F6/h6 MF（先加工件为轴）。

2）若先加工件为孔，选定一个较容易达到的公差，例如 H8，在零件图上标注为 ϕ3000 H8 MF。若按“线性尺寸未注公差”加工，则标注为 ϕ3000 MF。

3）配制件为轴，根据已确定的配合公差选取合适的公差带，例如 f7，则其 X_{max} = 0.355mm，X_{min} = 0.145mm，轴上标注为 ϕ3000f7 MF 或 $\phi3000^{-0.145}_{-0.355}$MF。

3.6.3 配制极限尺寸的计算

根据上述举例，用尽可能准确的测量方法测出先加工件（孔）的实际尺寸，例如 ϕ3000.195mm，则配制件（轴）的极限尺寸计算为

$$上极限尺寸 = (3000.195-0.145)\text{mm} = 3000.05\text{mm}$$
$$下极限尺寸 = (3000.195-0.355)\text{mm} = 2999.84\text{mm}$$

3.7 线性尺寸的未注公差

零件上各个要素的尺寸、形状和各要素间的位置都有一定的功能要求，在加工时，各要素的尺寸、形状和相互位置，都会有一定的误差。因此，图样上所有要素都应受到一定公差的约束。这些要求，不一定都要逐项单独予以标注，可以采用一般公差来处理。

一般公差就是图样上不单独注出公差（极限偏差）或公差带代号，而是在图样上、技术文件或标准（企业标准或行业标准）中，做出总的说明的公差要求。它是在车间普通工艺条件下，机床设备一般加工能力可保证的公差，在正常维护和操作情况下，它代表经济加工精度。

零件上无特殊要求的尺寸、精度较低的非配合尺寸以及由工艺方法保证的尺寸，可给予一般公差。这样，不仅有利于简化制图、节省设计时间和减少产品检验要求，而且，突出了有公差要求的重要尺寸，以便在加工和检验时引起足够的重视。

GB/T 1804—2000《一般公差　未注公差的线性和角度尺寸的公差》中规定了未注公差的线性和角度尺寸一般公差的公差等级和极限偏差数值。一般公差分为四个等级，即精密 f、中等 m、粗糙 c、最粗 v，按未注公差的线性尺寸和角度尺寸分别给出了各公差等级的极限偏差数值。

1. 线性尺寸

表 3-18 给出了未注公差线性尺寸的极限偏差数值，表 3-19 给出了倒圆半径和倒角高度尺寸的极限偏差数值。

表 3-18 未注公差线性尺寸的极限偏差数值（GB/T 1804—2000） （单位：mm）

公差等级	尺寸分段							
	0.5~3	>3~6	>6~30	>30~120	>120~400	>400~1000	>1000~2000	>2000~4000
精密 f	±0.05	±0.05	±0.1	±0.15	±0.2	±0.3	±0.5	—
中等 m	±0.1	±0.1	±0.2	±0.3	±0.5	±0.8	±1.2	±2
粗糙 c	±0.2	±0.3	±0.5	±0.8	±1.2	±2	±3	±4
最粗 v	—	±0.5	±1	±1.5	±2.5	±4	±6	±8

表 3-19 倒圆半径和倒角高度尺寸的极限偏差数值（GB/T 1804—2000）（单位：mm）

公差等级	尺寸分段			
	0.5~3	>3~6	>6~30	>30
精密 f	±0.2	±0.5	±1	±2
中等 m				
粗糙 c	±0.4	±1	±2	±4
最粗 v				

注：倒圆半径与倒角高度的含义按 GB/T 6403.4—2008《零件倒圆与倒角》。

2. 角度尺寸

表 3-20 给出了角度尺寸的极限偏差数值，其值按角度短边长度确定，对圆锥角按圆锥素线长度确定。

表 3-20 角度尺寸的极限偏差数值

公差等级	长度分段/mm				
	~10	>10~50	>50~120	>120~400	>400
精密 f	±1°	±30′	±20′	±10′	±5′
中等 m					
粗糙 c	±1°30′	±1°	±30′	±15′	±10′
最粗 v	±3°	±2°	±1°	±30′	±20′

对于相互垂直的两要素，应该在技术文件明确规定采用未注角度公差（未注 90°）还是未注垂直度公差。因为控制的要求是不相同的。前者是不控制形成该角度（90°）的两要素的形状误差（直线度或平面度误差）。后者需指明基准（通常为长边），且以垂直度公差带控制被测要素的形状误差（直线度或平面度误差）。

采用 GB/T 1804—2000《一般公差　未注公差的线性和角度尺寸的公差》规定的一般公差，在图样上、技术文件或标准中，用该标准号和公差等级符号表示。例如，选取中等级时，可表示为 GB/T 1804—m。

国标规定的线性尺寸的未注公差适用于金属切削加工的尺寸，也适用于冲压加工的尺寸。非金属材料和其他工艺方法加工的尺寸可参照使用。

3.8 大国工匠，匠心筑梦

近年来，国家对职业技能的重视，凸显着从“制造大国”向“制造强国”转型的决心。

从世界工业发展史来看，高素质的技术工人队伍是一个国家工业现代化的重要支撑力量。

模具素有“工业之母”的称号，是用来制造成形产品的工具，也是工业生产的基础。不同的模具由不同的零件构成。人们日常生活中的大部分物品都是通过模具加工制造出来的，小到手机、计算机、空调、洗衣机等，大到出行的汽车、飞机、火车等，都离不开模具。王光挣从事模具行业已有28年，是全国五一劳动奖章获得者，也是国家高级技师。在2010年全国机械行业首届模具工技能大赛中，王光挣曾将模具的打磨精度从0.02mm的标准公差提高到了0.01mm。0.01mm的精度相当于头发直径的1/5，或者一张普通A4纸厚度的1/10左右。正是这0.01mm的进步，他精益求精地钻研了近一年。白天学习模具专业技能，晚上复习消化当天所学的知识，有时遇到不懂的问题，他会钻研到深夜、手掌练到起泡。为了争取参赛资格，他经历了大小无数次比赛。最终，在全国大赛中，他以极高的精准度一举夺冠，并带领团队成员夺得了全国首届模具工大赛“团体优胜奖”。在王光挣身上，精益求精是工匠精神不可或缺的重要品质。

28年前，王光挣刚学做模具时，加工条件有限，许多工作都是靠人工完成的，手工制造打磨的较多，一天下来，他的脸上、衣服上满是灰尘、油污。多年来，他不断弥补知识短板，多次临危受命、攻坚克难，虽日常忙于工作，但看书的习惯一直保持到现在。每一份荣誉的背后，都是曾经付出的汗水和辛劳。

2018年，台州市成立了“王光挣技能大师工作室”；2020年浙江省成立了“王光挣技能大师工作室”，主要负责解决企业生产中的各种疑难问题，通过师带徒技艺传授，为企业培养高技能人才。如今，在他的带动和指导下，多名班组成员已成为行业中的佼佼者，有的还获得了“集团技能能手”和“全国优胜奖”等荣誉称号。

工匠精神，既是一种坚守本心、求精求新的态度，又是一个人的积累和整个社会的沉淀。在全面建设社会主义现代化国家的时代背景下，像王光挣这样的大国工匠们，正在以一流的技艺，做出一流的产品，托起一流的产业。劳模精神、工匠精神，激励着越来越多的劳动者特别是青年一代走上技能成才之路。

思考题

3-1 什么是公差带？公差带由哪两个基本要素组成？

3-2 尺寸偏差与尺寸公差有何区别？零件的尺寸偏差越大是否精度越低？举例说明。

3-3 何谓基孔制？何谓基轴制配合？何谓混合配合？何种情况下选用基轴制配合及混合配合？

3-4 国标中规定了几种配合？

3-5 （选择题）ϕ60.03mm的孔与ϕ60.01mm的轴的结合是（　　）配合。

A. 间隙　　B. 过渡　　C. 过盈　　D. 无法确定

3-6 （判断题）孔的基本偏差即下极限偏差，轴的基本偏差即上极限偏差。（　　）

3-7 （判断题）当孔的基本偏差为H，轴的基本偏差为js~n时，一般均为过渡配合。（　　）

3-8 设有一孔、轴配合，公称尺寸为40mm，要求配合的间隙为0.025~0.066mm，试确定基准制以及孔、轴公差等级和配合种类。

第 4 章　几何公差及检测

4.1　概述

零件在加工过程中由于受各种因素的影响，其几何要素不可避免地会产生几何误差。如在车削圆柱表面时，刀具的运动轨迹若与工件的旋转轴线不平行，会使加工后的零件表面产生圆柱度误差；铣削轴上的键槽时，若铣刀刀杆轴线的运动轨迹相对于零件的轴线有偏离或倾斜，则会使加工出的键槽产生对称度误差等。而零件的圆柱度误差会影响圆柱结合要素的配合均匀性，齿轮轴线的平行度误差会影响齿轮的啮合精度和承载能力，键槽的对称度误差会使键安装困难和安装后的受力状况恶化等。因此，要对零件的几何要素规定必要的几何公差。

4.1.1　几何公差标准

我国现行的几何公差主要标准如下：

GB/T 1182—2018《产品几何技术规范（GPS）　几何公差　形状、方向、位置和跳动公差标注》。

GB/T 1184—1996《形状和位置公差　未注公差值》。

GB/T 4249—2018《产品几何技术规范（GPS）　基础　概念、原则和规则》。

GB/T 16671—2018《产品几何技术规范（GPS）　几何公差　最大实体要求（MMR）、最小实体要求（LMR）和可逆要求（RPR）》。

GB/T 1958—2017《产品几何技术规范（GPS）　几何公差　检测与验证》。

4.1.2　几何公差的研究对象

几何公差的研究对象是零件的几何要素（简称为“要素”），就是构成零件几何特征的点、线、面。如图 4-1 所示的球心、锥顶、圆柱面和圆锥面的素线、轴线、球面、圆柱面和圆锥面、槽的中心平面等，均为构成零件的几何要素。

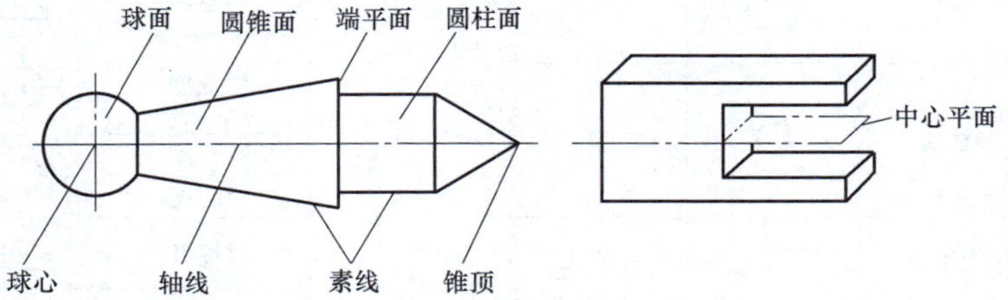

图 4-1　零件的几何要素

几何要素可从不同的角度分类如下：

（1）按存在的状态分为理想要素（公称要素）和实际要素（提取要素）

1）理想要素（公称要素）：具有几何学意义的要素，它们不存在任何误差。机械零件图样上表示的要素均为理想要素。

2）实际要素（提取要素）：零件上实际存在的要素。通常以测得（提取）要素来代替。

（2）按结构特征分为组成要素和导出要素

1）组成要素：零件轮廓上的点、线、面，即可触及的要素。组成要素还分为提取组成要素（非理想形状）和拟合组成要素（具有理想形状）。

2）导出要素：可由轮廓要素导出的要素。如中心点、中心面或回转表面的轴线。标准规定："轴线"和"中心平面"用于表述理想形状的导出要素，称为拟合导出要素；"中心线"和"中心面"用于表述非理想形状的导出要素，称为提取导出要素。

（3）按所处地位分为基准要素和被测要素

1）基准要素：用来确定理想被测要素的方向或（和）位置的要素。

2）被测要素：在图样上给出了几何公差要求的要素，是检测的对象。

（4）按功能关系分为单一要素和关联要素

1）单一要素：仅对要素本身给出形状公差要求的要素。此要素与其他要素无功能关系，如图 4-2 所示零件的上表面有平面度要求。

2）关联要素：对基准要素有功能关系要求而给出方向、位置和跳动公差要求的要素。此要素与其他要素有功能关系，如图 4-2 所示零件的上表面有平行度要求。

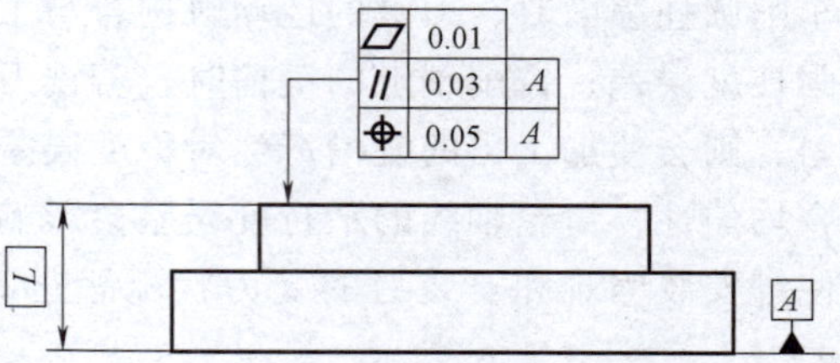

图 4-2　要素实例

4.1.3　几何公差的特征项目及其符号

GB/T 1182—2018《产品几何技术规范（GPS）　几何公差　形状、方向、位置和跳动公差标注》规定了 14 种形状、方向和位置等公差的特别项目符号。各几何公差项目的名称及其符号见表 4-1。

表 4-1　几何公差项目的名称及其符号

公差类型		几何特征	符号	有无基准
形状	形状	直线度	—	无
		平面度	▱	无
		圆度	○	无
		圆柱度	⌭	无
形状、方向或位置	轮廓	线轮廓度	⌒	有或无
		面轮廓度	⌓	有或无

公差类型		几何特征	符号	有无基准
方向、位置、跳动	定向	平行度	//	有
		垂直度	⊥	有
		倾斜度	∠	有
	定位	位置度	⌖	有或无
		同轴度 同心度	◎	有
		对称度	⌯	有
	跳动	圆跳动	↗	有
		全跳动	⌰	有

4.1.4　几何公差的标注方法

几何公差规范标注的组成包括公差框格，可选的辅助平面和要素标注以及可选的相邻标注（补充标注），如图 4-3 所示。

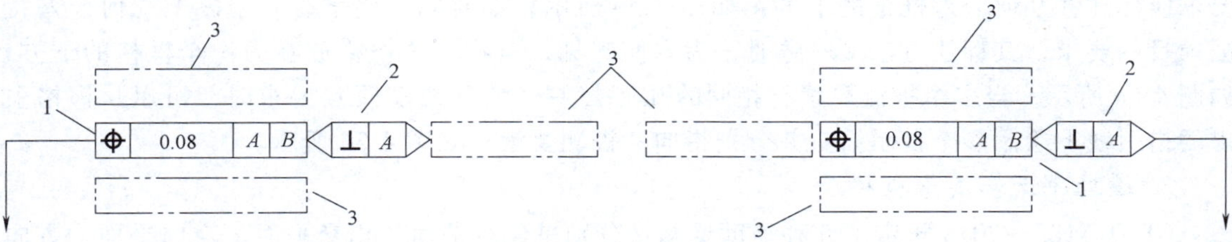

图 4-3　几何公差规范标注的元素

1—公差框格　2—辅助平面和要素框格　3—相邻标注

几何公差规范应使用参照线与指引线相连。如果没有可选的辅助平面或要素标注，参照线应与公差框格的左侧或右侧中点相连。如果有可选的辅助平面和要素标注，参照线应与公差框格的左侧中点或最后一个辅助平面和要素框格的右侧中点相连。此标注同时适用于二维与三维标注。

1. 公差框格

几何公差在图样上用框格的形式标注，公差要求应标注在划分成两个部分或三个部分的矩形框格内。第三个部分可选的基准部分可包含一至三格。如图4-4所示，这些部分为自左向右顺序排列。

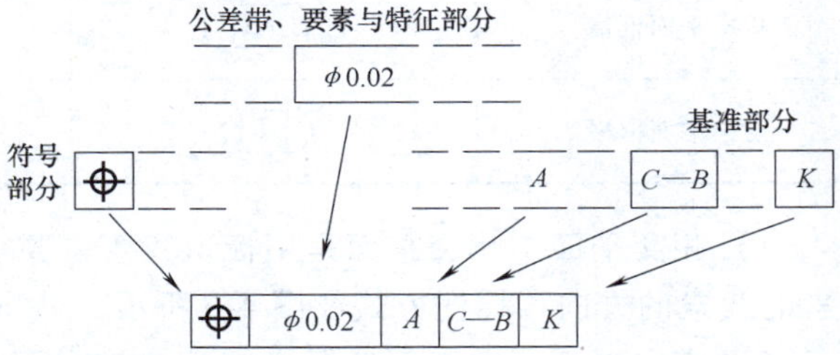

图 4-4　公差框格的三个部分

代表基准的字母（包括基准符号方框内的字母）用大写英文字母（为不引起误解，其中 E、I、J、M、Q、O、P、L、R、F 一般不用）表示。若几何公差值的数字前加注 ϕ 或 $S\phi$，则表示其公差带为圆形、圆柱形或球形。如果要求在几何公差带内进一步限定被测要素的形状，则应在公差值后或框格上、下加注相应的符号，见表 4-2。

表 4-2　限定被测要素的符号

含义	符号	举例	含义	符号	举例
公共公差带	CZ	[直线度符号 | t CZ]	线素	LE	[平行度符号 | t | A]，框格下注 LE
不凸起	NC	[平面度符号 | t]，框格下注 NC	任意横截面	ACS	框格上注 ACS，[同轴度符号 | ϕt | A]

对被测要素的数量说明，应标注在几何公差框格的上方，如图 4-5a 所示；其他说明性

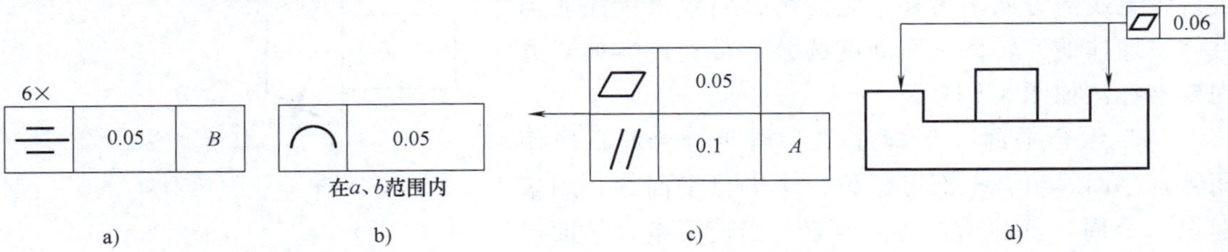

图 4-5　几何公差的标注

要求应标注在几何公差框格的下方，如图 4-5b 所示；如对同一要素有一个以上几何公差特征项目的要求，其标注方法又一致时，为方便起见，可将一个框格放在另一个框格的下方，如图 4-5c 所示；当多个被测要素有相同的几何公差（单项或多项）要求时，可以从框格引出的指引线上绘制多个指示箭头并分别指向各被测要素，如图 4-5d 所示。

2. 辅助平面和要素框格

GB/T 1182—2018 规定了 5 种辅助要素，分别是任意平面、相交平面、定向平面、方向要素和组合平面，其标识符或框格见表 4-3。

表 4-3 辅助要素标识符或框格

辅助要素	标识符或框格	辅助要素	标识符或框格
任意横截面	ACS	方向要素框格	← // | B b
相交平面框格	< // | B b	组合平面框格	○ // | B
定向平面框格	< // | B > b		

（1）相交平面　相交平面是用标识线要素要求的方向，例如在平面上线要素的直线度、要素的线素的方向，标注方式如图 4-6 所示。

（2）定向平面　在下列情况中应标注定向平面：被测要素是中心线或中心点，且公差带的宽度是由两平行平面限定的或被测要素是中心点，公差带是由一个圆柱限定的，且公差带要相对于其他要素定向，且该要素是基于工件的提取要素构建的，能够标识公差带的方向。定向平面标注如图 4-7 所示。

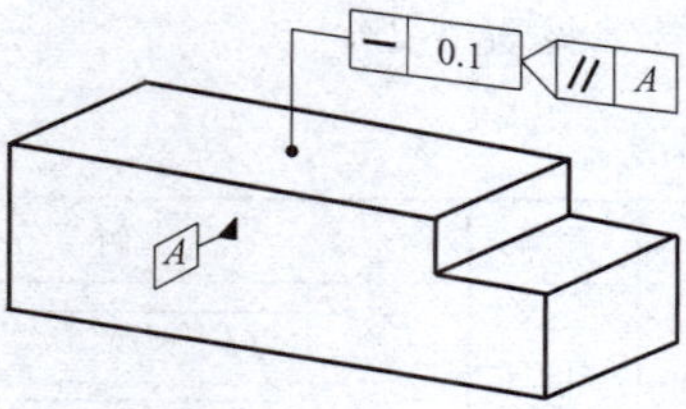

图 4-6　相交平面标注

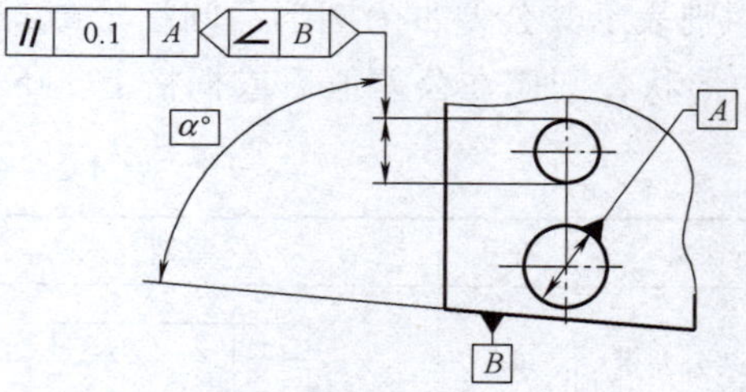

图 4-7　定向平面标注

（3）方向要素　当被测要素是组成要素且公差带宽度的方向与面要素不垂直时，应使用方向要素确定公差带宽度的方向。另外，应使用方向要素标注非圆柱体或球体的回转体表面圆度的公差带宽度方向。方向要素标注如图 4-8 所示。

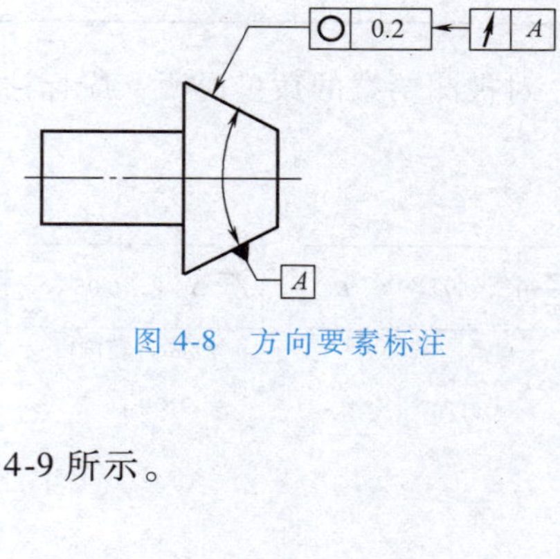

图 4-8　方向要素标注

（4）组合平面　当标注"全周"符号时，应使用组合平面。组合平面可标识一个平行平面族，用来标识"全周"标注所包含的要素。当使用组合平面框格时，应作为公差框格的延伸部分标注在其右侧，如图 4-9 所示。

3. 被测要素

(1) 组成要素标注　当几何公差规范指向组成要素时，该几何公差规范标注应当通过指引线与被测要素连接，并以下列方式之一终止。

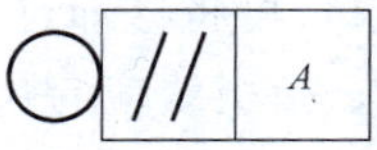

图 4-9　组合平面框格

1) 在二维标注中（图 4-10）：

① 指引线终止在要素的轮廓上或轮廓的延长线上（但与尺寸线明显错开）。

② 若指引线终止在要素的轮廓或其延长线上，则以箭头终止。

③ 当标注要素是组成要素且指引线终止在要素的界限以内，则以圆点终止。当该面要素可见时，此圆点是实心的，指引线为实线；当该面要素不可见时，这个圆点是空心的，指引线为虚线。

④ 该箭头可放在指引横线上，并使用指引线指向该面要素。

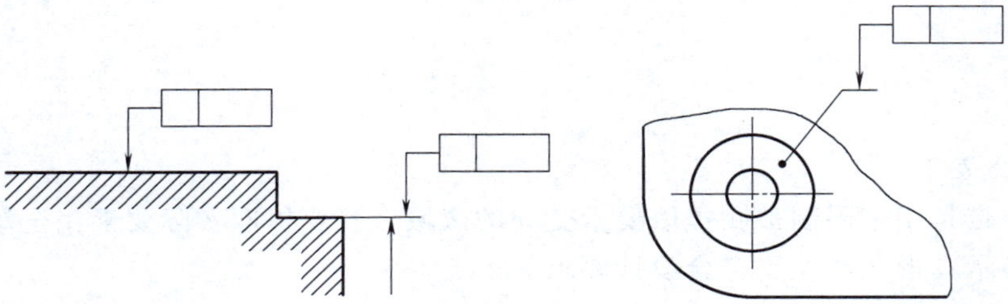

图 4-10　组成要素二维标注

2) 在三维标注中（图 4-11）：

① 指引线终止在组成要素上（但应与尺寸线明显错开）。

② 指引线的终点为指向延长线的箭头以及组成要素上的点。当该面要素可见时，该点是实心的，指引线为实线；当该面要素不可见时，该点是空心的，指引线为虚线。

③ 指引线的终点可以是放在使用指引横线上的箭头，并指向该面要素（图 4-11b）。此时指引线终点为圆点的也可适用上述规则。

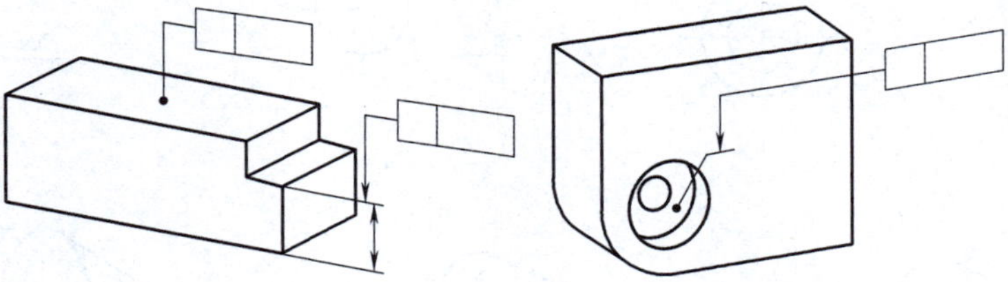

图 4-11　组成要素三维标注

(2) 导出要素标注　当几何公差规范适用于导出要素（中心线、中心面或中心点）时，应按如下方式进行标注：

1) 使用参照线与指引线进行标注，并用箭头终止在尺寸要素的尺寸延长线上。

2）可将修饰符（中心要素）放置在回转体的公差框格内的公差带、要素与特征部分。此时，指引线应与尺寸线对齐，可在组成要素上用圆点或箭头终止（图 4-12）。

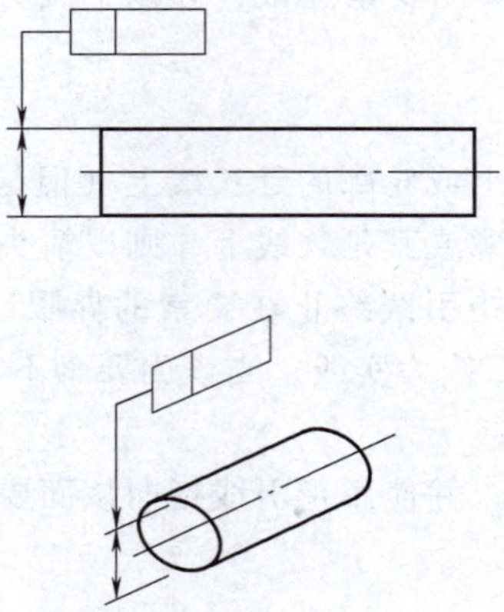

图 4-12　导出要素标注

4. 几何公差带

几何公差带是用来限制被测提取要素变动的区域。只要提取实际要素完全落在给定的公差带内，就表示其形状和位置符合设计要求。

几何公差带的形状由被测要素的理想形状和给定的公差特征所决定，其形状如图 4-13 所示。几何公差带的大小由公差值 t 确定，指的是公差带的宽度或直径等。

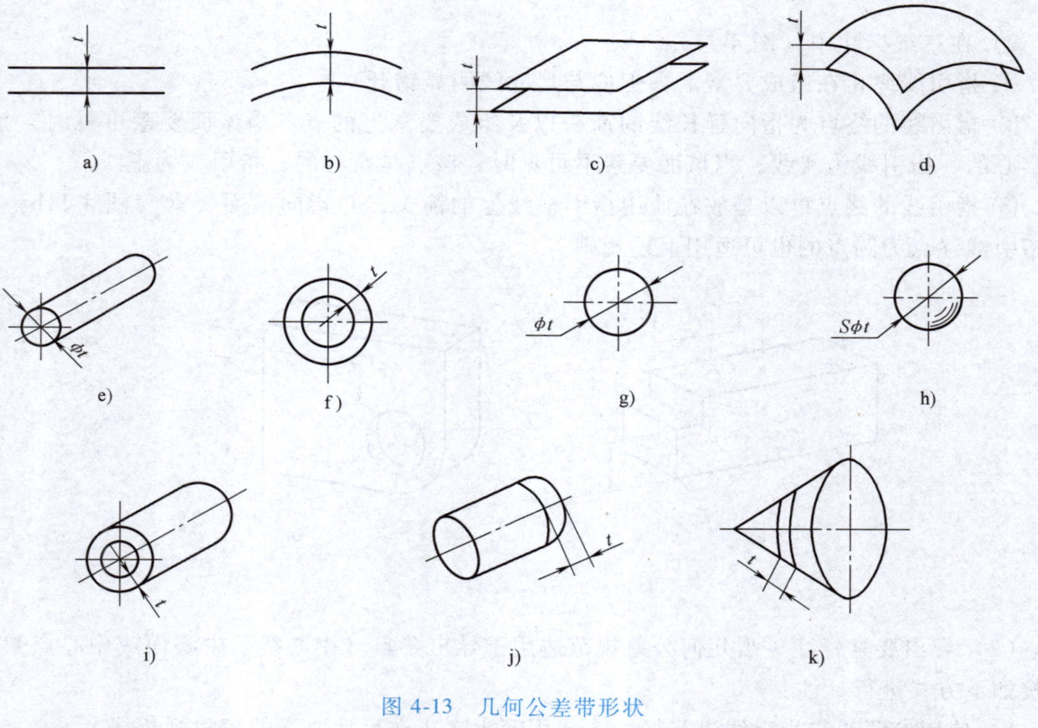

图 4-13　几何公差带形状

4.2　几何公差

4.2.1　形状公差与公差带

形状公差是指单一实际要素的形状所允许的变动全量。形状公差带是限制实际被测要素形状变动的一个区域。形状公差的标注示例、公差带定义和解释见表 4-4。

表 4-4　形状公差的标注示例、公差带定义和解释

<table>
<tr><th>项目</th><th>标注示例</th><th>公差带定义</th></tr>
<tr><td rowspan="2">直线度</td><td>
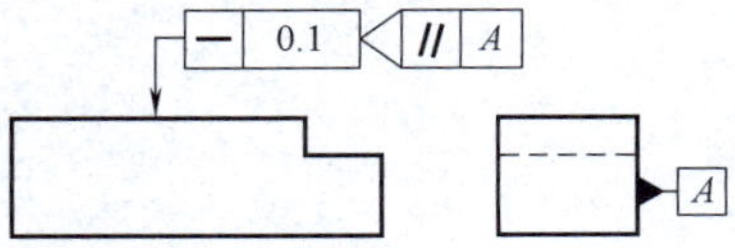

a) 2D

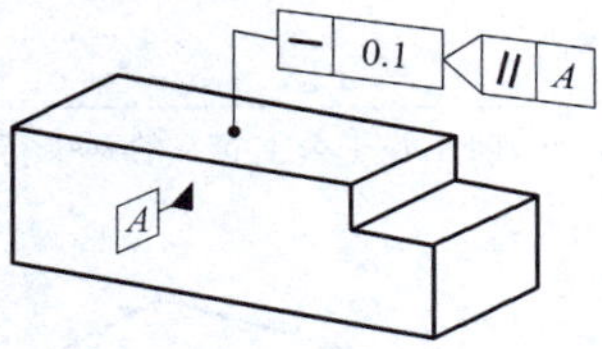

b) 3D

图中，在由相交平面框格规定的平面内，上表面的提取（实际）线应限定在间距等于 0.1mm 的两平行直线之间
</td><td>
公差带为在平行于（相交平面框格给定的）基准 A 的给定平面内与给定方向上、间距等于公差值 t 的两平行直线所限定的区域

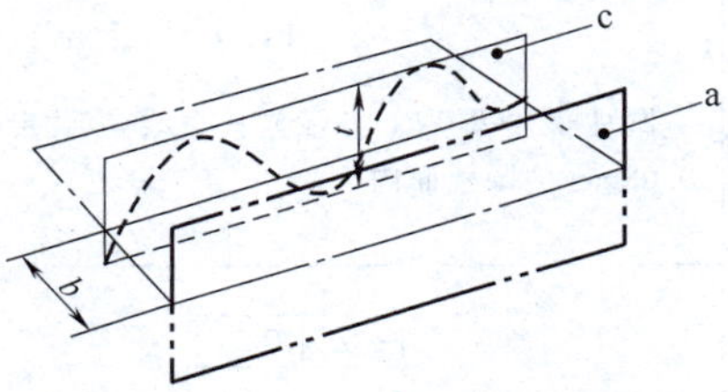

a —— 基准A；
b —— 任意距离；
c —— 平行于基准A的相交平面
</td></tr>
<tr><td>
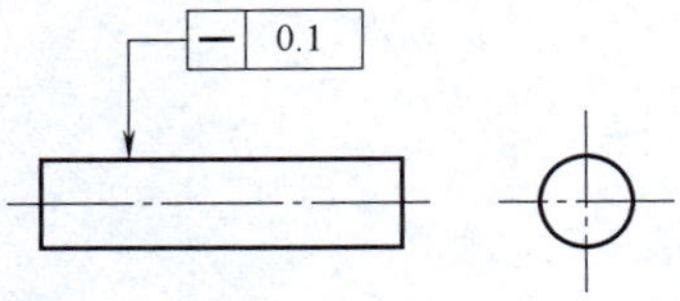

a) 2D

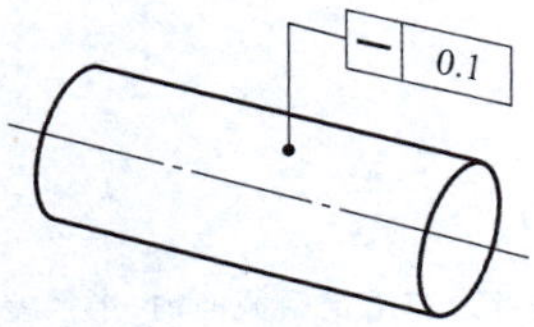

b) 3D

圆柱表面的提取（实际）棱边应限定在间距等于 0.1mm 的两平行平面之间
</td><td>
公差带为间距等于公差值 t 的两平行面所限定的区域

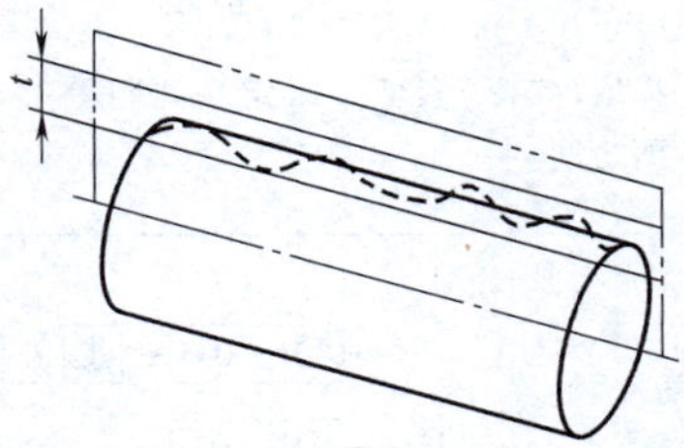

</td></tr>
</table>

（续）

项目	标注示例	公差带定义
直线度	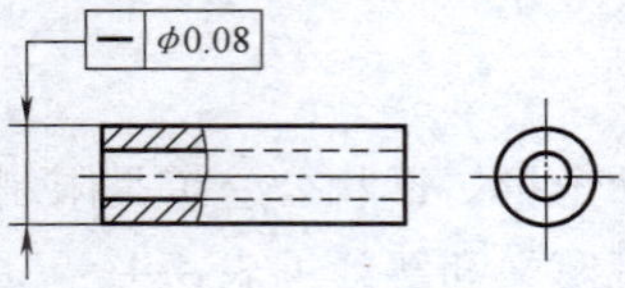 a) 2D 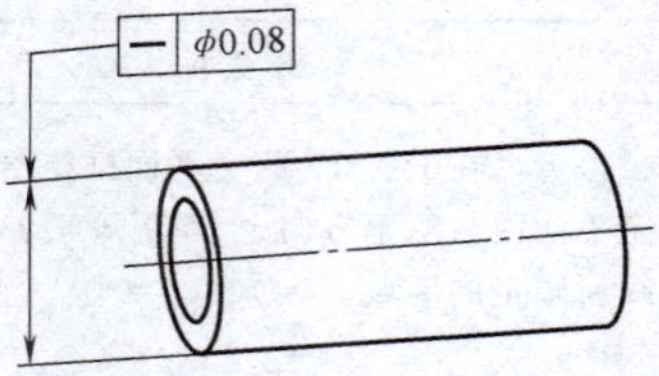 b) 3D 圆柱面的提取（实际）中心线应限定在直径等于 0.08mm 的圆柱面内	由于公差值前加注了直径符号，因此公差带为直径等于公差值 t 的圆柱面所限定的区域 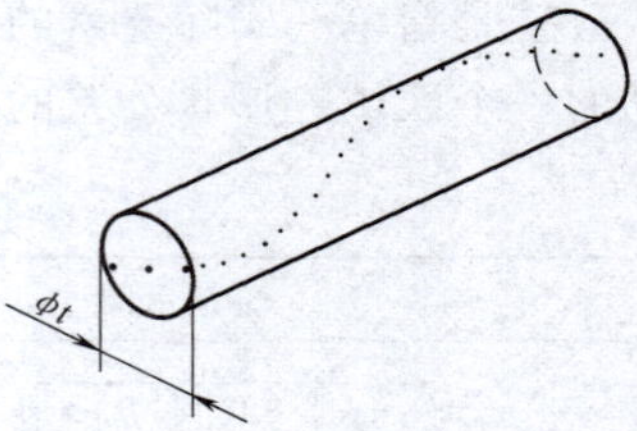
平面度	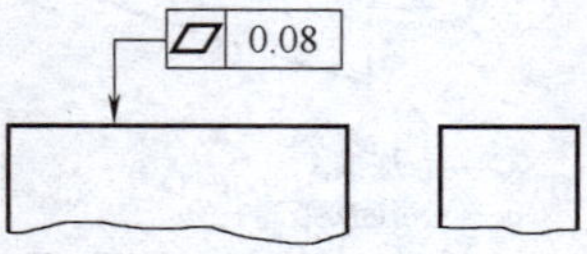 a) 2D 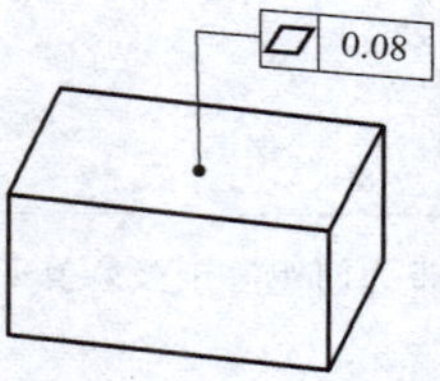 b) 3D 提取（实际）表面应限定在间距等于 0.08mm 的两平行面之间	公差带为间距等于公差值 t 的两平行平面所限定的区域 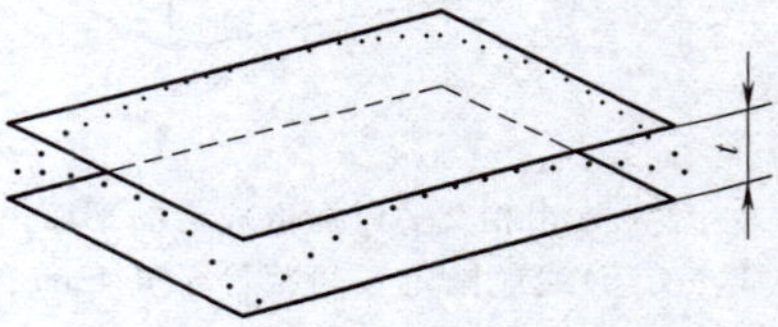
圆度	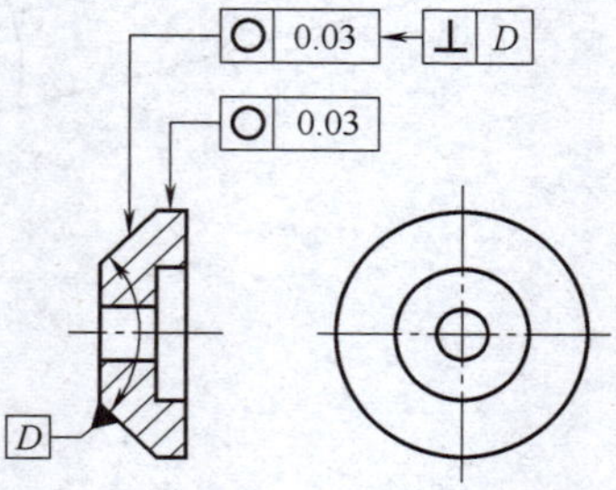 a) 2D	公差带为在给定横截面内，半径差等于公差值 t 的两个同心圆所限定的区域

（续）

项目	标注示例	公差带定义
	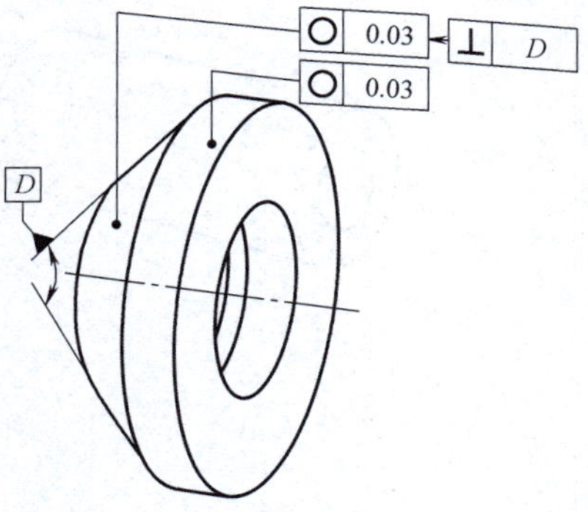 b) 3D 在圆柱面与圆锥面的任意横截面内，提取（实际）圆周应限定在半径差等于 0.03mm 的两共面同心圆之间。这是圆柱表面的缺省应用方式，对于圆锥表面则应使用方向要素框格进行标注	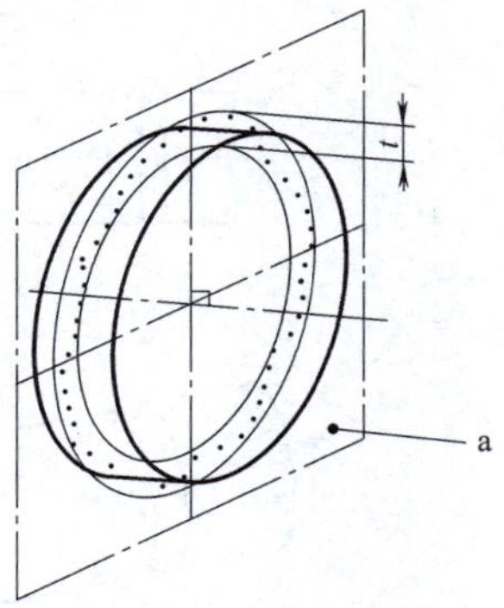 a —— 任意相交平面(任意横截面)
圆度	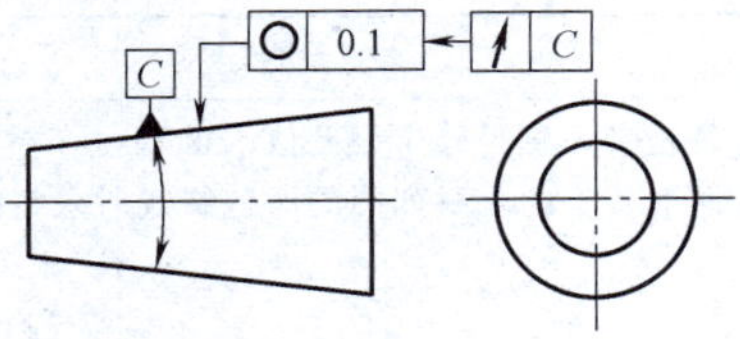 a) 2D 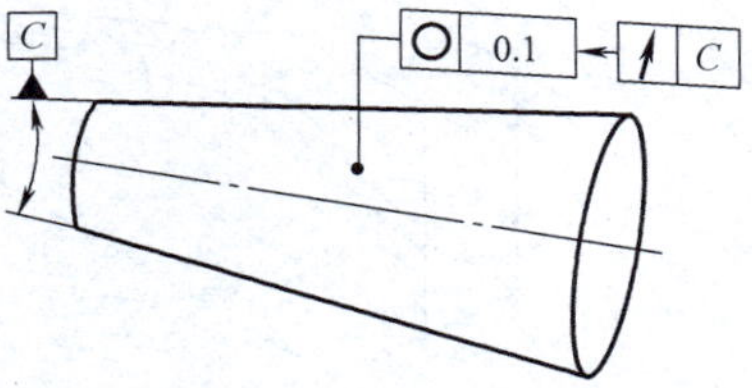 b) 3D 提取圆周线位于该表面的任意横截面上，由被测要素和与其同轴的圆锥相交所定义，并且其锥角可确保该圆锥与被测要素垂直。该提取圆周线应限定在距离等于 0.1mm 的两个圆之间，这两个圆位于相交圆锥上。例如，方向要素框格所示的，垂直于被测要素表面的公差带。圆锥要素的圆度要求应标注方向要素框格	公差带为在给定横截面内，沿表面距离为 t 的两个在圆锥面上的圆所限定的区域 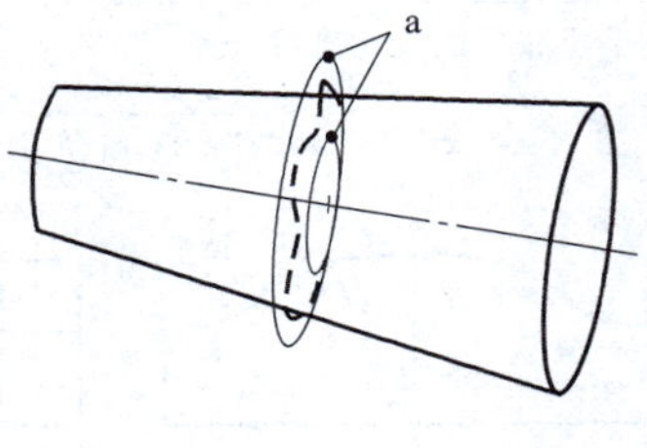 a —— 垂直于基准C的圆(被测要素的轴线)，在圆锥表面上且垂直于被测要素的表面

（续）

项目	标注示例	公差带定义
圆柱度	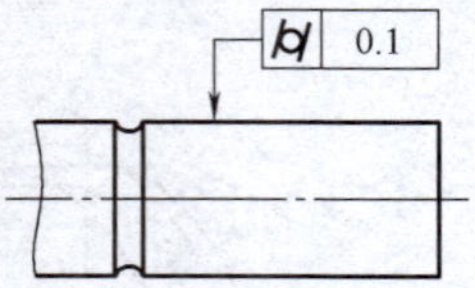 a) 2D 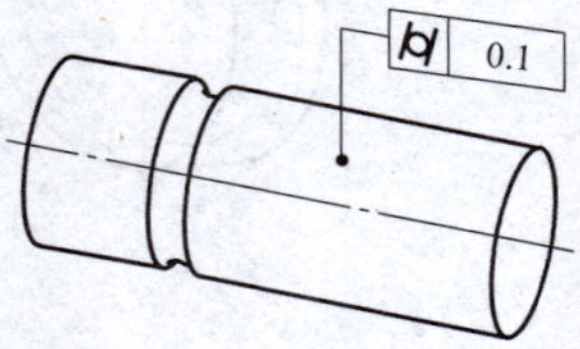 b) 3D 提取（实际）圆柱表面应限定在半径差等于 0.1mm 的两同轴圆柱面之间	公差带为半径差等于公差值 t 的两个同轴圆柱面所限定的区域 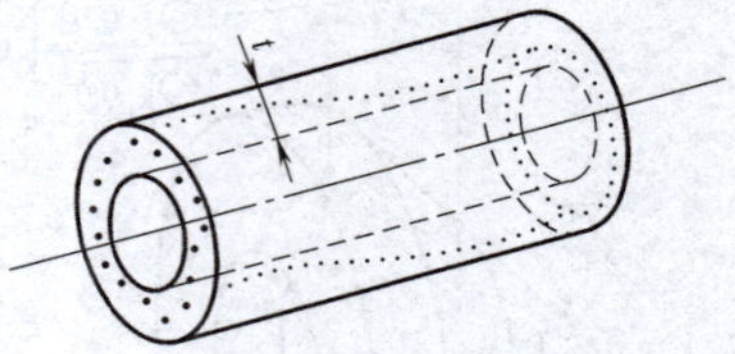

4.2.2 轮廓度公差与公差带

轮廓度公差特征有线轮廓度和面轮廓度，均可有基准或无基准。轮廓度无基准要求时为形状公差，有基准要求时为方向公差或位置公差。其公差带的定义、标注示例和解释见表 4-5。

表 4-5 轮廓度公差带的定义、标注示例和解释

项目	标注示例	公差带定义
线轮廓度	与基准不相关的线轮廓度公差 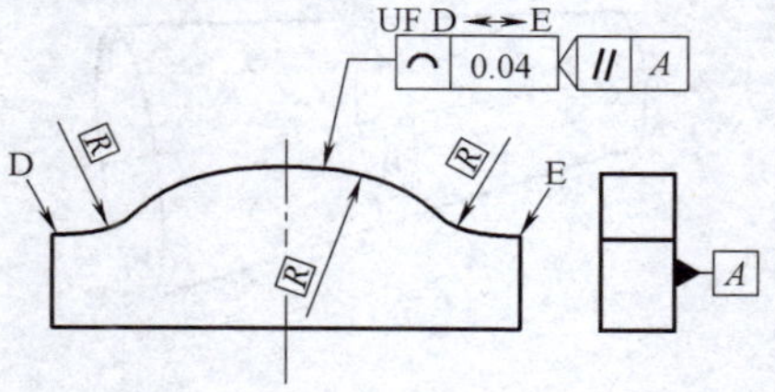 a) 2D 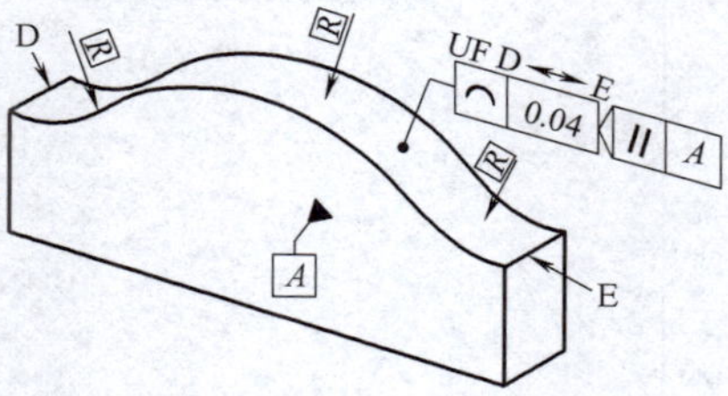 b) 3D 在任一平行于基准平面 A 的截面内，如相交平面框格所规定的，提取（实际）轮廓线应限定在直径等于 0.04mm，圆心位于理论正确几何形状上的一系列圆的两等距包络线之间。可使用 UF 表示组合要素上的三个圆弧部分应组成联合要素	公差带为直径等于公差值 t，圆心位于具有理论正确几何形状上的一系列圆的两包络线所限定的区域 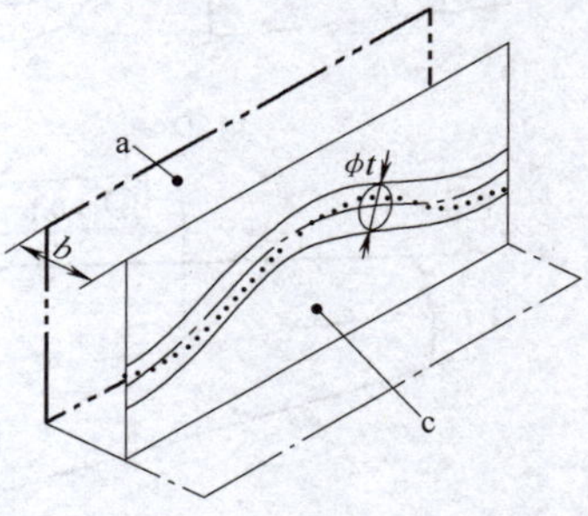 a——基准平面 A； b——任意距离； c——平行于基准平面 A 的平面

（续）

项目	标注示例	公差带定义
线轮廓度	相对于基准体系的线轮廓度公差 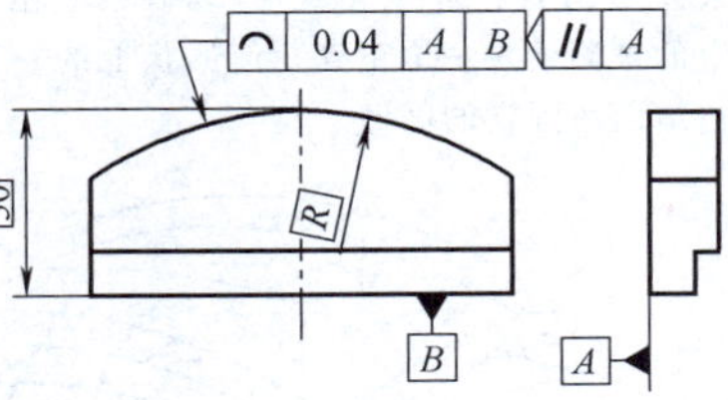 a) 2D 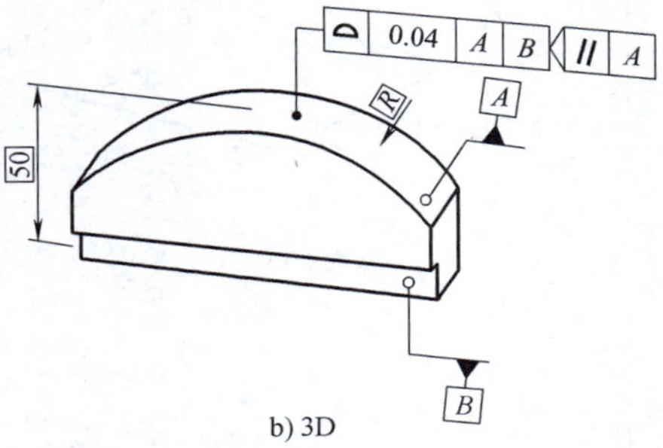 b) 3D 在任一由相交平面框格规定的平行于基准平面 *A* 的截面内，提取（实际）轮廓线应限定在直径等于0.04mm、圆心位于由基准平面 *A* 与基准平面 *B* 确定的被测要素理论正确几何形状线上的一系列圆的两等距包络线之间	公差带为直径等于公差值 *t*、圆心位于由基准平面 *A* 与基准平面 *B* 确定的被测要素理论正确几何形状上的一系列圆的两包络线所限定的区域 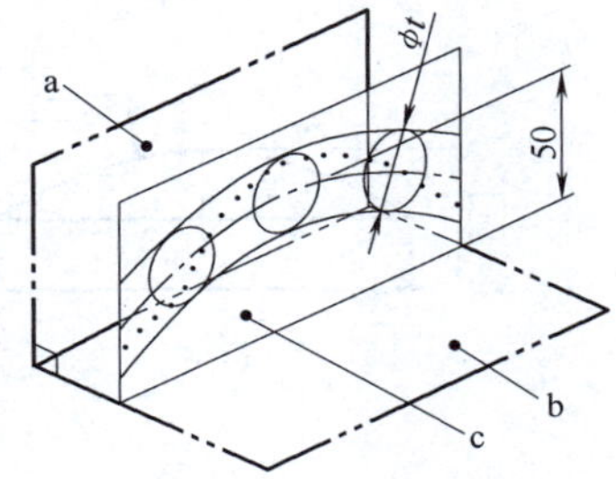 a——基准平面*A*; b——任意距离; c——平行于基准平面*A*的平面
面轮廓度	与基准不相关的面轮廓度公差 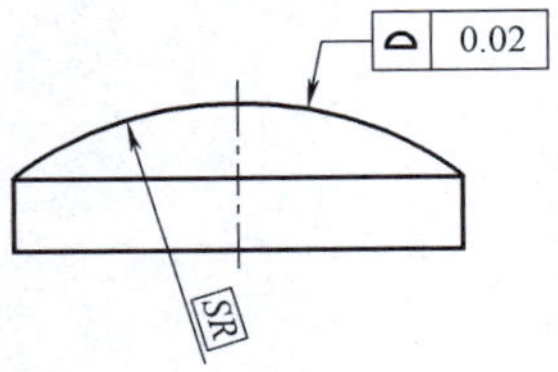 a) 2D 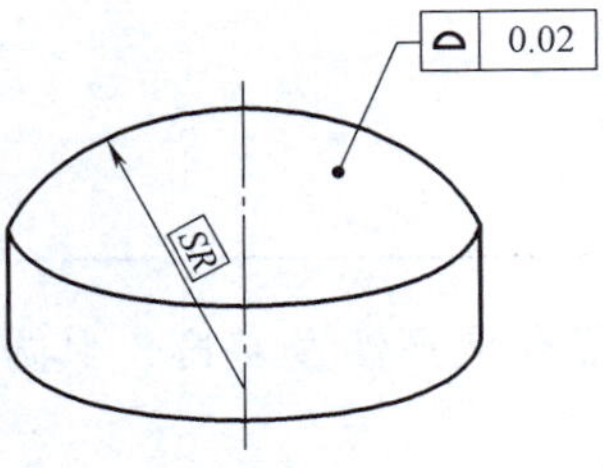 b) 3D 提取（实际）轮廓面应限定在直径等于0.02mm、球心位于被测要素理论正确几何形状表面上的一系列圆球的两等距包络面之间	公差带为直径等于公差值、球心位于理论正确几何形状上的一系列圆球的两个包络面所限定的区域 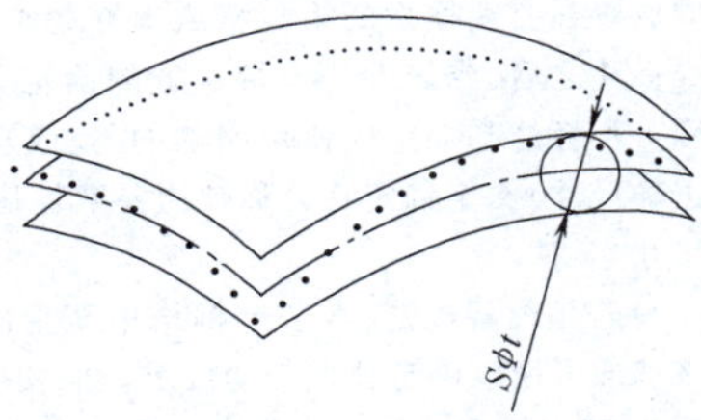

（续）

项目	标注示例	公差带定义
面轮廓度	相对于基准体系的线轮廓度公差 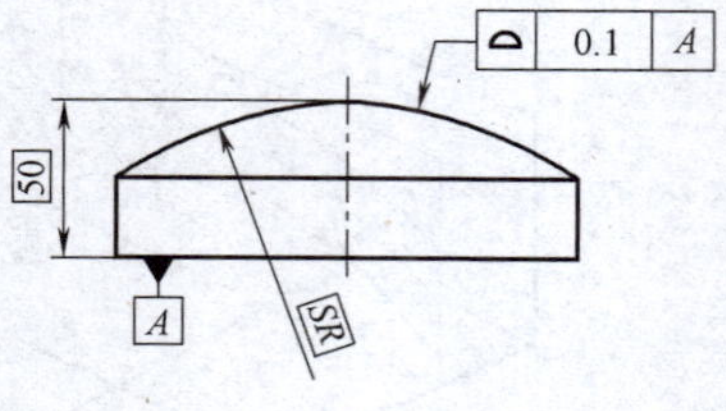 a) 2D 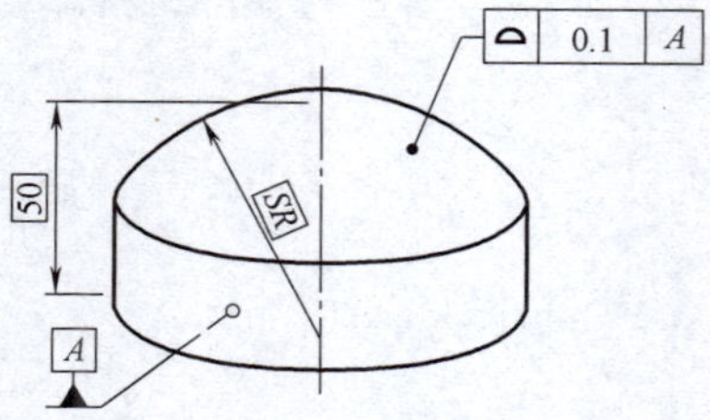 b) 3D 提取（实际）轮廓面应限定在直径距离等于 0.1mm，球心位于由基准平面 *A* 确定的被测要素理论正确几何形状上的一系列圆球的两等距包络面之间 1）对于有基准要求的面轮廓度：若是方向规范，“><”应放置在公差框格的第二格或放在每个公差框格的基准标注之后，或如果公差带位置的确定无需依赖基准，则可不标注基准。应使用明确的与/或默认 TED（理论正确尺寸）给定锁定在公称被测要素与基准之间的角度尺寸 2）若是位置规范，在公差框格中至少需要一个基准，该基准可用以确定公差带的位置。应使用明确的与/或默认 TED 给定锁定在公称被测要素与基准之间的角度与线性尺寸	公差带为直径等于公差值、球心位于由基准平面 *A* 确定的被测要素理论正确几何形状上的一系列圆球的两包络面所限定的区域 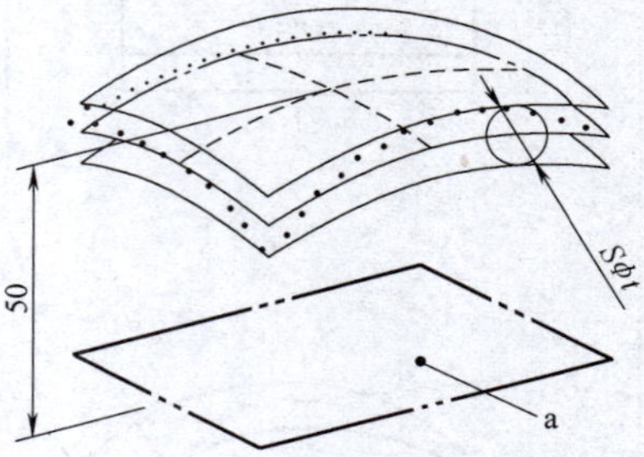 a——基准*A*

轮廓公差带（有基准的线、面轮廓度除外）的特点是不涉及基准，其方向和位置随相应实际要素的不同而不同。

4.2.3　方向公差与公差带

方向公差是关联提取要素对基准在方向上允许的变动全量。方向公差有平行度、垂直度和倾斜度三项。它们都有面对面、线对面、面对线和线对线几种情况。典型的方向公差带的定义、标注示例和解释见表 4-6。

表 4-6　典型的方向公差带的定义、标注示例和解释

<table>
<tr><th>项目</th><th>标注示例</th><th>公差带定义</th></tr>
<tr><td rowspan="2">平行度</td><td>相对于基准直线的中心线平行度公差
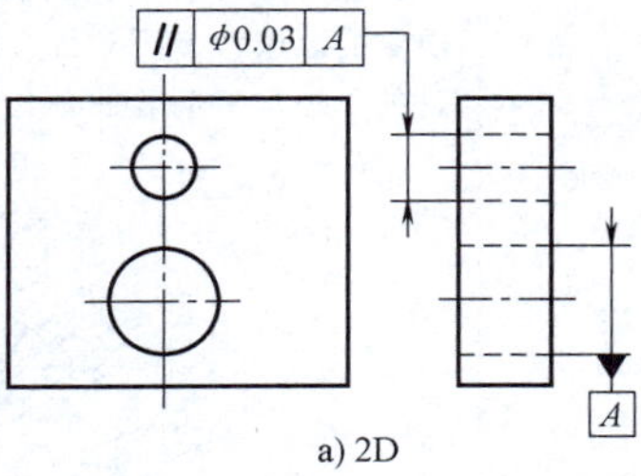

a) 2D
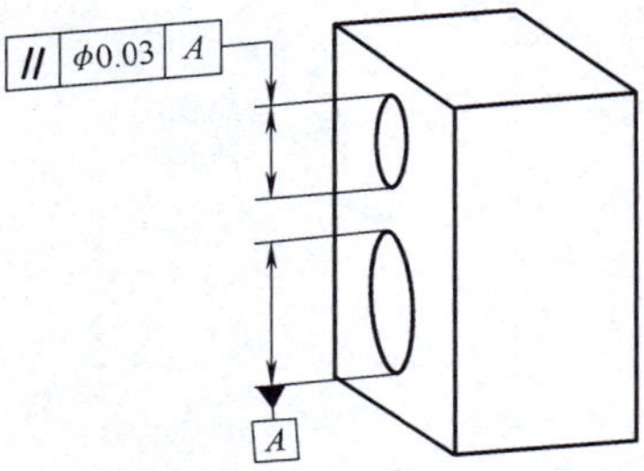

b) 2D
提取(实际)中心线应限定在平行于基准轴线 A、直径等于 φ0.03mm 的圆柱面内</td><td>若公差值前加注了符号 φ,公差带为平行于基准轴线、直径等于公差值的圆柱面所限定的区域
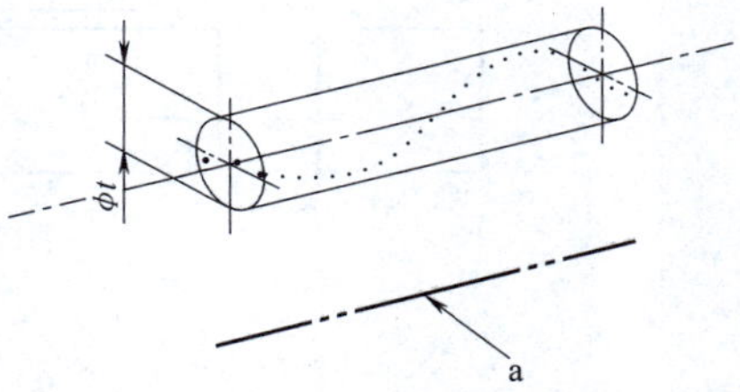

a —— 基准A</td></tr>
<tr><td>相对于基准面的中心线平行度公差
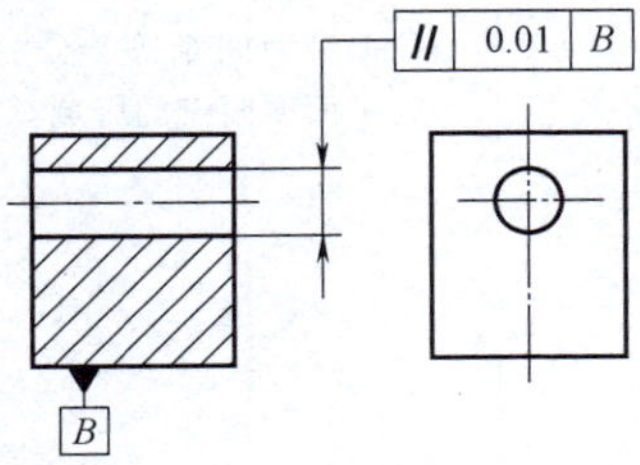

a) 2D
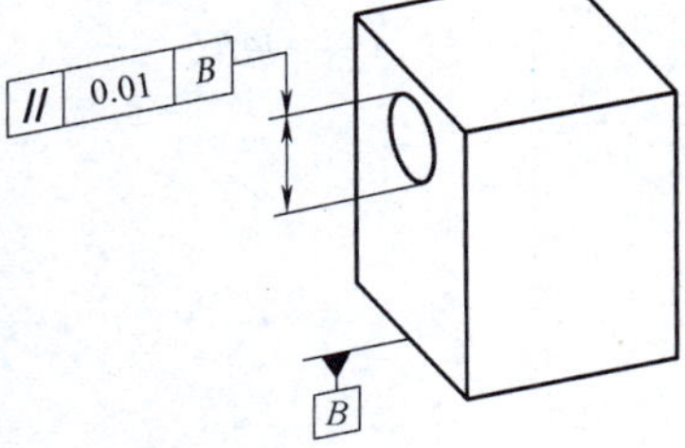

b) 3D
提取(实际)中心线应限定在平行于基准平面 B、间距等于 0.01mm 的两平行平面之间</td><td>公差带为平行于基准平面、间距等于公差值 t 的两平行平面限定的区域
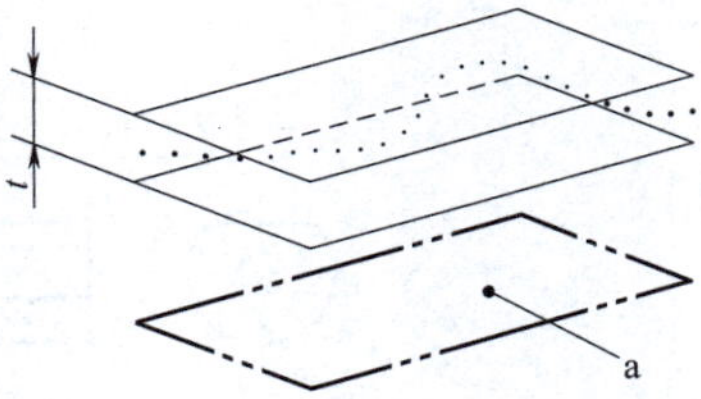

a —— 基准B</td></tr>
</table>

（续）

项目	标注示例	公差带定义
平行度	相对于基准面的一组在表面上的线平行度公差 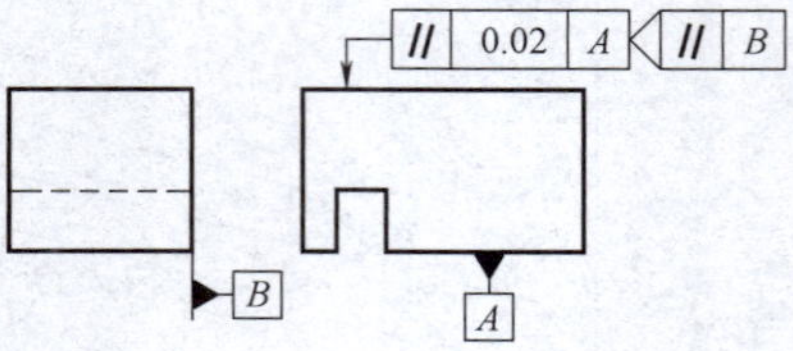 a) 2D 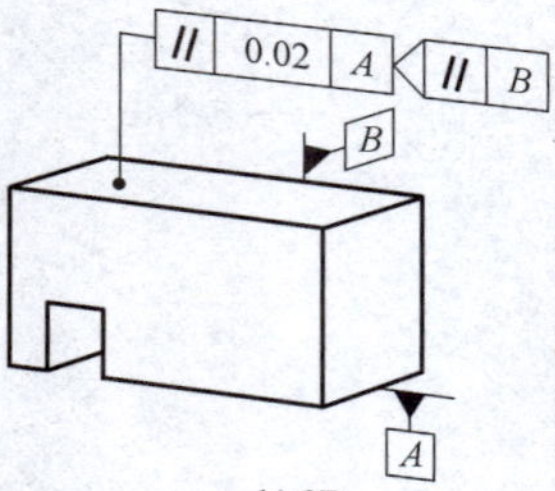 b) 3D 每条由相交平面框格规定的，平行于基准面 *B* 的提取（实际）线，应限定在间距等于 0.02mm 平行于基准平面 *A* 的两平行线之间。基准 *B* 为基准 *A* 的辅助基准	公差带为间距等于公差值 *t* 的两平行直线所限定的区域。该两平行直线平行于基准平面 *A* 且处于平行于基准平面 *B* 的平面内 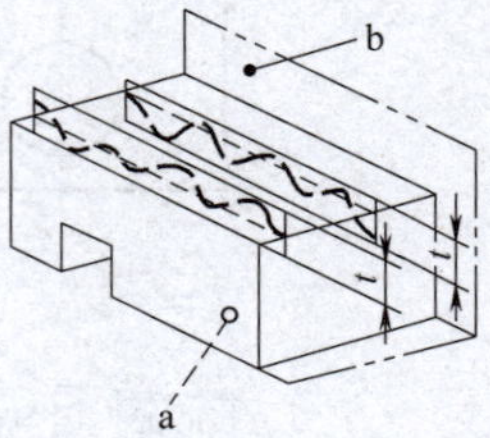 a——基准*A*； b——基准*B*
	相对于基准直线的平面平行度公差 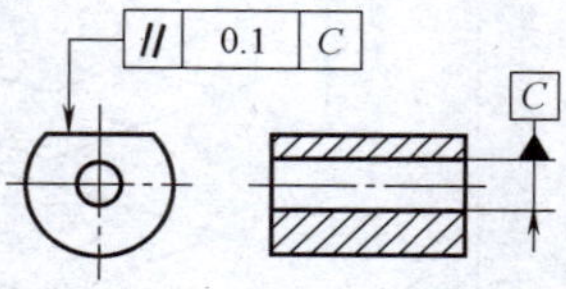 a) 2D 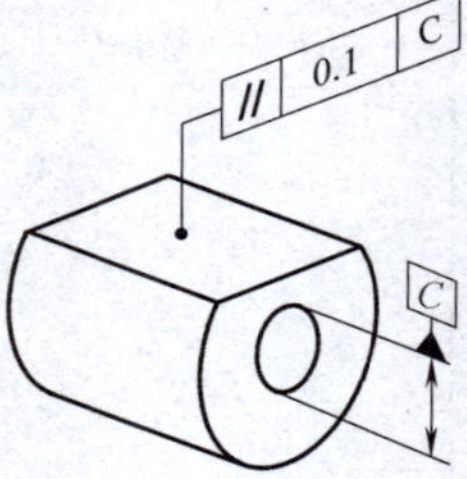 b) 3D 提取（实际）面应限定在间距等于 0.1mm、平行于基准轴线 *C* 的两平行平面之间	公差带为间距等于公差值、平行于基准的两平行平面所限定的区域 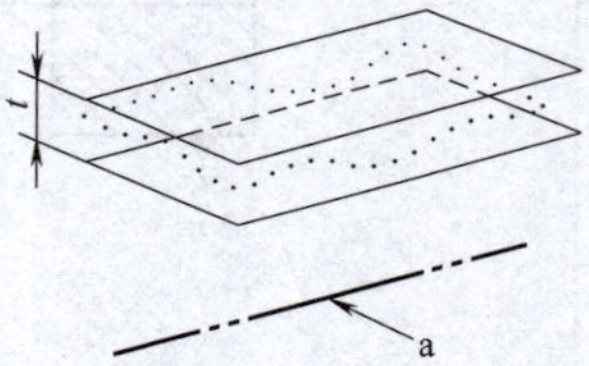 a——基准*C*

（续）

项目	标注示例	公差带定义
平行度	相对于基准面的平面平行度公差 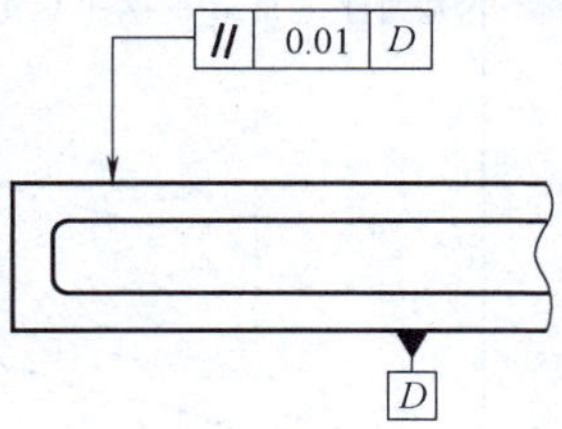 a) 2D 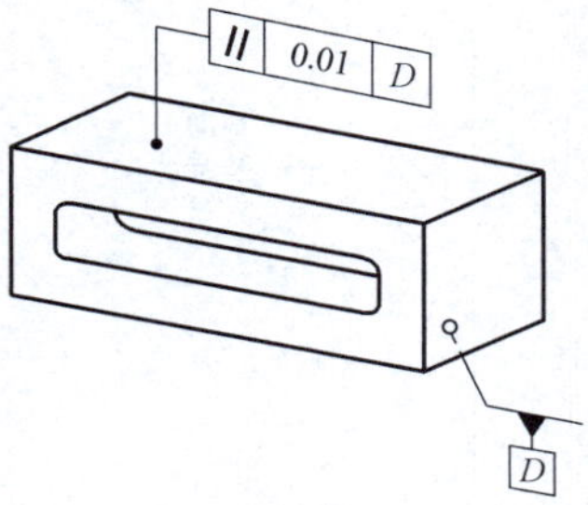 b) 3D 提取(实际)表面应限定在间距等于 0.01mm、平行于基准面 D 的两平行平面之间	公差带为间距等于公差值 t、平行于基准平面的两平行平面所限定的区域 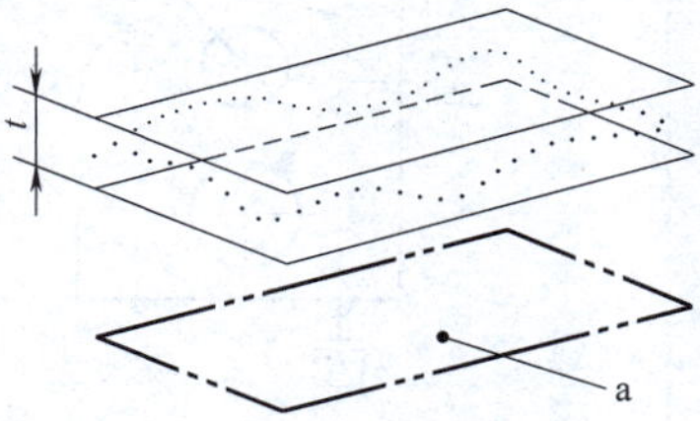 a —— 基准D
	相对于基准体系的中心线平行度公差 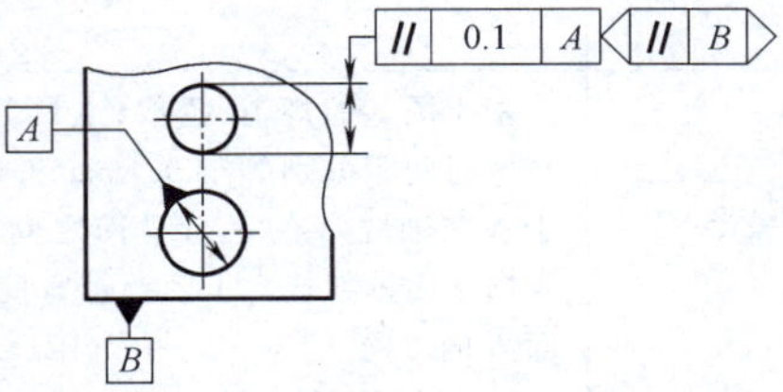 a) 2D 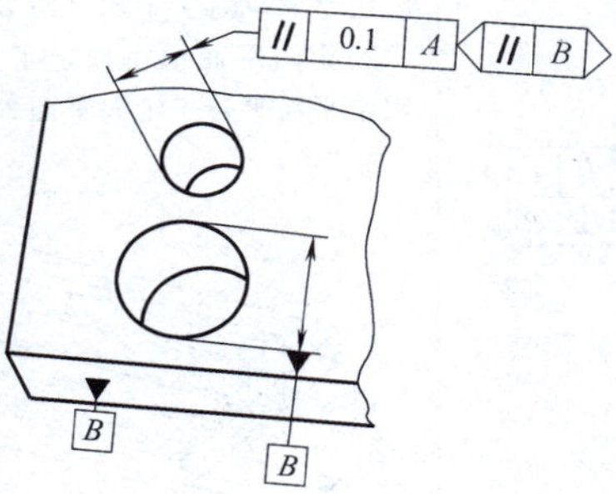 b) 3D 提取(实际)中心线应限定在间距等于 0.1mm、平行于基准轴线 A 的两平行平面之间。限定公差带的平面均平行于由定向平面框格规定的基准平面 B。基准 B 为基准 A 的辅助基准	公差带为间距等于公差值 t、平行于两基准且沿规定方向的两平行平面所限定的区域 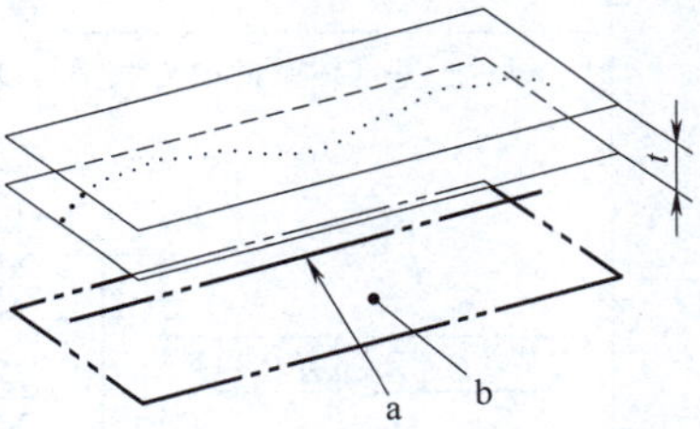 a —— 基准A; b —— 基准B

（续）

项目	标注示例	公差带定义
平 行 度	相对于基准体系的中心线平行度公差 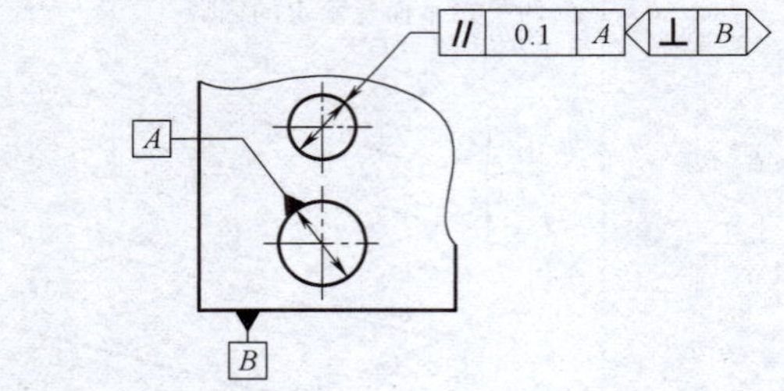 a) 2D 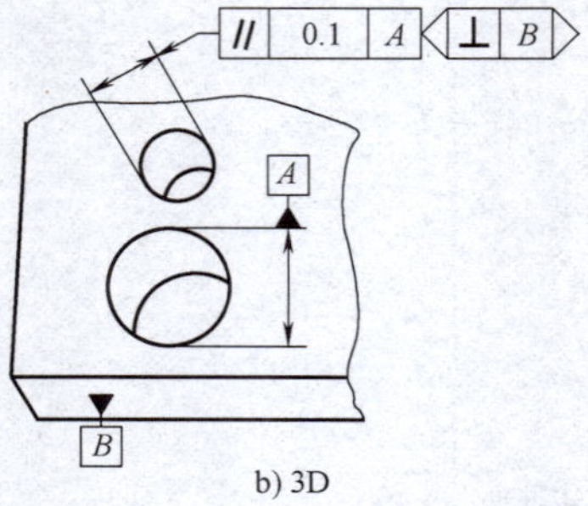 b) 3D 提取（实际）中心线应限定在间距等于 0. 1mm、平行于基准轴线 *A* 的两平行平面之间。限定公差带的平面均垂直于由定向平面框格规定的基准平面 *B*。基准 *B* 为基准 *A* 的辅助基准	公差带为间距等于公差值 *t*、平行于基准 *A* 且垂直于基准 *B* 的两平行平面所限定的区域 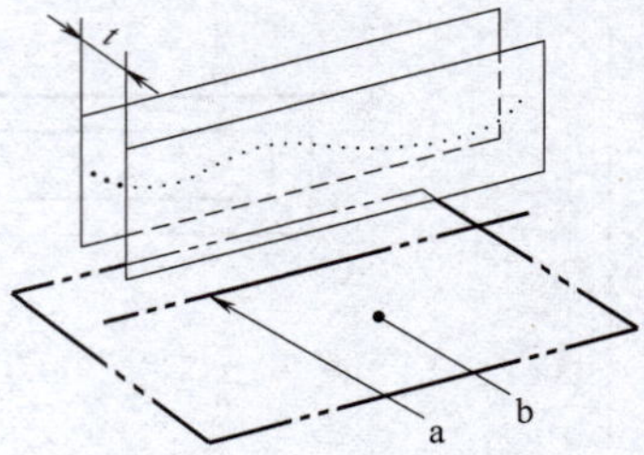 a —— 基准*A*; b —— 基准*B*
	相对于基准体系的中心线平行度公差 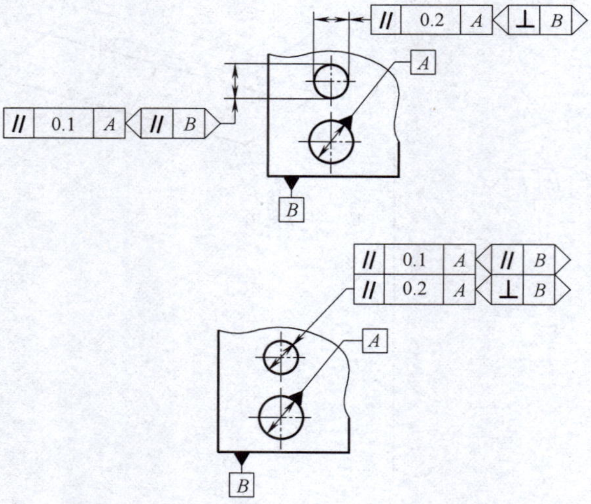 a) 2D	基于图 a 的规范，提取（实际）中心线应限定在两对间距分别等于 0. 1mm 和 0. 2mm，且平行于基准轴线 *A* 的平行平面之间，如图 b 所示。定向平面框格规定了公差带宽度相对于基准平面 *B* 的方向 1）定向平面框格规定了 0. 2mm 的公差带的限定平面垂直于定向平面 *B* 2）定向平面框格规定了 0. 1mm 的公差带的限定平面平行于定向平面 *B* 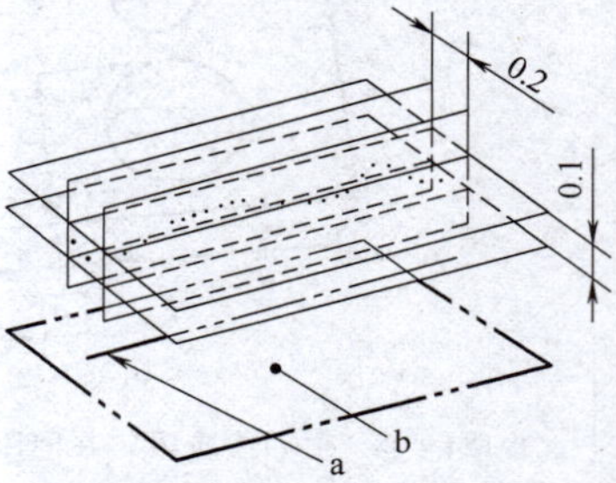 a —— 基准*A*; b —— 基准*B*

（续）

项目	标注示例	公差带定义
平行度	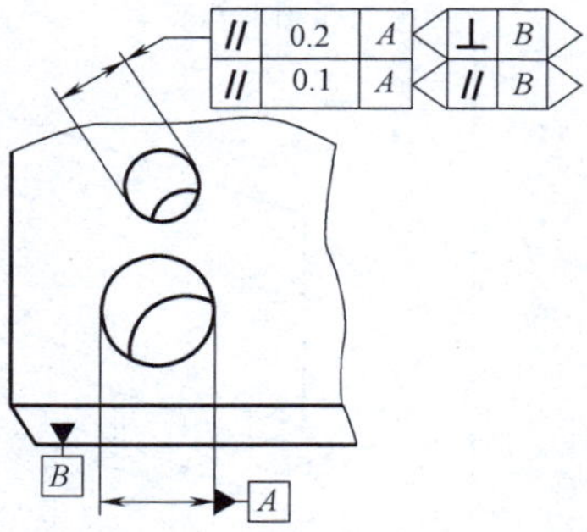 b) 3D 提取（实际）中心线应限定在两对间距分别等于公差值0.1mm和0.2mm，且平行于基准轴线 *A* 的平行平面之间。定向平面框格规定了公差带宽度相对于基准平面 *B* 的方向。基准 *B* 为基准 *A* 的辅助基准	
垂直度	相对于基准直线的中心线垂直度公差 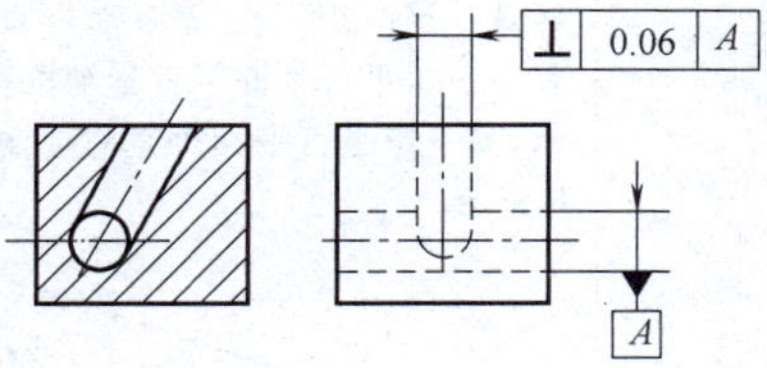 a) 2D 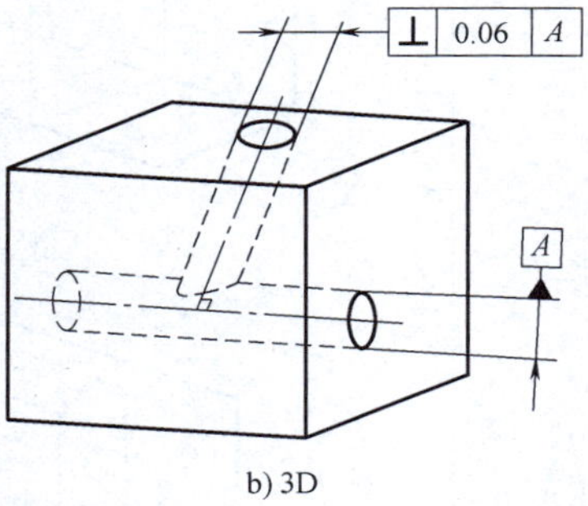 b) 3D 提取（实际）中心线应限定在间距等于0.06mm、垂直于基准轴线 *A* 的两平行平面之间	公差带为间距等于公差值且垂直于基准轴线的两平行平面所限定的区域 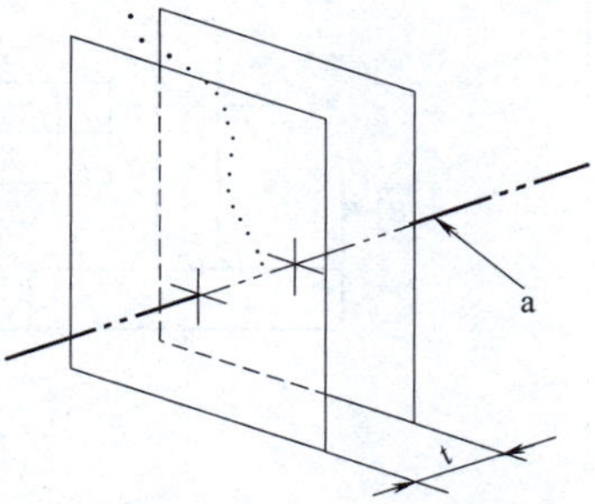 a——基准 *A*

（续）

项目	标注示例	公差带定义
	相对于基准体系的中心线垂直度公差 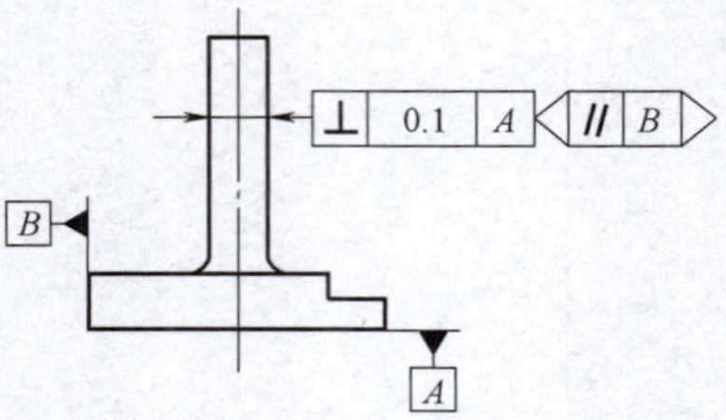 a) 2D 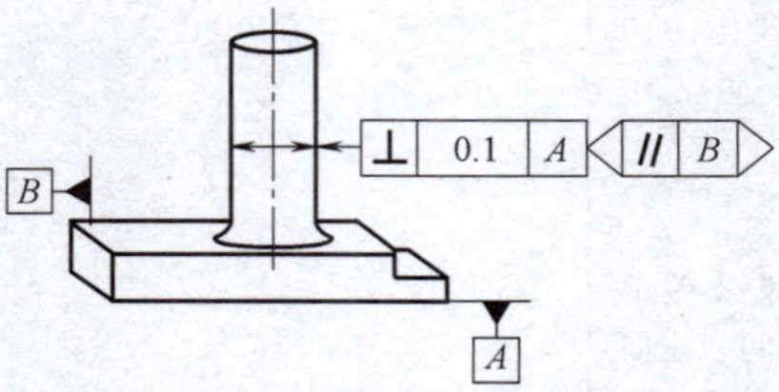 b) 3D 圆柱面的提取（实际）中心线应限定在间距等于 0.1mm 的两平行平面之间。该两平行平面垂直于基准平面 *A*，且方向由基准平面 *B* 规定。基准 *B* 为基准 *A* 的辅助基准	公差带为间距等于公差值 *t* 的两平行平面所限定的区域。该两平行平面垂直于基准平面 *A* 且平行于辅助基准 *B* 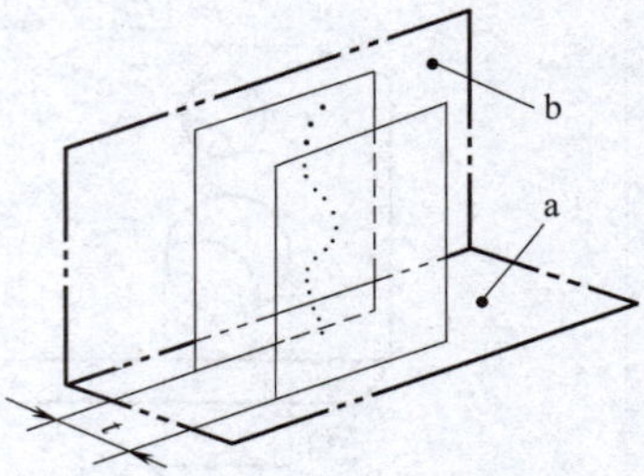 a——基准*A*； b——基准*B*
垂直度	相对于基准体系的中心线垂直度公差 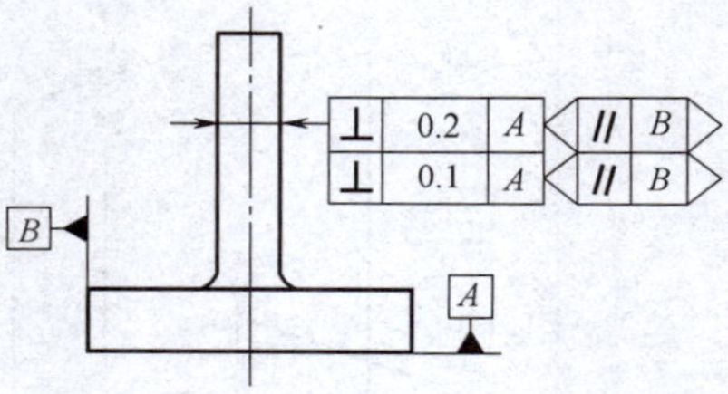 a) 2D 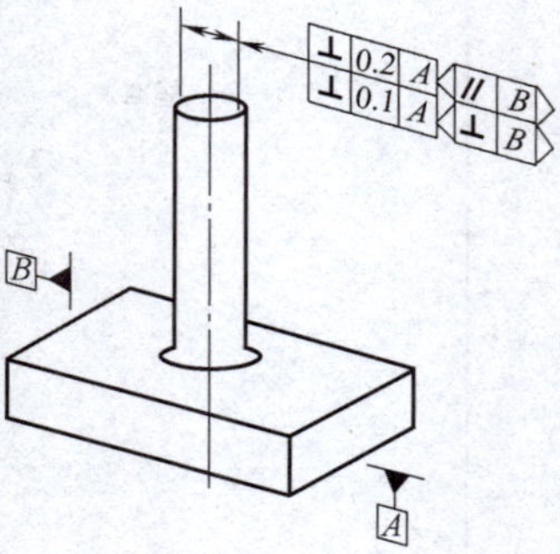 b) 3D 圆柱的提取（实际）中心线应限定在间距分别等于 0.1mm 与 0.2mm，且垂直于基准平面 *A* 的两组平行平面之间。公差带的方向使用定向平面框格由基准平面 *B* 规定。基准 *B* 是基准 *A* 的辅助基准	公差带为间距分别等于公差值 0.1mm 与 0.2mm，且相互垂直的两组平行平面所限定的区域。该两组平行平面都垂直于基准平面 *A*。其中一组平行平面平行于辅助基准 *B*，如图 a 所示，另一组平行平面则垂直于辅助基准 *B*，如图 b 所示 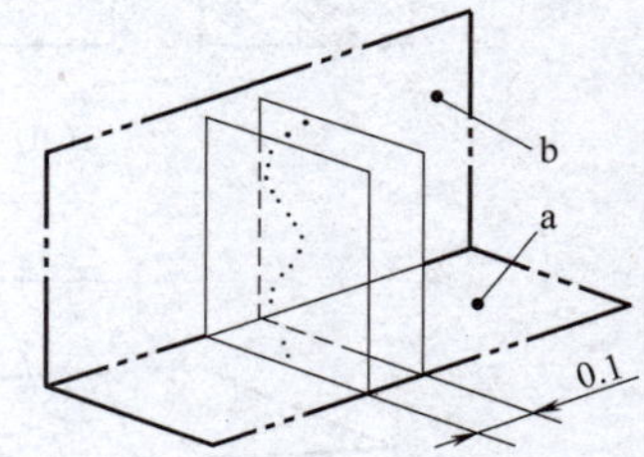 a) 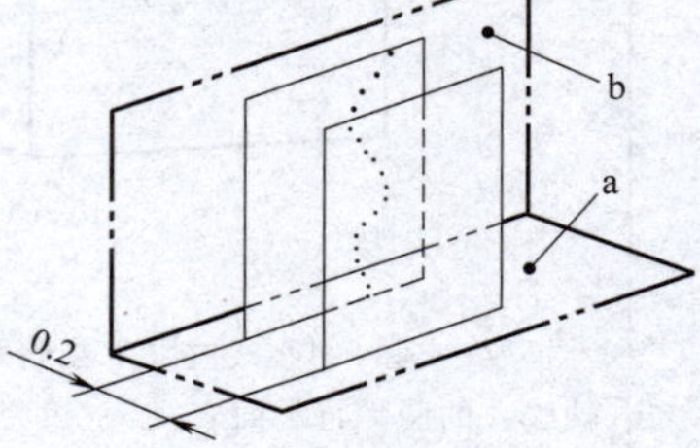 b) a——基准*A*； b——基准*B*

（续）

项目	标注示例	公差带定义
垂直度	相对于基准面的中心线垂直度公差 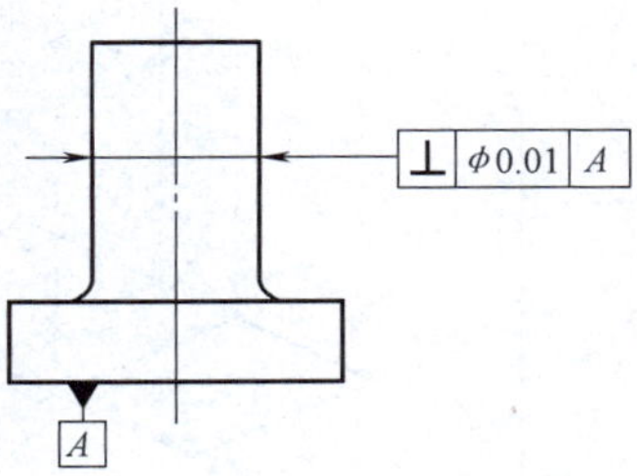 a) 2D 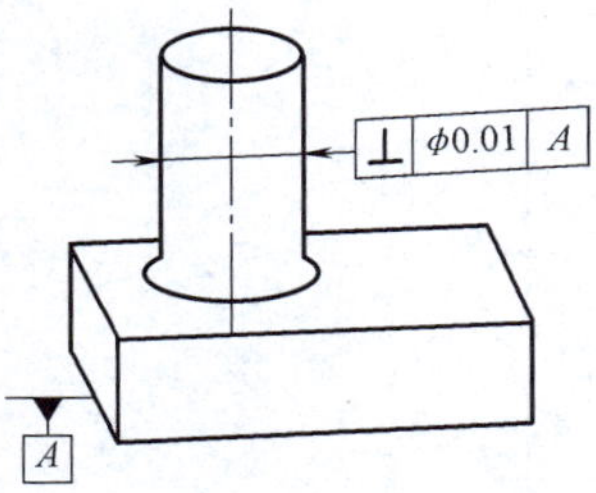 b) 3D 圆柱面的提取（实际）中心线应限定在直径等于 ϕ0.01mm、垂直于基准平面 *A* 的圆柱内	公差带为直径等于公差值 ϕ*t*，轴线垂直于基准平面的圆柱面所限定的区域 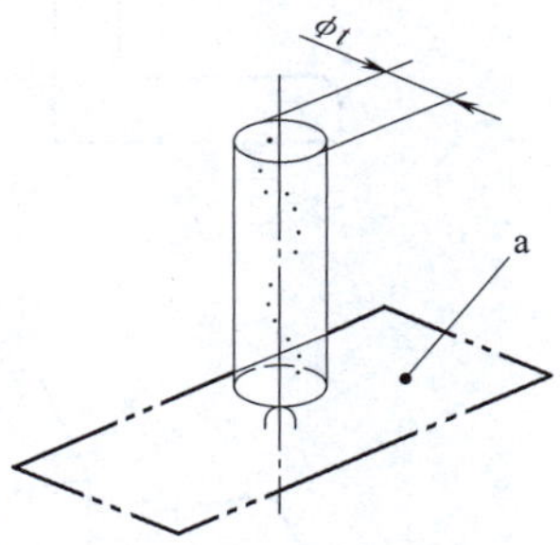 a——基准*A*
	相对于基准直线的平面垂直度公差 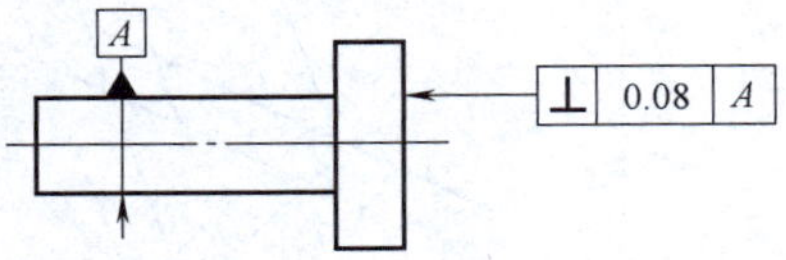 a) 2D 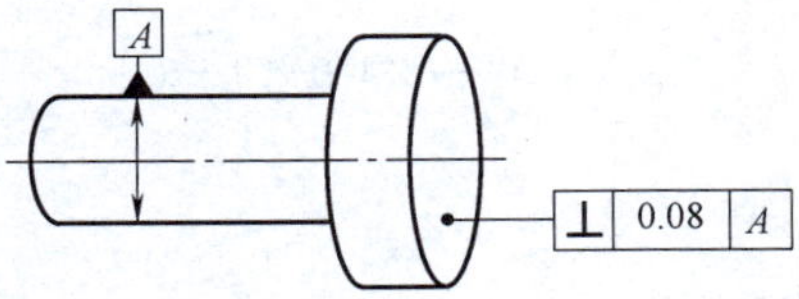 b) 3D 提取（实际）面应限定在间距等于 0.08mm 的两平行平面之间。该两平行平面垂直于基准轴线 *A*	公差带为间距等于公差值 *t* 且垂直于基准轴线的两平行平面所限定的区域 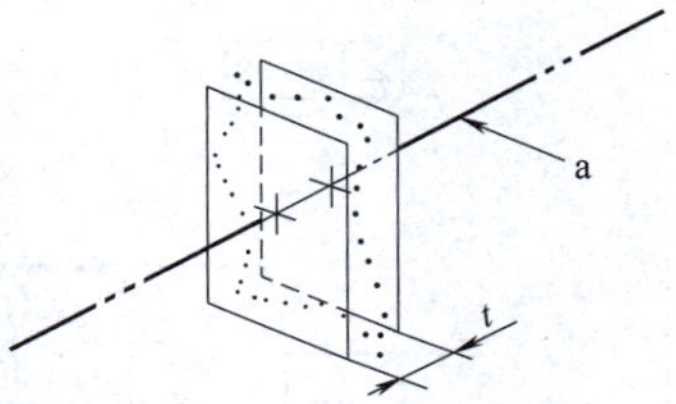 a——基准*A*

（续）

项目	标注示例	公差带定义
垂直度	相对于基准面的平面垂直度公差 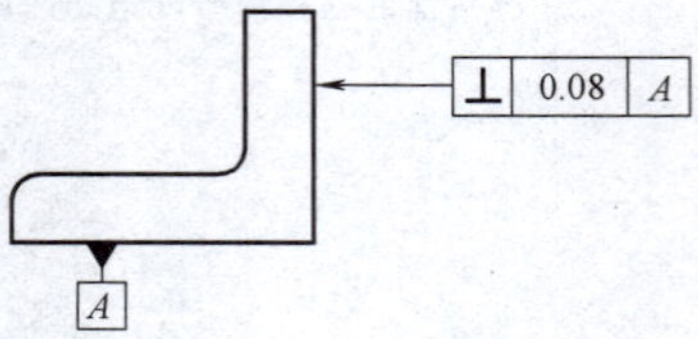 a) 2D 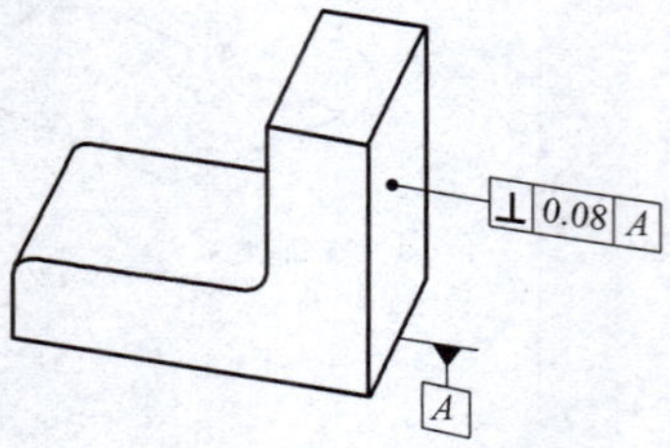 b) 3D 提取（实际）面应限定在间距等于 0.08mm、垂直于基准平面 A 的两平行平面之间	公差带为间距等于公差值、垂直于基准平面 *A* 的两平行平面所限定的区域 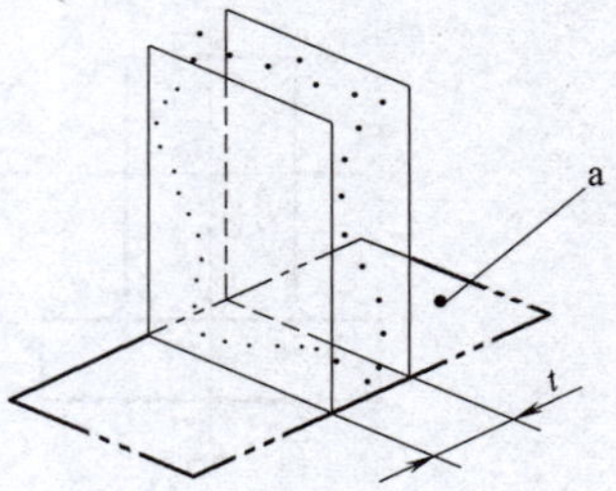 a —— 基准*A*
倾斜度	相对于基准直线的中心线倾斜度公差 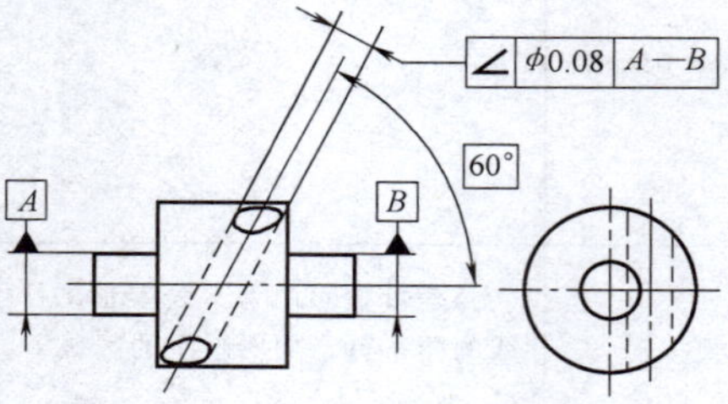 a) 2D 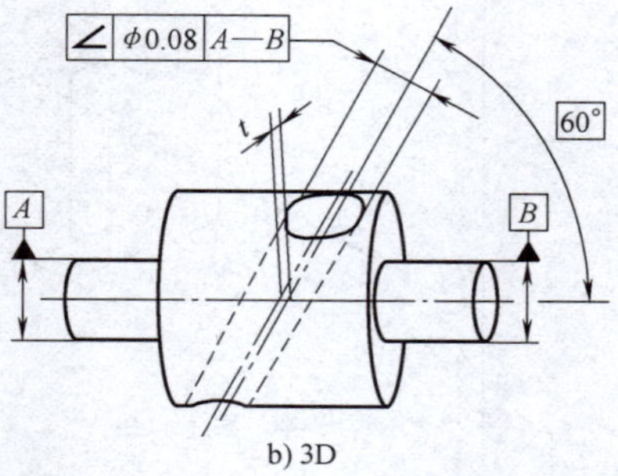 b) 3D 注：1. 图中给出的标注未定义绕基准轴线的公差带旋转要求，只规定了方向 2. 公差带相对于公共基准 *A*—*B* 的距离无约束要求 提取（实际）中心线应限定在间距等于 0.08mm 的两平行平面之间。该两平行平面按理论正确角度 60°倾斜于公共基准轴线 *A*—*B*	公差带为间距等于公差值 *t* 的两平行平面所限定的区域。该两平行平面按规定角度倾斜于基准轴线。被测线与基准线在不同的平面内 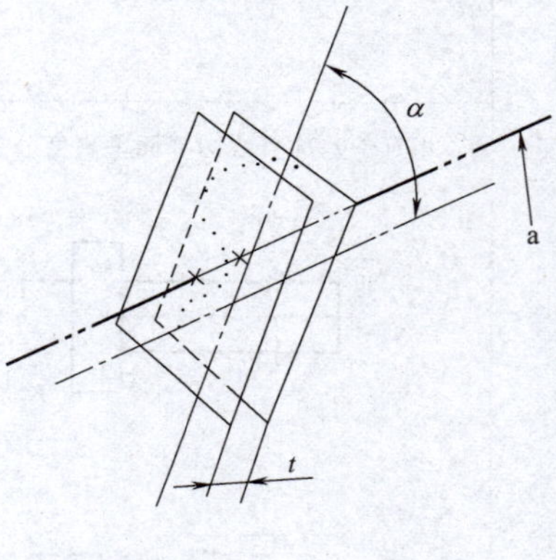 a —— 公共基准 *A*—*B*

（续）

项目	标注示例	公差带定义
倾斜度	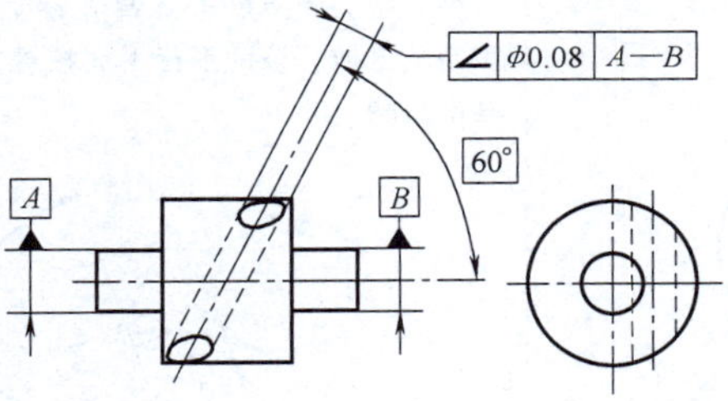 a) 2D 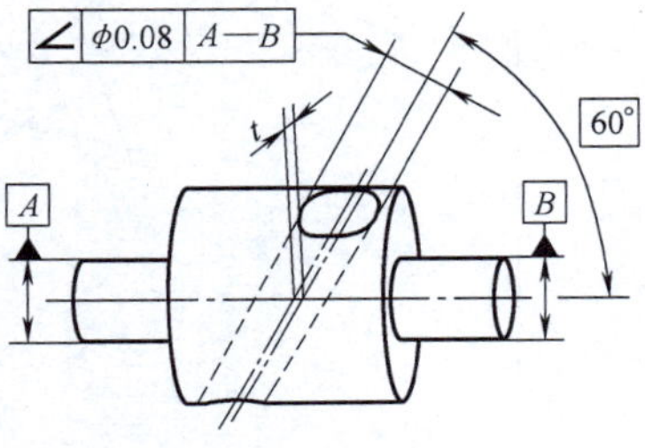 b) 3D 提取（实际）中心线应限定在直径等于 φ0.08mm 的圆柱面所限定的区域。该圆柱按理论正确角度 60°倾斜于公共基准轴线 *A—B*	公差带为直径等于公差值的圆柱面所限定的区域。该圆柱面按规定角度倾斜于基准。被测线与基准线在不同的平面内 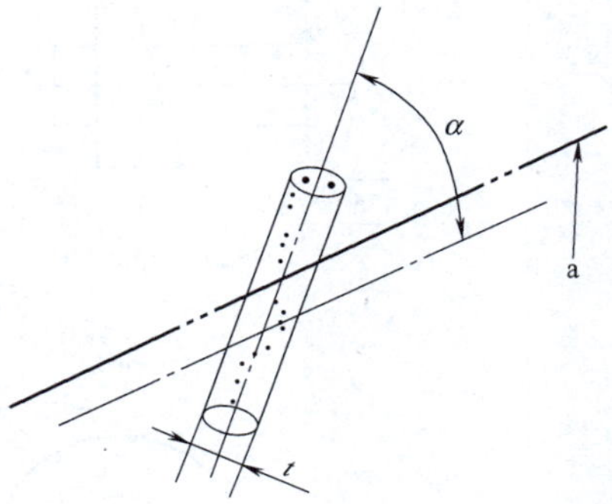 a——公共基准*A—B* 注：公差带相对于公共基准 *A—B* 的距离无约束要求
	相对于基准体系的中心线倾斜度公差 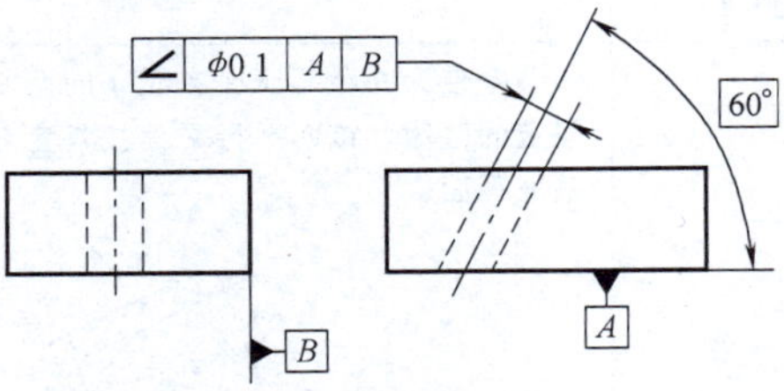 a) 2D 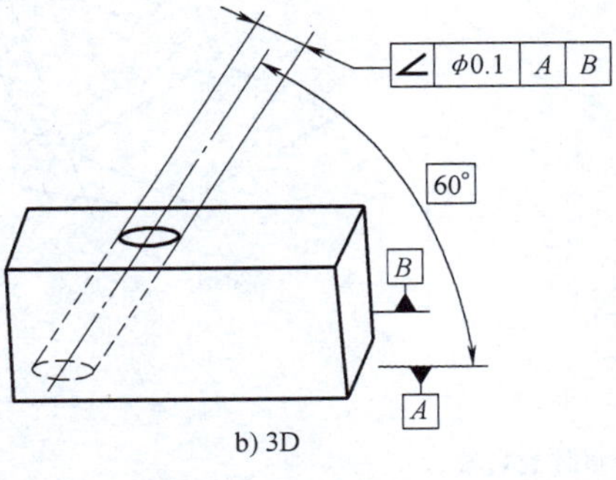 b) 3D 提取（实际）中心线应限定在直径等于 φ0.1mm 的圆柱面内。该圆柱面的中心线按理论正确角度 60°倾斜于基准平面 *A* 且平行于基准平面 *B*	公差带为直径等于公差值的圆柱面所限定的区域。该圆柱面公差带的轴线按规定角度倾斜于基准平面 *A* 且平行于基准平面 *B* 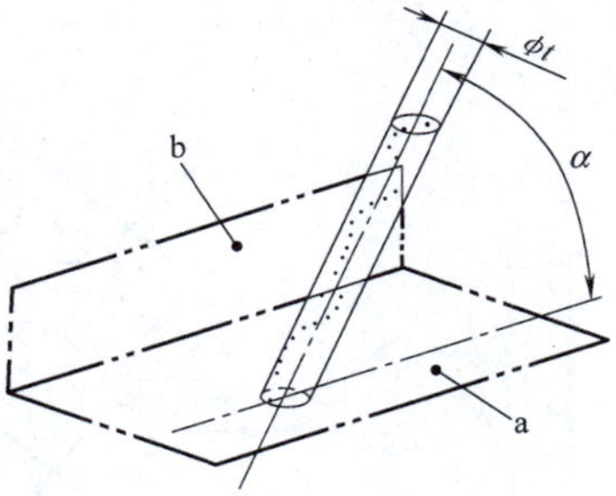 a—— 基准*A*； b—— 基准*B*

（续）

项目	标注示例	公差带定义
倾斜度	相对于基准直线的平面倾斜度公差 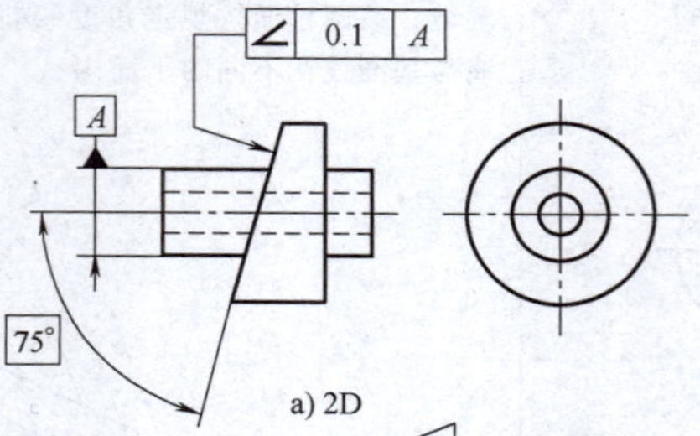 a) 2D 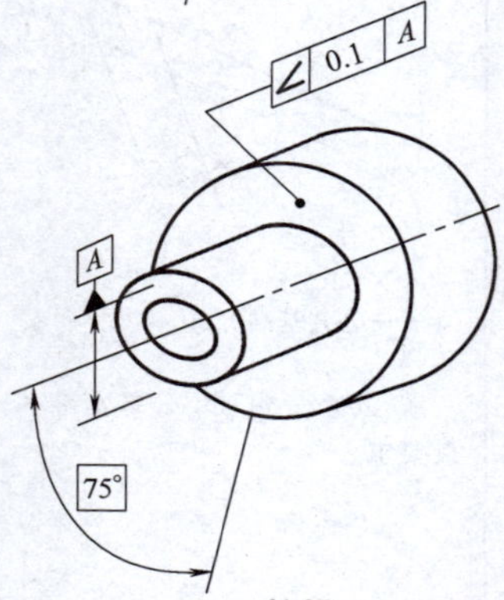 b) 3D 注:图中给出的标注未定义绕基准轴线的公差带旋转要求,只规定了方向 提取(实际)表面应限定在间距等于 0.1mm 的两平行平面之间。该两平行平面按理论正确角度 75°倾斜于基准轴线 *A*	公差带为间距等于公差值 *t* 的两平行平面所限定的区域。该两平行平面按规定角度倾斜于基准直线 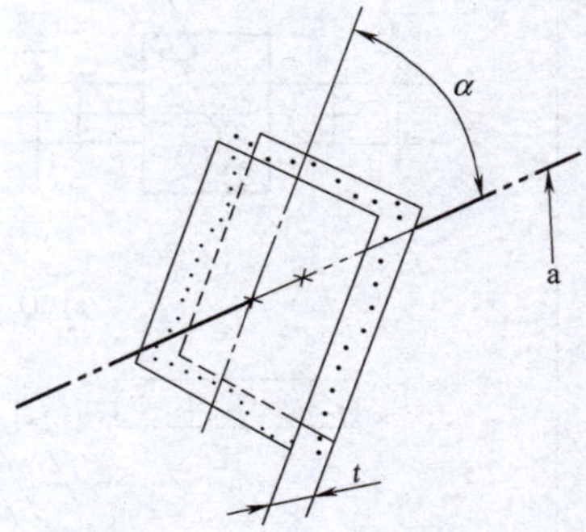 a —— 基准*A*
	相对于基准面的平面倾斜度公差 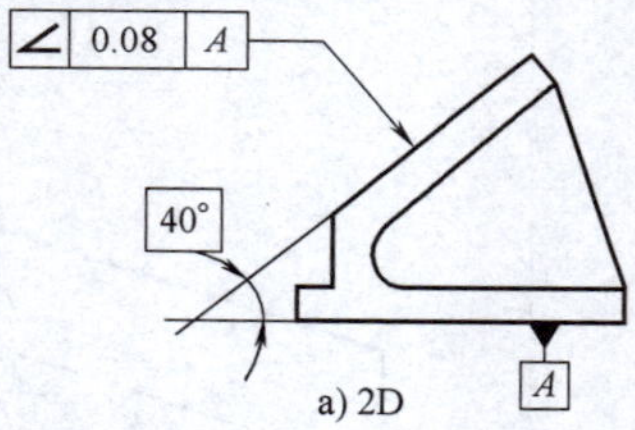 a) 2D 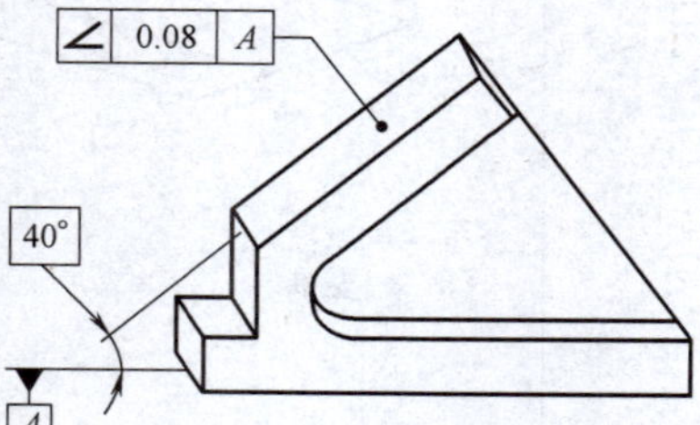 b) 3D 注:图中给出的标注未定义绕基准面法向的公差带旋转要求,只规定了方向 提取(实际)表面应限定在间距等于 0.08mm 的两平行平面之间。该两平行平面按理论正确角度 40°倾斜于基准平面 *A*	公差带为间距等于公差值 *t* 的两平行平面所限定的区域。该两平行平面按规定角度倾斜于基准平面 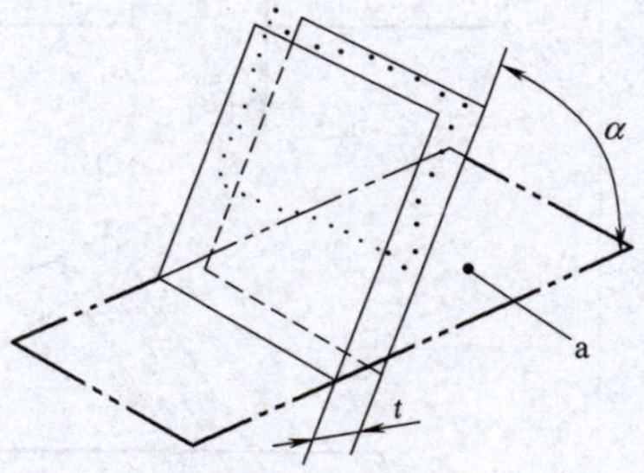 a —— 基准*A*

4.2.4 位置公差与公差带

位置公差是关联提取要素对基准在位置上所允许的变动全量。位置公差包括同轴度（对中心点称为同心度）、对称度和位置度，其公差带的定义、标注示例和解释见表 4-7。

表 4-7 位置公差带的定义、标注示例和解释

<table>
<tr><th>项目</th><th>标注示例</th><th>公差带定义</th></tr>
<tr><td rowspan="2">位置度</td><td>导出点的位置度公差
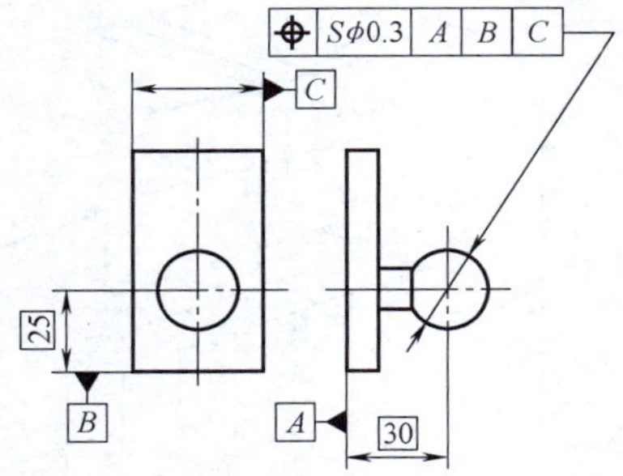

a) 2D
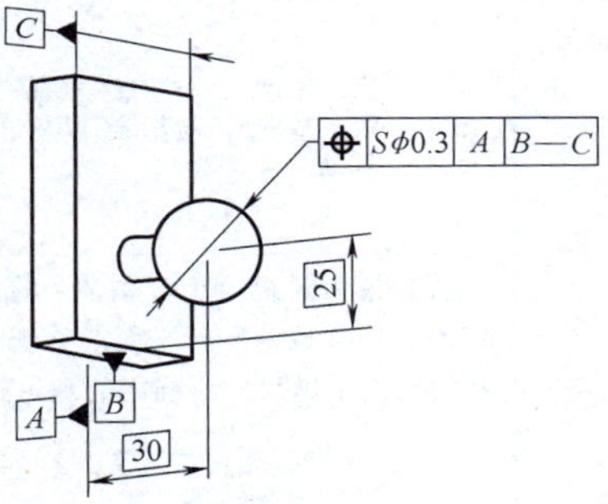

b) 3D
提取（实际）球心应限定在直径等于 Sϕ0.3mm 的圆球面内。该圆球面的中心与基准平面 A、基准平面 B、基准中心平面 C 及被测球所确定的理论正确位置一致
注：提取（实际）球心的定义尚未标准化</td><td>公差带为直径等于公差值 Sϕ0.3mm 的圆球面所限定的区域。该圆球面的中心位置由相对于基准 A、B、C 的理论正确尺寸确定
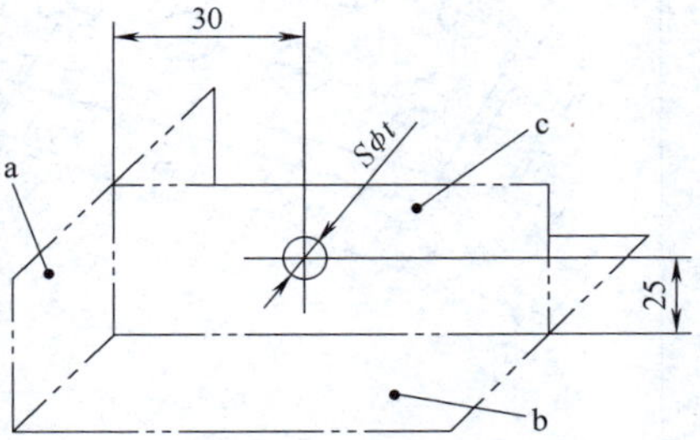

a—— 基准A；
b—— 基准B；
c—— 基准C</td></tr>
<tr><td>中心线的位置度公差
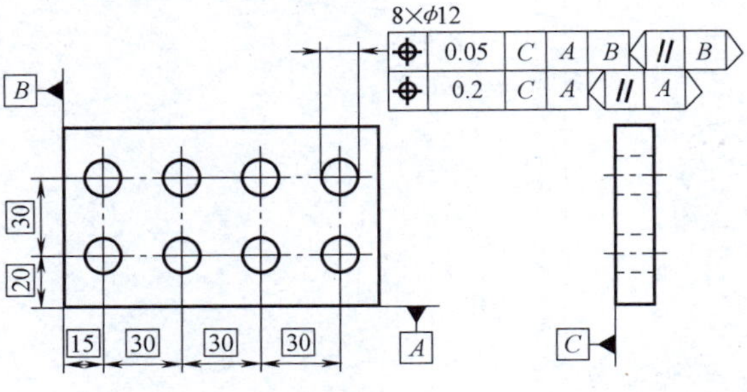

a) 2D</td><td>公差带为间距分别等于公差值 0.05mm 与 0.2mm、对称于理论正确位置的平行平面所限定的区域。该理论正确位置由相对于基准 C、A、B 的理论正确尺寸确定。该公差在基准体系的两个方向上给定</td></tr>
</table>

（续）

<table>
<tr><th>项目</th><th>标注示例</th><th>公差带定义</th></tr>
<tr><td rowspan="2">位置度</td><td>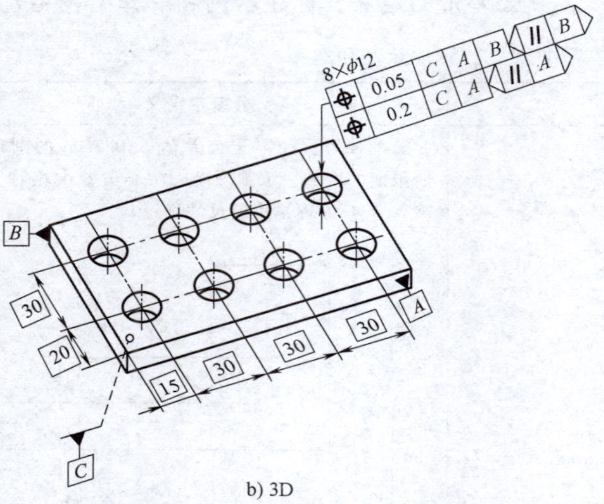
b) 3D
各孔的提取（实际）中心线在给定方向上应各自限定在间距分别等于 0.05mm 及 0.2mm，且相互垂直的两对平行平面内。每对平行平面的方向由基准体系确定，且对称于基准平面 *C*、*A*、*B* 及被测孔所确定的理论正确位置</td><td>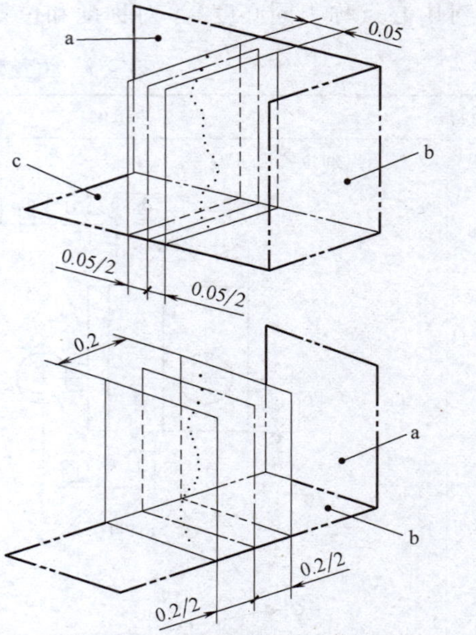
a —— 第二基准*A*，与基准*C*垂直；
b —— 第三基准*B*，与基准*C*以及第二基准*A*垂直；
c —— 基准*C*</td></tr>
<tr><td>平面的位置度公差
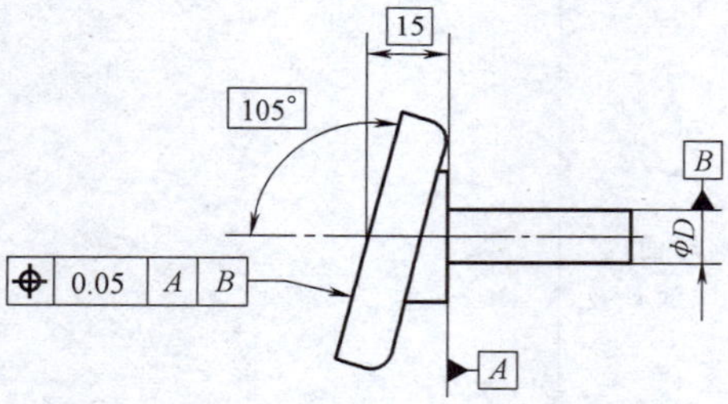
a) 2D
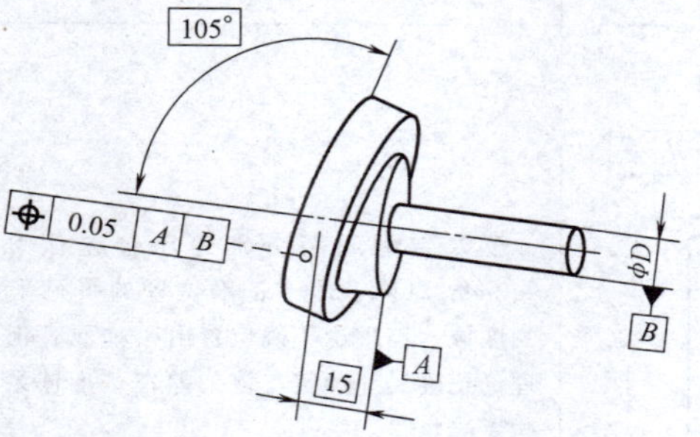
b) 3D
提取（实际）表面应限定在间距等于 0.05mm 的两平行平面之间。该两平行平面对称于由基准平面 *A*、基准轴线 *B* 与该被测表面所确定的理论正确位置</td><td>公差带为间距等于公差值 *t* 的两平行平面所限定的区域。该两平行平面对称于由相对于基准 *A*、*B* 的理论正确尺寸所确定的理论正确位置
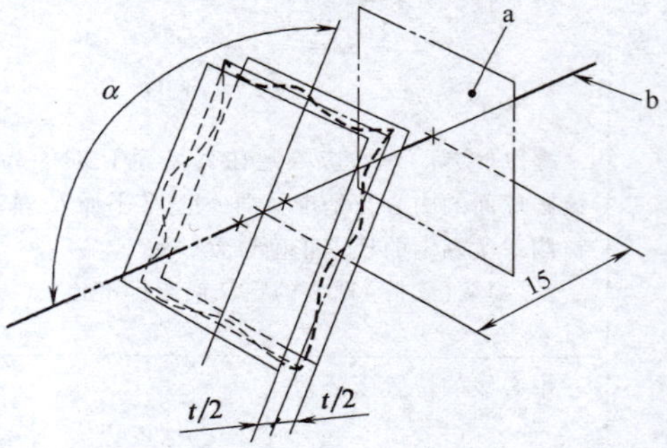
a —— 基准*A*；
b —— 基准*B*</td></tr>
</table>

（续）

项目	标注示例	公差带定义
同心度	点的同心度公差 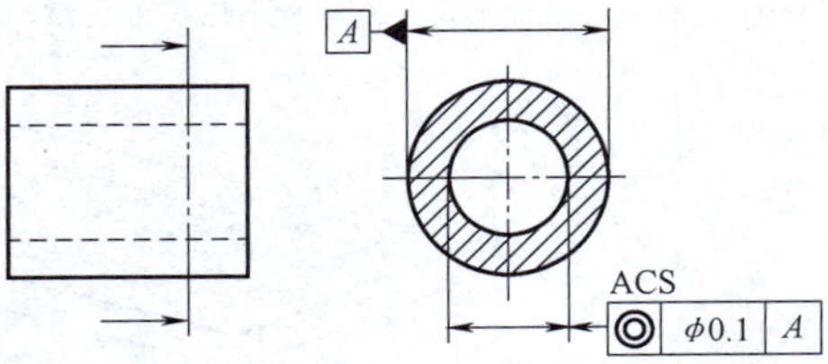 a) 2D 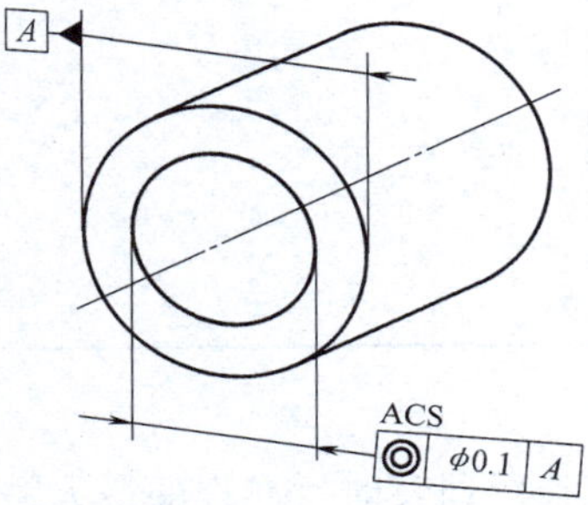 b) 3D 在任意横截面内，内圆的提取（实际）中心应限定在直径等于 ϕ0.1mm、以基准点 *A*（在同一横截面内）为圆心的圆周内	公差带为直径等于公差值 *t* 的圆周所限定的区域。公差值之前应使用符号“ϕ”。该圆周公差带的圆心与基准点重合 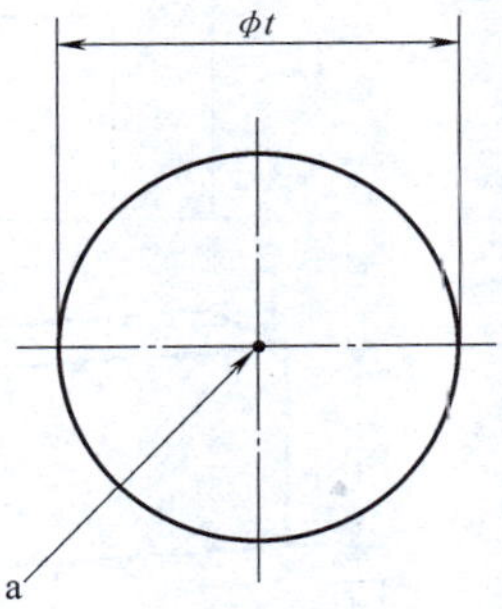 a —— 基准点*A*
同轴度	中心线的同轴度公差 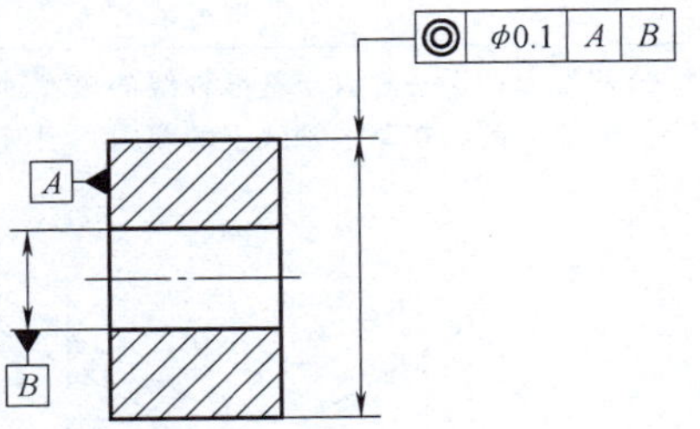 a) 2D 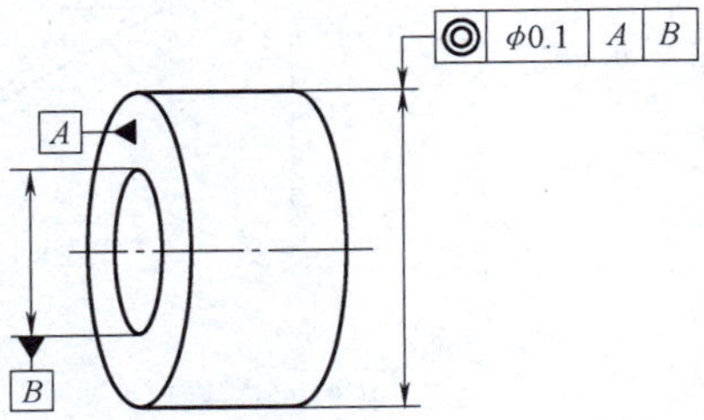 b) 3D 被测圆柱的提取（实际）中心线应限定在直径等于 ϕ0.1mm、以垂直于基准平面 *A* 的基准轴线 *B* 为轴线的圆柱面内	公差带为直径等于公差值的圆柱面所限定的区域。该圆柱面的轴线与基准轴线重合 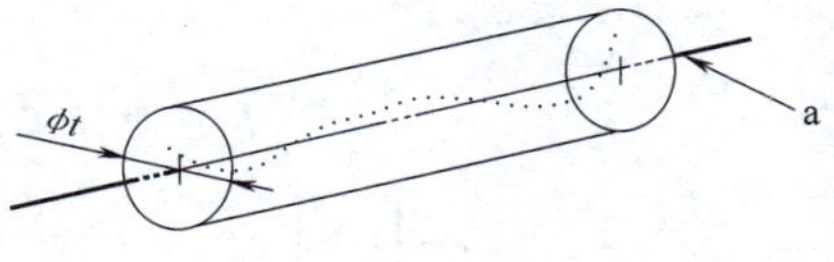

（续）

项目	标注示例	公差带定义
对称度	中心平面的对称度公差 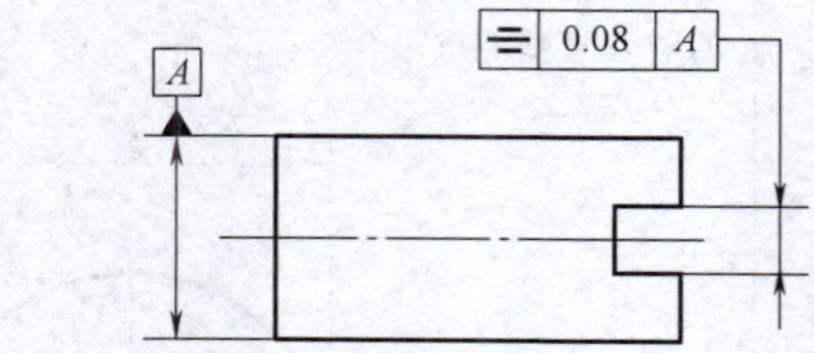 a) 2D 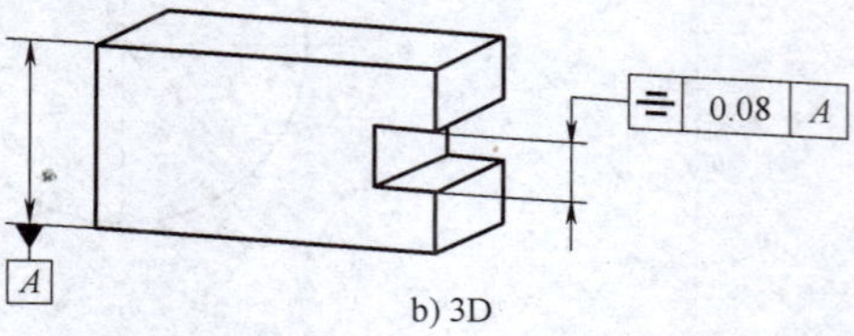 b) 3D 提取（实际）中心表面应限定在间距等于 0.08mm，对称于基准中心平面 A 的两平行平面之间	公差带为间距等于公差值 0.08mm、对称于基准中心平面的两平行平面所限定的区域 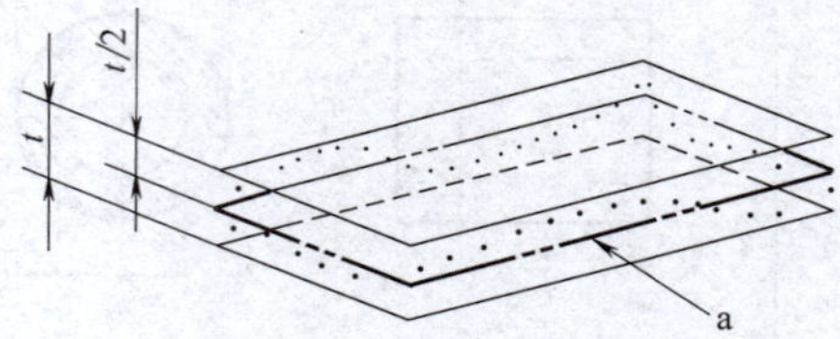 a—— 基准A

4.2.5　跳动公差与公差带

跳动公差是关联实际要素绕基准轴线回转一周或连续回转时所允许的最大跳动量。跳动公差分为圆跳动和全跳动。圆跳动是指被测要素在某个测量截面内相对于基准轴线的变动量；全跳动是指整个被测提取要素相对于基准轴线的变动量。其公差带的定义、标注示例和解释见表 4-8。

表 4-8　跳动公差带的定义、标注示例和解释

项目	标注示例	公差带定义
圆跳动	径向圆跳动公差 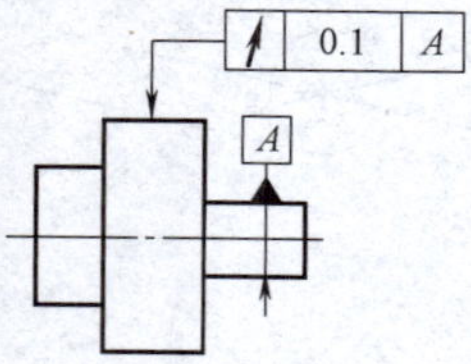 a) 2D 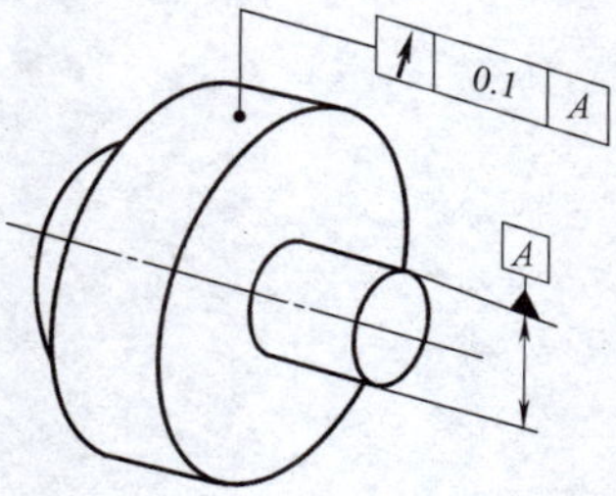 b) 3D 在任一垂直于基准轴线 A 的横截面内，提取（实际）线应限定在半径差等于 0.1mm、圆心在基准轴线 A 上的两共面同心圆之间	公差带为在任一垂直于基准轴线的横截面内、半径差等于公差值 t、圆心在基准轴线上的两同心圆所限定的区域 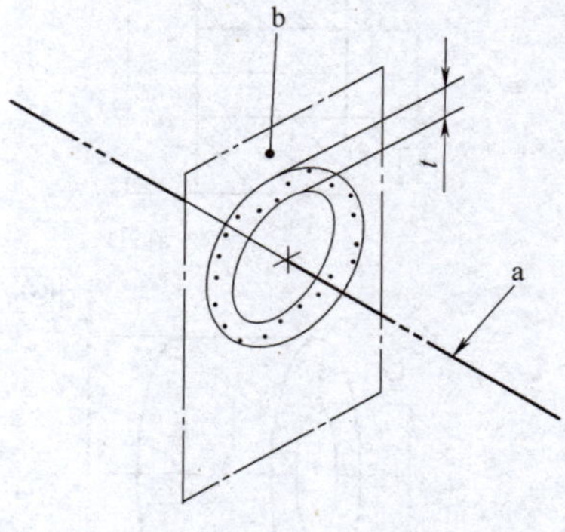 a—— 基准A； b—— 垂直于基准A的横截面

（续）

项目	标注示例	公差带定义
圆跳动	轴向圆跳动公差 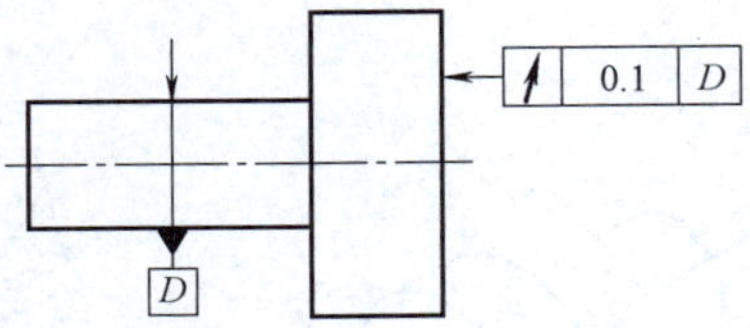 a) 2D 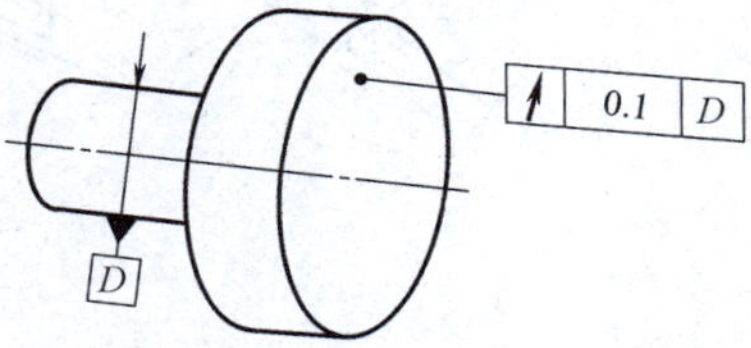 b) 3D 在与基准轴线 D 同轴的任一圆柱形截面上，提取（实际）圆应限定在轴向距离等于 0.1mm 的两个等圆之间	公差带为与基准轴线同轴的任一半径的圆柱截面上、间距等于公差值 0.1mm 的两圆所限定的圆柱面区域 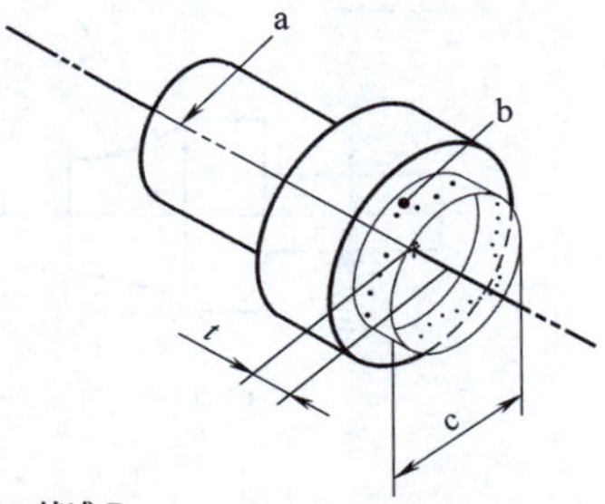 a —— 基准D； b —— 公差带； c —— 与基准D同轴的任意直径
	斜向圆跳动公差 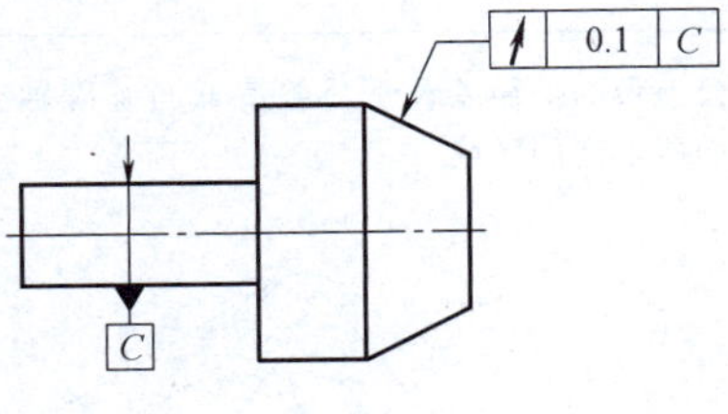 a) 2D 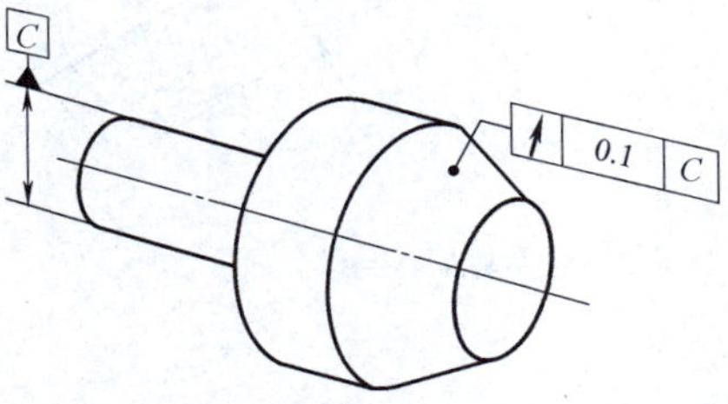 b) 3D 在与基准轴线 C 同轴的任一圆锥截面上，提取（实际）线应限定在素线方向间距等于 0.1mm 的两不等圆之间，并且截面的锥角与被测要素垂直	公差带为与基准轴线同轴的任一圆锥截面上、间距等于公差值 t 的两圆所限定的圆锥面区域 除非另有规定，公差带的宽度应沿规定几何要素的法向 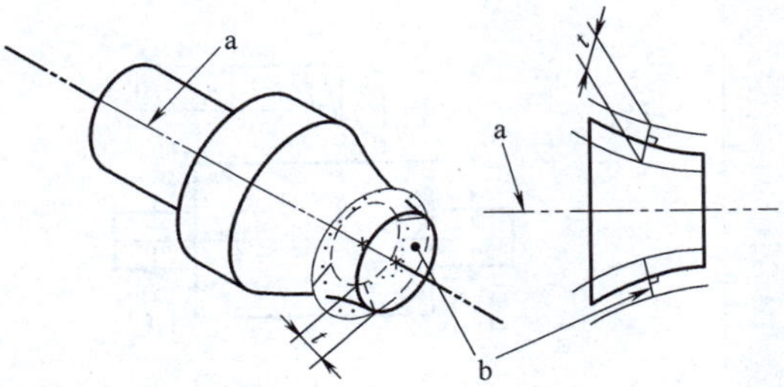 a —— 基准C； b —— 公差带

（续）

项目	标注示例	公差带定义
圆跳动	给定方向的圆跳动公差 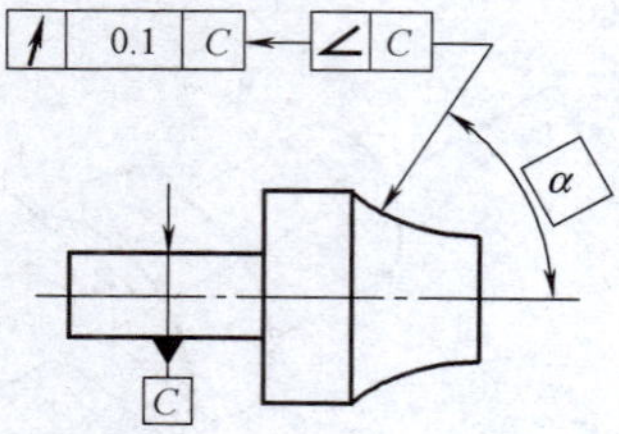 a) 2D 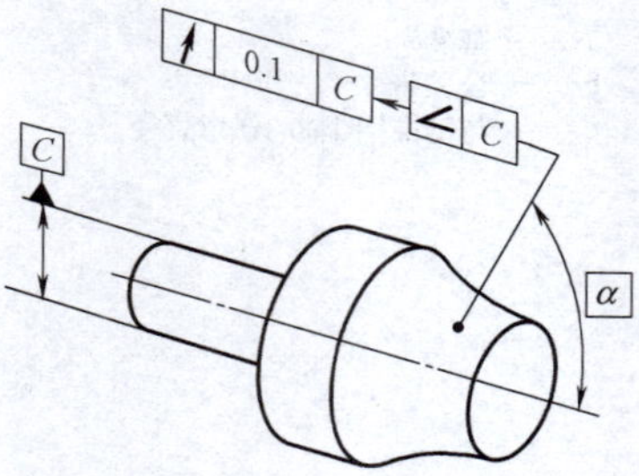 b) 3D 在相对于方向要素（给定角度 α）的任一圆锥截面上，提取（实际）线应限定在圆锥截面内间距等于 0. 1mm 的两圆之间	公差带为在轴线与基准轴线同轴的、具有给定锥角的任一圆锥截面上，间距等于公差值 t 的两不等圆所限定的区域 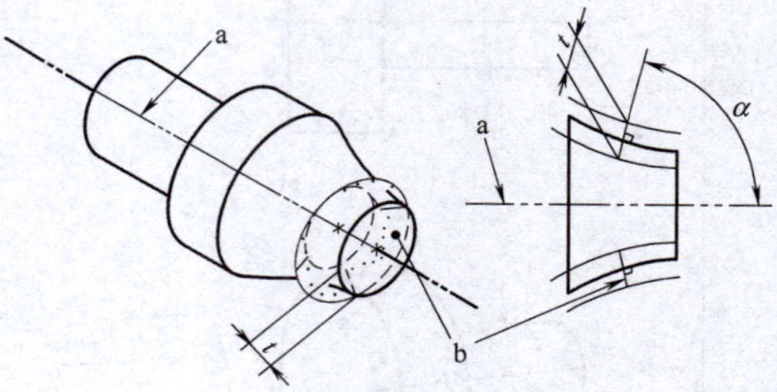 a —— 基准C； b —— 公差带
全跳动	径向全跳动公差 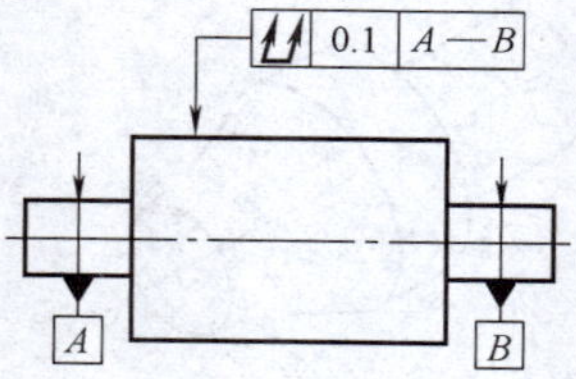 a) 2D 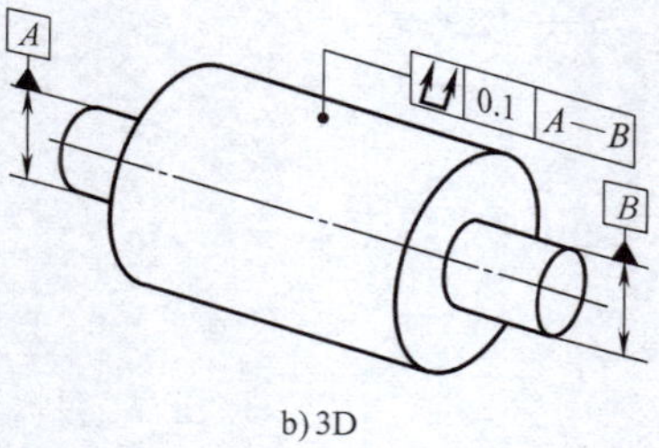 b) 3D 提取（实际）表面应限定在半径差等于 0. 1mm、与公共基准轴线 A—B 同轴的两圆柱面之间	公差带为半径差等于公差值 t、与基准轴线同轴的两圆柱面所限定的区域 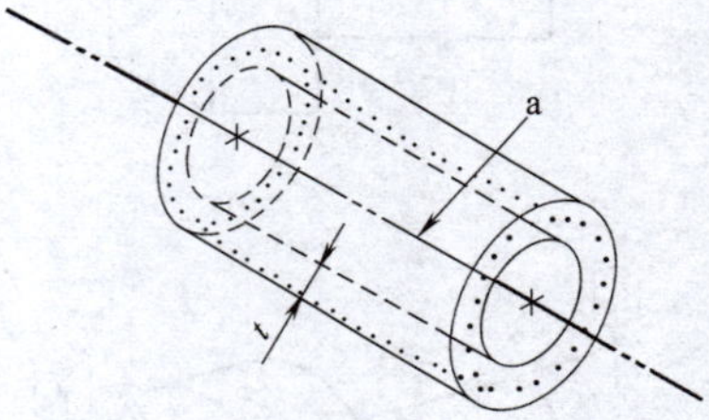 a —— 公共基准 A—B

（续）

项目	标注示例	公差带定义
全跳动	轴向全跳动公差 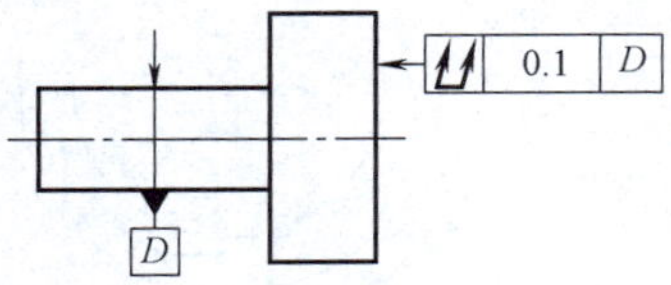 a) 2D 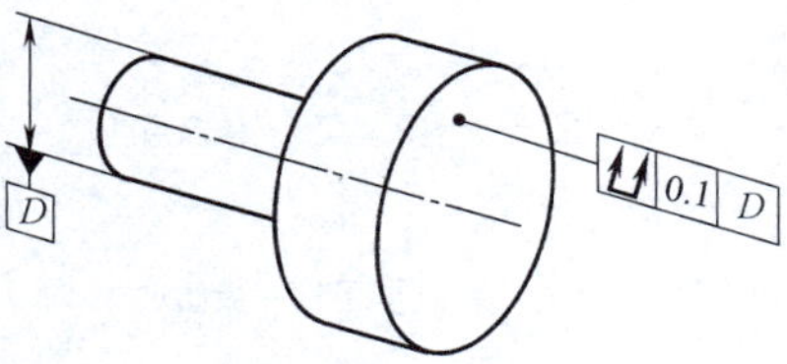 b) 3D 提取(实际)表面应限定在间距等于 0.1mm、垂直于基准轴线 D 的两平行平面之间 注:该描述与垂直度公差的含义相同	公差带为间距等于公差值 0.1mm、垂直于基准轴线的两平行平面所限定的区域 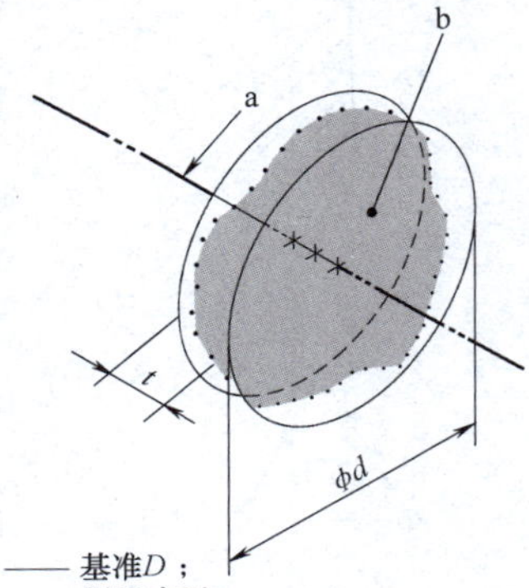 a —— 基准D； b —— 提取表面

4.3 几何误差及其评定

由于零件结构的形式多种多样，几何误差的项目又较多，所以其检测方法也很多。为了能正确地测量几何误差和合理地选择检测方案，国家标准 GB/T 1958—2017《产品几何技术规范（GPS） 几何公差 检测与验证》规定了几何误差评定的方法。

4.3.1 形状误差及其评定

形状误差是被测提取（实际）要素的形状对其拟合（理想）要素的变动量。当被测提取实际要素与拟合要素进行比较时，由于拟合要素所处的位置不同，得到的最大变动量也会不同。为了正确和统一地评定形状误差，就必须明确拟合要素的位置，即规定形状误差的评定准则。

1. 形状误差的评定准则——最小条件

最小条件是指被测实际要素对其拟合要素的最大变动量为最小。如图 4-14 所示，拟合直线 Ⅰ、Ⅱ、Ⅲ处于不同的位置，被测要素相对于拟合要素的最大变动量分别为 f_1、f_2、f_3，且 $f_1<f_2<f_3$，所以拟合直线 Ⅰ 的位置符合最小条件。

2. 形状误差的评定方法——最小区域法

形状误差值用拟合要素的位置符合最小条件的最小包容区域的宽度或直径表示。最小包容区域是指包容被测提取要素时，具有最小宽度 f 或直径 ϕf 的包容区域。最小包容区域的形状与其公差带相同。

最小区域是根据被测实际要素与包容区域的接触状态判别的。如评定给定平面内的直线度误差，包容区域为两条平行直线，实际直线应至少与包容直线有两高夹一低，或两低夹一高三点接触，这个包容区就是最小区域 S，如图 4-14a 所示。评定圆度误差时，包容区域为

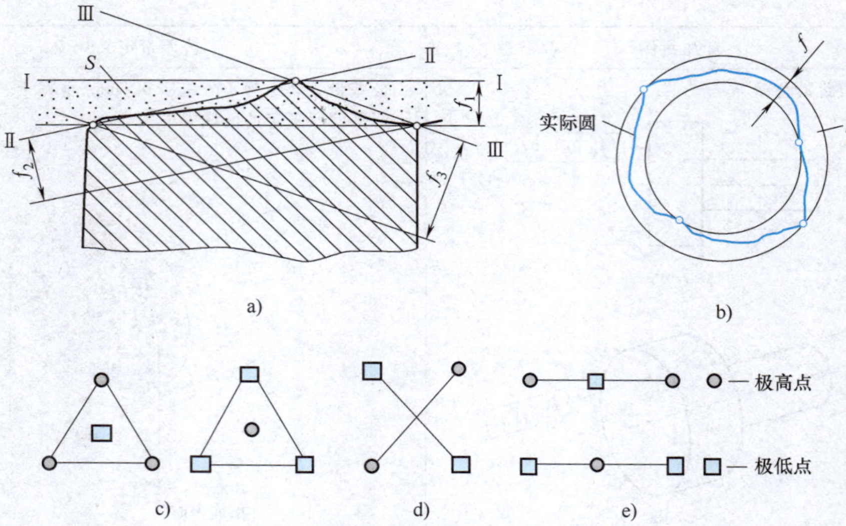

图 4-14　最小条件和最小区域

两同心圆间的区域，实际圆轮廓应至少有内外交替四点与两包容圆接触，如图 4-14b 所示的最小区域 S。

评定平面误差时，包容区域为两平行平面间的区域，多数情况下，被测平面至少有三点或四点按下列三种准则之一分别与两平行平面接触。

（1）三角形准则　三个极高点与一个极低点（或相反），其中一个极低点（或极高点）位于三个极高点（或极低点）构成的三角形之内，如图 4-14c 所示。

（2）交叉准则　两个极高点的连线与两个极低点的连线在包容平面上的投影相交，如图 4-14d 所示。

（3）直线准则　两平行包容平面与实际被测表面接触为高低相间的三点，且它们在包容平面上的投影位于同一直线上，如图 4-14e 所示。

【例 4-1】　用合像水平仪测量一窄长平面的直线度误差，仪器的分度值为 0.01mm/m，选用的桥板节距 $L=165$mm，测量读数值见表 4-9，要求用作图法求被测平面的直线度误差。表 4-9 中相对值为 a_0-a_i，a_0 可取任意数，但要有利于数字的简化，以便作图，本例取 $a_0=497$ 格，累积值为将各点相对值顺序累加。

表 4-9　测量读数值　（单位：格）

测点序号	0	1	2	3	4	5
读数值 a_i	—	497	495	496	495	499
相对值 a_0-a_i	0	0	+2	+1	+2	−2
累积值	0	0	+2	+3	+5	+3

解： 作图方法为：以 0 点为原点，累积值（格数）为纵坐标 y，测量顺序为横坐标 x，按适当的比例建立直角坐标系。根据各测点对应的累积值在坐标上描点，将各点依次用直线连接起来，即得误差折线，如图 4-15 所示。

（1）用最小包容区域法评定误差值（图 4-15a）　若两平行包容直线与误差图形的接触

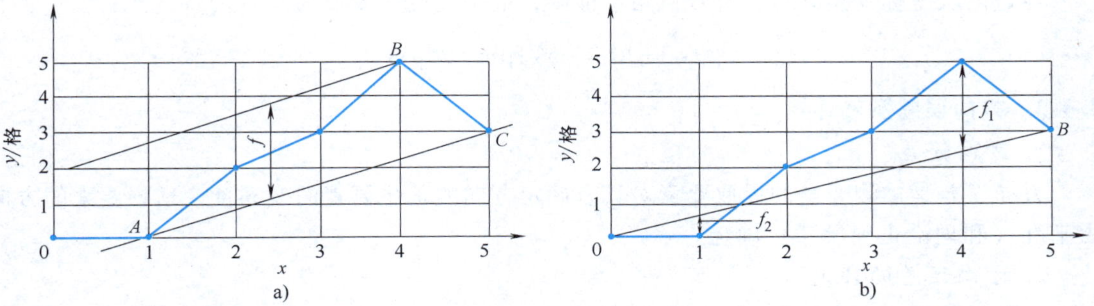

图 4-15　误差折线图

状态符合相间准则（即符合“两高夹一低”或“两低夹一高”的判断准列）时，此两平行包容直线沿纵坐标方向的距离为直线度误差格数。显然，在图 4-15a 中，点 A、点 C 属最低点，点 B 为夹在点 A、点 C 间的最高点，故 AC 连线和过点 B 且平行于 AC 连线的直线是符合相间准则的两平行包容直线，两平行线沿纵坐标方向的距离为 2.8 格，故按最小包容区域法评定的直线度误差为

$$f_{包} = 0.01Lf = 0.01 \times 165 \times 2.8\mu m = 4.62\mu m$$

（2）用两端点的连线法评定误差值（图 4-15b）　以折线首尾两点的连线作为评定基准（理想要素），折线上最高点和最低点到该连线的 y 坐标绝对值之和，就是直线度误差的格数，即

$$f_{端} = 0.01L(f_1 + f_2) = 0.01 \times 165 \times (2.5 + 0.6)\mu m = 5.115\mu m$$

一般情况下，两端点连线法的评定结果大于最小包容区域法，即 $f_{端} > f_{包}$。只有当误差图形位于两端点连线的一侧时，两种方法的评定结果才相同。但按 GB/T 1958—2017《产品几何技术规范（GPS）　几何公差　检测与验证》的规定，有时允许用两端点连线法来评定直线度误差，但如发生争议，则以最小包容区域法来仲裁。

【例 4-2】　用打表法测量一块 350mm×350mm 的平板，各测值的读数（单位：μm）如图 4-16 所示，用最小包容区域法求平面度误差值。

a_1	a_2	a_3
b_1	b_2	b_3
c_1	c_2	c_3

=

0	+15	+7
−12	+20	+4
+5	−10	+2

图 4-16　各测值的读数

解：用最小包容区域法求平面度误差值：将第一列的数都+7，而将第三列的数都−7，将结果列表后，再将第一行都−5，而将第三行都+5，将结果列表，如图 4-17 所示。

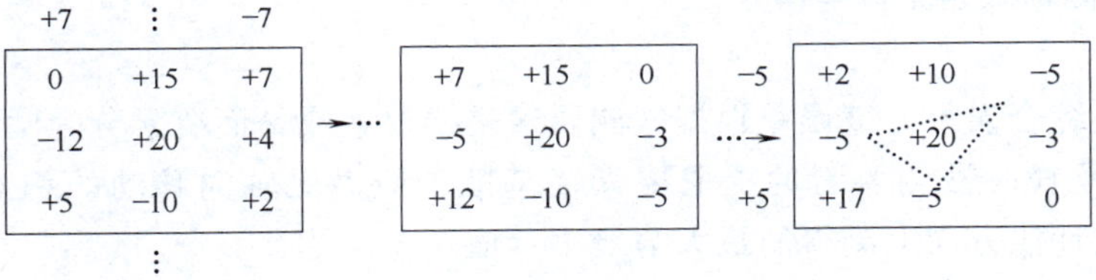

图 4-17　用最小包容区域法求平面度误差值

经过两次坐标变换之后，符合三角形准则，故平面度误差值为

$$f = |+20-(-5)|\mu m = 25\mu m$$

4.3.2 方向误差及其评定

1. 方向误差

方向误差是被测要素的提取要素对具有确定方向的理想要素的变动量，理想要素的方向由基准（和理论正确尺寸）确定。

2. 方向误差的评定

方向误差值用定向最小包容区域（简称定向最小区域）的宽度或直径表示。定向最小区域是指用由基准和理论正确尺寸确定方向的理想要素包容被测要素的提取要素时，具有最小宽度 f 或直径 d 的包容区域，如图 4-18 所示。

注意：各方向误差项目的定向最小区域形状分别与各自的公差带形状一致，但宽度（或直径）由被测提取要素本身决定。

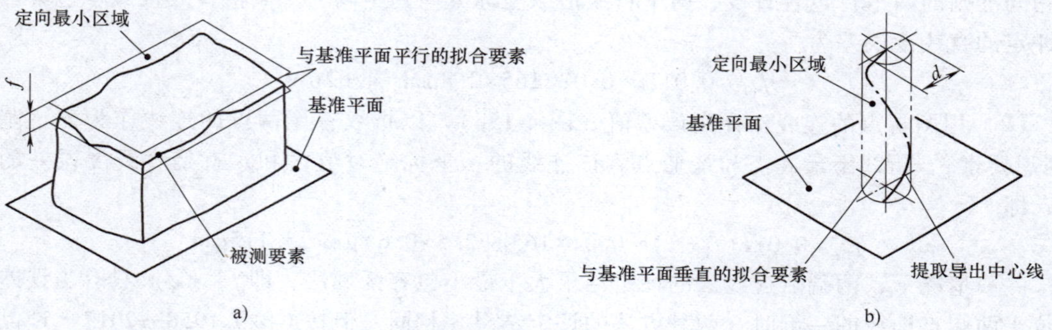

图 4-18 定向最小区域

a）误差值为最小区域的宽度 b）误差值为最小区域的直径

4.3.3 位置误差及其评定

1. 位置误差

位置误差是被测要素的提取要素对具有确定位置的理想要素的变动量，理想要素的位置由基准和理论正确尺寸确定。

2. 位置误差的评定

位置误差值用定位最小包容区域（简称定位最小区域）的宽度 f 或直径 d 表示。定位最小区域是指用由基准和理论正确尺寸确定位置的理想要素包容被测要素的提取要素时，具有最小宽度 f 或直径 d 的包容区域，如图 4-19 所示。

注意：各位置误差项目的定位最小区域形状分别与各自的公差带形状一致，但宽度（或直径）由被测提取要素本身决定。

4.3.4 跳动

跳动是一项综合误差，该误差根据被测要素是线要素或是面要素分为圆跳动和全跳动。

1）圆跳动是任一被测要素的提取要素绕基准轴线做无轴向移动的相对回转运动一周时，测头在给定计值方向上测得的最大与最小示值之差。

2）全跳动是被测要素的提取要素绕基准轴线做无轴向移动的相对回转运动一周，同时

测头沿给定方向的理想直线连续移动过程中，由测头在给定计值方向上测得的最大与最小示值之差。

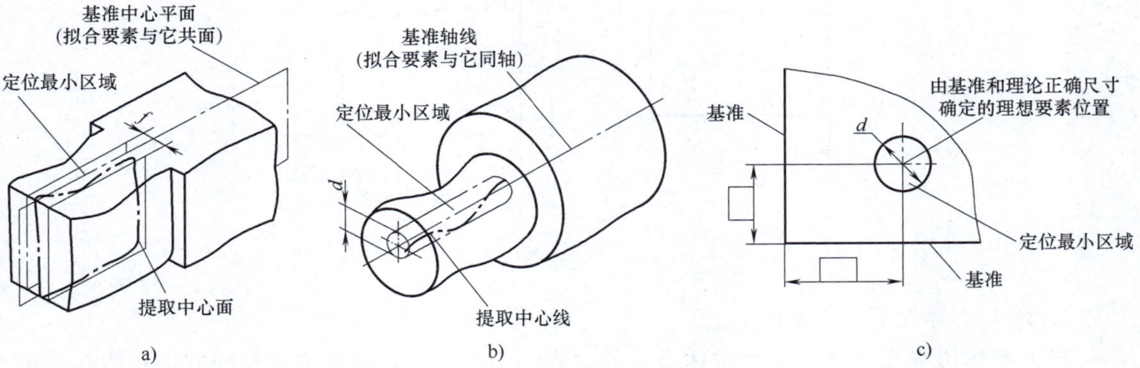

图 4-19 定位最小区域

a）误差值为最小区域的宽度 b）误差值为最小区域的直径 c）误差值为最小区域的直径

4.4 公差原则

公差原则是确定零件的形状、位置公差和尺寸公差之间相互关系的原则。它分为独立原则和相关要求。目前，公差原则的国家标准有：GB/T 4249—2018《产品几何技术规范（GPS）基础 概念、原则和规则》和 GB/T 16671—2018《产品几何技术规范（GPS） 几何公差 最大实体要求（MMR）、最小实体要求（LMR）和可逆要求（RPR）》。

4.4.1 有关术语定义

1. 作用尺寸

(1) 体外作用尺寸（D_{fe}、d_{fe}） 在被测要素的给定长度上，与实际内表面（孔）体外相接的最大拟合面，或与实际外表面（轴）体外相接的最小拟合面的直径或宽度，如图 4-20 所示。

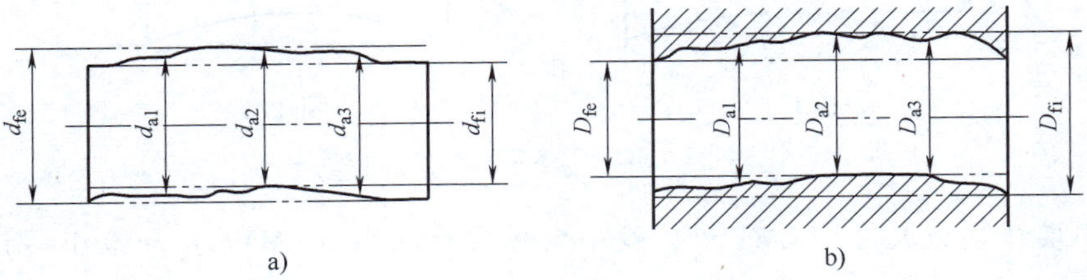

图 4-20 体外作用尺寸与体内作用尺寸

对于关联要素（关联体外作用尺寸为 D'_{fe}、d'_{fe}），该拟合面的轴线或中心平面必须与基准保持图样上给定的几何关系，如图 4-21a 所示。

(2) 体内作用尺寸（D_{fi}、d_{fi}） 在被测要素的给定长度上，与实际内表面体内相接的最小拟合面，或与实际外表面体内相接的最大拟合面的直径或宽度，如图 4-20 所示。

对于关联要素（关联体内作用尺寸为 D'_{fi}、d'_{fi}），该拟合面的轴线或中心平面必须与基准保持图样上给定的几何关系，如图 4-21b 所示。

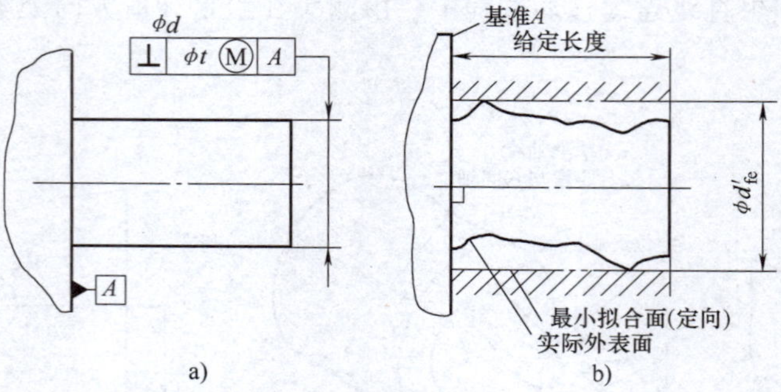

图 4-21 关联作用尺寸

2. 最大实体边界（MMB）

最大实体边界是尺寸为最大实体尺寸的边界。由设计给定的具有理想形状的极限包容面称为边界。边界尺寸为极限包容面的直径或距离。

3. 最大实体实效尺寸（MMVS）、最大实体实效状态（MMVC）和最大实体实效边界（MMVB）

（1）最大实体实效尺寸　尺寸要素的最大实体尺寸与其导出要素的几何公差共同作用产生的尺寸。对内表面，用 D_{MV} 表示；对外表面，用 d_{mv} 表示；关联最大实体实效尺寸用 D'_{MV} 或 d'_{mv} 表示。

（2）最大实体实效状态　拟合要素的尺寸为其最大实体实效尺寸时的状态。即

$$D_{MV}(D'_{MV})=D_M-t=D_{min}-t$$

$$d_{MV}(d'_{MV})=d_M+t=d_{max}+t$$

（3）最大实体实效边界　尺寸为最大实体实效尺寸的边界，如图 4-22 所示。

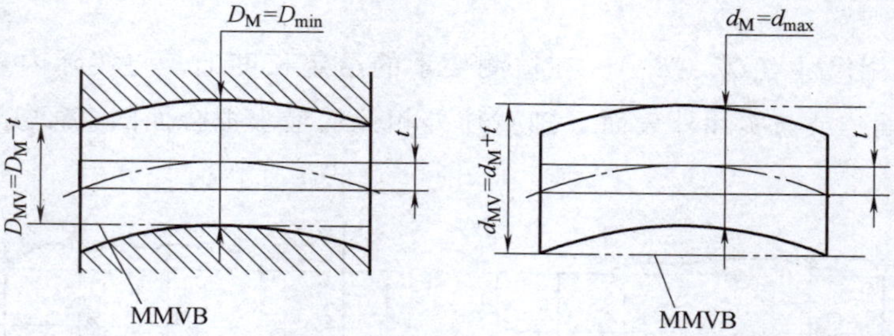

图 4-22 最大实体实效尺寸及边界

4. 最小实体实效尺寸（LMVS）、最小实体实效状态（LMVC）和最小实体实效边界（LMVB）

（1）最小实体实效尺寸　尺寸要素的最小实体尺寸与其导出要素的几何公差共同作用产生的尺寸。对内表面，用 D_{LV} 表示；对外表面，用 d_{LV} 表示；关联最小实体实效尺寸用 D'_{LV} 或 d'_{LV} 表示。

（2）最小实体实效状态　拟合要素的尺寸为其最小实体实效尺寸时的状态。即

$$D_{LV}(D'_{LV})=D_L+t=D_{max}+t$$

$$d_{LV}(d'_{LV})=d_L-t=d_{min}-t$$

（3）最小实体实效边界　尺寸为最小实体实效尺寸的边界，如图 4-23 所示。

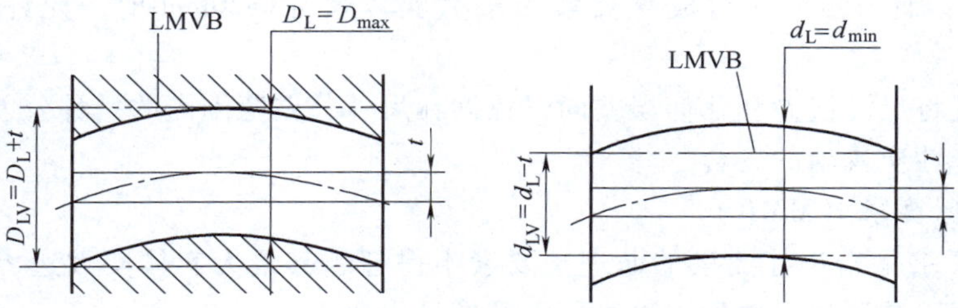

图 4-23　最小实体实效尺寸及边界

4.4.2　独立原则

独立原则是指图样上给定的各个尺寸和几何形状、方向或位置要求都是独立的，应该分别满足各自的要求。独立原则是尺寸公差和几何公差相互关系遵循的基本原则，它的应用最广。

图 4-24 所示为独立原则应用示例，不需标注任何相关符号。图示轴的提取（组成）要素的局部实际尺寸应在 $\phi19.97\sim\phi20$mm 之间，且中心线的直线度误差不允许大于 $\phi0.02$mm。

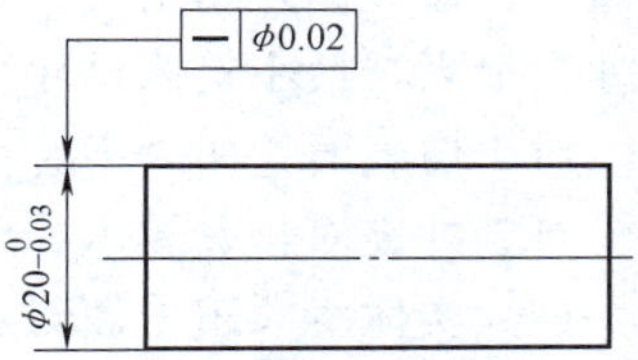

图 4-24　独立原则应用示例

4.4.3　相关要求

图样上给定的尺寸公差与几何公差相互有关的设计要求称为相关要求。它分为包容要求、最大实体要求和最小实体要求。最大实体要求和最小实体要求还可用于可逆要求。

1. 包容要求（ER）

包容要求是被测提取要素处处不得超越最大实体边界的一种要求。它只适用于单一尺寸要素（圆柱面、两平行平面）的尺寸公差与几何公差之间的关系。

采用包容要求的尺寸要素，应在其尺寸极限偏差或公差代号后加注符号“Ⓔ”。

包容要求表示提取组成要素不得超越其最大实体边界，即其体外作用尺寸不超出最大实体尺寸，且其提取（组成）要素的局部尺寸不超出最小实体尺寸。

对于内表面（孔）：$D_{fe}\geqslant D_M=D_{min}$ 且 $D_a\leqslant D_L=D_{max}$。

对于外表面（轴）：$d_{fe}\leqslant d_M=d_{max}$ 且 $d_a\geqslant d_L=d_{min}$。

图 4-25a 中，轴的尺寸 $\phi20_{-0.03}^{\ 0}$ Ⓔ表示采用包容要求，则实际应满足下列要求

$$d_{fe}\leqslant d_M=d_{max}=\phi20\text{mm} \text{ 且 } d_a\geqslant d_L=d_{min}=\phi19.97\text{mm}$$

图 4-25c 所示为图 4-25b 的动态公差图，它表达了实际（组成）要素与形状公差变化的

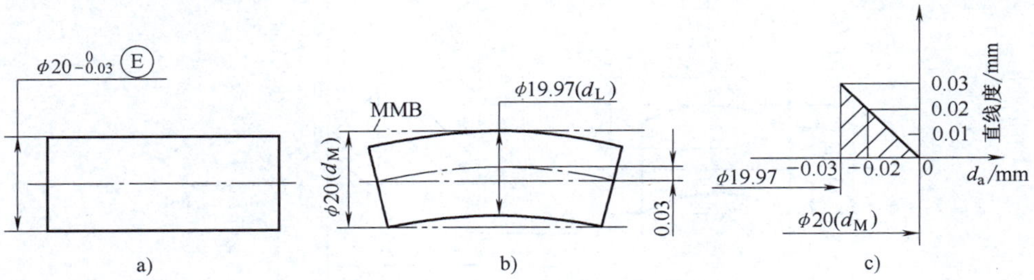

图 4-25　包容要求应用示例

关系。当实际（组成）要素为 ϕ19.97mm，偏离最大实体尺寸为 0.03mm 时，允许的直线度误差为 0.03mm；而当实际（组成）要素为最大实体尺寸 ϕ20mm 时，允许的直线度误差为 0。

包容要求是将尺寸误差和几何误差同时控制在尺寸公差范围内的一种公差要求，主要用于必须保证配合性质要求的场合。

2. 最大实体要求（MMR）

最大实体要求是指尺寸要素的非理想要素不得超越其最大实体实效边界的一种尺寸要求。它既可应用于被测导出要素，也可用于基准导出要素。

最大实体要求用于被测中心要素时，应在被测要素几何公差框格中的公差值后标注符号“Ⓜ”；用于基准导出要素时，应在公差框格中相应的基准字母代号后标注符号“Ⓜ”。

（1）最大实体要求用于被测提取要素　被测提取要素的实际轮廓应遵守其最大实体实效边界，即其体外作用尺寸不得超出最大实体实效尺寸，而且其提取（组成）要素的局部尺寸在最大与最小实体尺寸之间。

对于内表面：$D_{fe} \geqslant D_{MV} = D_{min} - t$ 且 $D_M = D_{min} \leqslant D_a \leqslant D_L = D_{max}$。

对于外表面：$d_{fe} \leqslant d_{MV} = d_{max} + t$ 且 $d_M = d_{max} \geqslant d_a \geqslant d_L = d_{min}$。

最大实体要求用于被测提取要素时，其几何公差值是在该要素处于最大实体状态时给出的。当被测提取要素的实际轮廓偏离其最大实体状态时，几何误差值可以超出在最大实体状态下给出的几何公差值，即此时的几何公差值可以增大。

图 4-26a 表示 $\phi 20_{-0.3}^{\ 0}$ 轴的中心线直线度公差采用最大实体要求。当该轴处于最大实体状态时，其中心线的直线度公差为 ϕ0.1mm，如图 4-26b 所示；若轴的实际（组成）要素向最小实体尺寸方向偏离最大实体尺寸，则其中心线直线度误差可以超出图样给出的公差值 ϕ0.1mm，但必须保证其体外作用尺寸不超出轴的最大实体实效尺寸 ϕ20.1mm；当轴的实际（组成）要素处处为最小实体尺寸 19.7mm 时，其中心线的直线度公差可达最大值，即 $t = \phi(0.3+0.1)\text{mm} = \phi 0.4\text{mm}$，如图 4-26c 所示；图 4-26d 所示为其动态公差图。

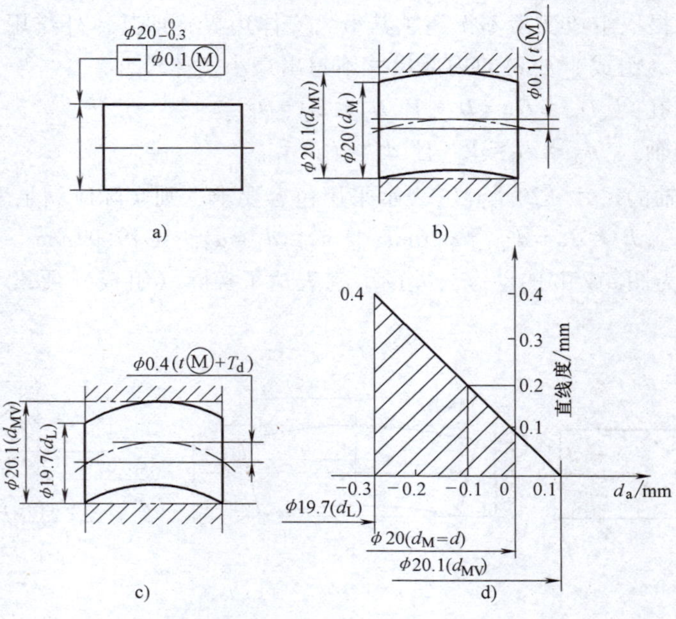

图 4-26　最大实体要求应用示例

图 4-26a 所示轴的尺寸与中心线直线度的合格条件为

$$d_{min}=19.7\text{mm}\leqslant d_a\leqslant d_{max}=20\text{mm}$$

$$d_{fe}\leqslant d_{MV}=20.1\text{mm}$$

当给出的导出要素的几何公差值为零（原称“零几何公差”）时，尺寸要素的最大实体实效边界等于最大实体边界。

图 4-27a 所示 $\phi50^{+0.13}_{-0.08}$ 孔的中心线对基准平面在任意方向的垂直度公差采用最大实体要求。当该孔处于最大实体状态时，其中心线对基准平面的垂直度公差为零，即不允许有垂直度误差，如图 4-27b 所示；只有当孔的实际（组成）要素向最小实体尺寸方向偏离最大实体尺寸，才允许其中心线对基准平面有垂直度误差，但必须保证其定向体外作用尺寸不超出其最大实体实效尺寸 $D_{MV}=D_M-t=(49.92-0)\text{mm}=49.92\text{mm}$；当孔的实际（组成）要素处处为最小实体尺寸 50.13mm 时，其中心线对基准平面的垂直度公差可达最大值，即孔的尺寸公差为 $\phi0.21$mm，如图 4-27c 所示；图 4-27d 所示为该孔的动态公差图。

图 4-27 所示零件的合格条件为

$$D_a\leqslant D_L=D_{max}=50.13\text{mm}$$

$$D_{fe}\geqslant D_{MV}=D_M=D_{min}=49.92\text{mm}$$

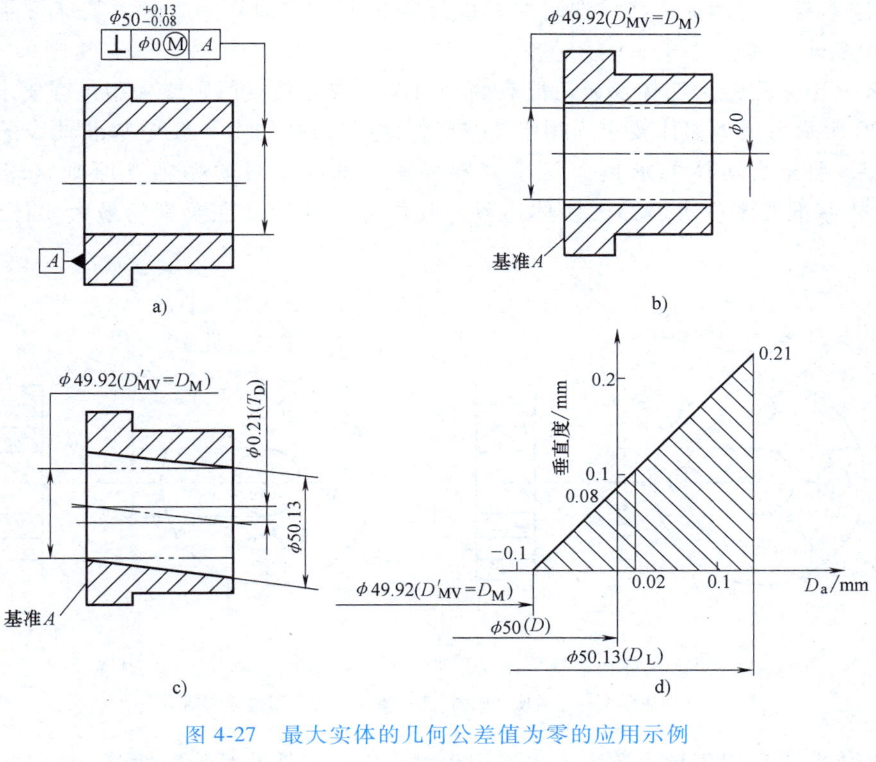

图 4-27　最大实体的几何公差值为零的应用示例

（2）最大实体要求应用于基准要素　此时，基准要素应遵守相应的边界。若基准要素的实际轮廓偏离其相应的边界，则允许基准要素在一定范围内浮动，其浮动范围等于基准要素的体外作用尺寸与其相应边界尺寸之差。但这种允许浮动并不能相应地允许增大被测要素的位置公差值。

最大实体要求应用于基准要素时，基准要素应遵守的边界有两种情况：

1）基准要素本身采用最大实体要求时，应遵守最大实体实效边界。此时，基准符号应直接标注在形成该最大实体实效边界的几何公差框格下面。

图 4-28 所示为最大实体要求应用于 $4\times\phi8^{+0.1}_{0}$ 均布四孔的轴线对基准轴线的任意方向位置度公差，且最大实体要求也应用于基准要素，基准本身的中心线直线度公差采用最大实体要求。因此，对于均布四孔的位置度公差，基准要素应遵守由直线度公差确定的最大实体实效边界，其边界尺寸为 $d_{MV}=d_M+t=(20+0.02)\text{mm}=20.02\text{mm}$。

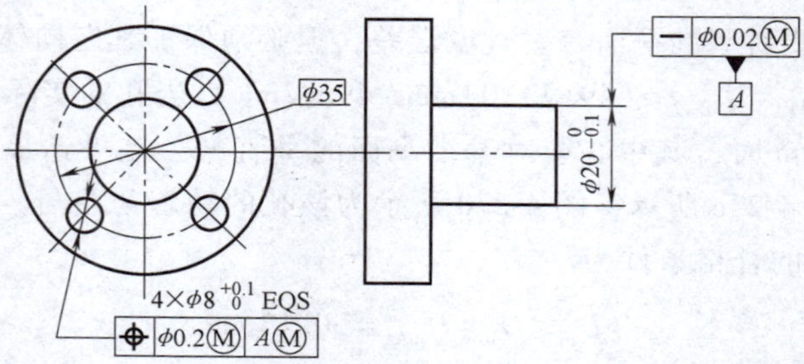

图 4-28　最大实体要求应用于基准要素且基准本身采用最大实体要求

2）基准本身不采用最大实体要求时，应遵守最大实体边界。此时，基准符号应标注在基准的尺寸线处，其连线与尺寸线对齐。

基准要素不采用最大实体要求可能有两种情况：遵循独立原则或采用包容要求。

图 4-29 所示为最大实体要求应用于 $4\times\phi8^{+0.1}_{0}$ 均布四孔的中心线对基准轴线的任意方向位置度公差，且最大实体要求也应用于基准要素，基准本身遵循独立原则（未注几何公差）。因此，基准要素应遵循最大实体边界，其边界尺寸为基准要素的最大实体尺寸 $D_M=\phi20\text{mm}$。

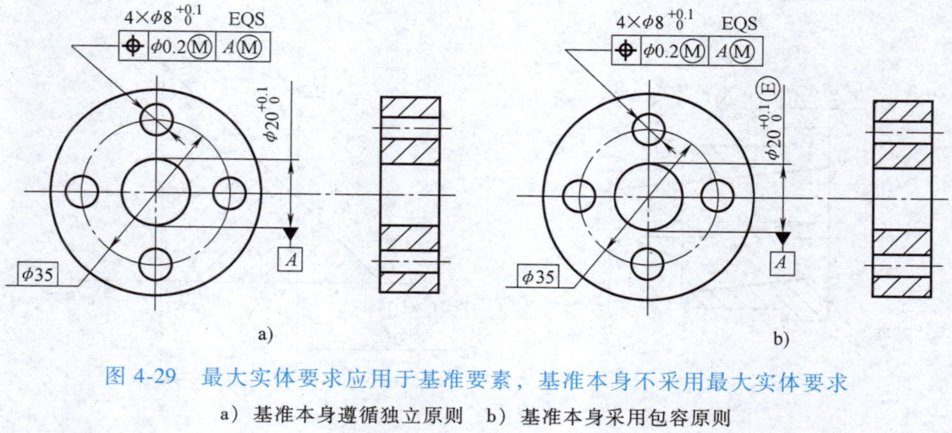

图 4-29　最大实体要求应用于基准要素，基准本身不采用最大实体要求

a）基准本身遵循独立原则　b）基准本身采用包容原则

最大实体要求适用于导出要素，主要用于仅需保证零件的可装配性时。

3. 最小实体要求（LMR）

最小实体要求是指尺寸要素的非理想要素不得超越其最小实体实效边界的一种尺寸要素要求。当其实际（组成）要素偏离最小实体尺寸时，允许其几何误差值超出在最小实体状态下给出的公差值。它既可用于被测导出要素，也可用于基准导出要素。

最小实体要求用于被测提取要素时，应在被测提取要素几何公差框格中的公差值后标注符号“Ⓛ”；应用于基准导出要素时，应在被测提取要素几何公差框格内相应的基准字母代号后标注符号“Ⓛ”。

（1）最小实体要求应用于被测提取要素　此时被测提取要素的几何公差值是在该要素处于最小实体状态时给出的。当被测提取要素的实际轮廓偏离其最小实体状态，即其实际（组成）要素偏离最小实体尺寸时，几何误差值可以超出在最小实体状态下给出的几何公差值。

最小实体要求应用于被测提取要素时，被测提取要素的实际轮廓在给定长度上处处不得超出最小实体实效边界。即其体内作用尺寸不得超出最小实体实效尺寸，且其提取（组成）要素的局部尺寸不得超出最大和最小实体尺寸。

对于内表面：$D_{fi} \leqslant D_{LV} = D_{max} + t$ 且 $D_M = D_{min} \leqslant D_a \leqslant D_L = D_{max}$。

对于外表面：$d_{fi} \geqslant d_{LV} = d_{min} - t$ 且 $d_M = d_{max} \geqslant d_a \geqslant d_L = d_{min}$。

图 4-30a 所示为孔的中心线对基准平面在任意方向的位置度公差采用最小实体要求。当该孔处于最小实体状态时，其中心线对基准平面任意方向的位置度公差为 ϕ0.4mm，如图 4-30b 所示。若孔的实际（组成）要素向最大实体尺寸方向偏离最小实体尺寸，即小于最小实体尺寸 ϕ8.25mm，则其中心线对基准平面的位置度误差可以超出图样给出的公差值 ϕ0.4mm，但必须保证其定位体内作用尺寸 D_{fi} 不超出孔的定位最小实体实效尺寸 $D_{LV} = D_L + t = (8.25 + 0.4)$mm = 8.65mm。所以，当孔的实际（组成）要素处处相等时，它对最小实体尺寸 ϕ8.25mm 的偏离量就等于中心线对基准平面任意方向的位置度公差的增加值。当孔的实际（组成）要素处处为最大实体尺寸 ϕ8mm，即处于最大实体状态时，其中心线对基准平面任意方向的位置度公差可达最大值，且等于其尺寸公差与给出的任意方向位置度公差之和，即 $t = \phi(0.25 + 0.4)$mm $= \phi$0.65mm，如图 4-30c 所示。图 4-30d 所示为其动态公差图。

图 4-30a 所示孔的尺寸与中心线对基准平面任意方向位置度的合格条件为

$$D_L = D_{max} = 8.25\text{mm} \geqslant D_a \geqslant D_M = D_{min} = 8\text{mm}$$

$$D_{fi} \leqslant D_{LV} = 8.65\text{mm}$$

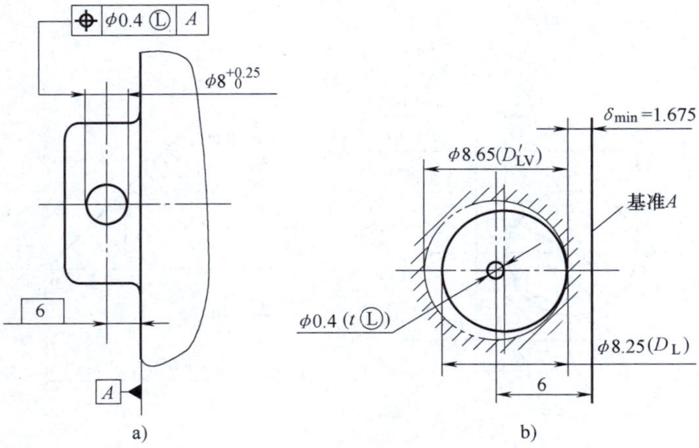

图 4-30　最小实体要求应用于被测要素

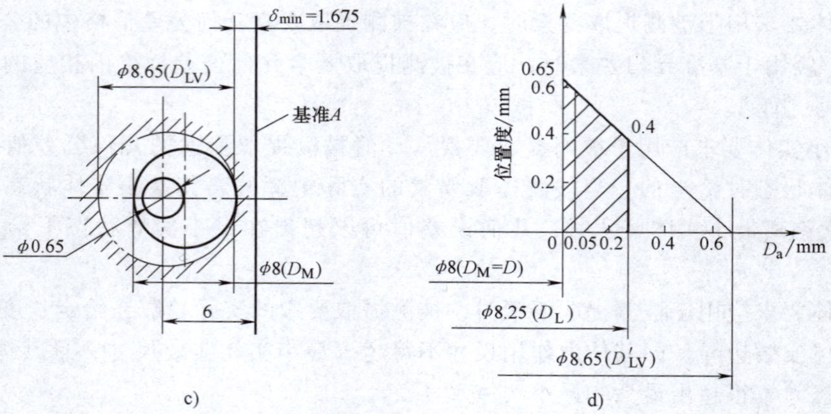

图 4-30　最小实体要求应用于被测要素（续）

图 4-31a 所示为 $\phi8^{+0.65}_{0}$ 孔的中心线对基准平面任意方向的位置度公差采用最小实体要求。当该孔处于最小实体状态时，其中心线对基准平面任意方向的位置度公差为零，即不允许有位置误差，如图 4-31b 所示。只有当孔的实际（组成）要素向最大实体尺寸方向偏离最小实体尺寸，即小于最小实体尺寸 8.65mm 时，才允许其中心线对基准平面有位置度误差，

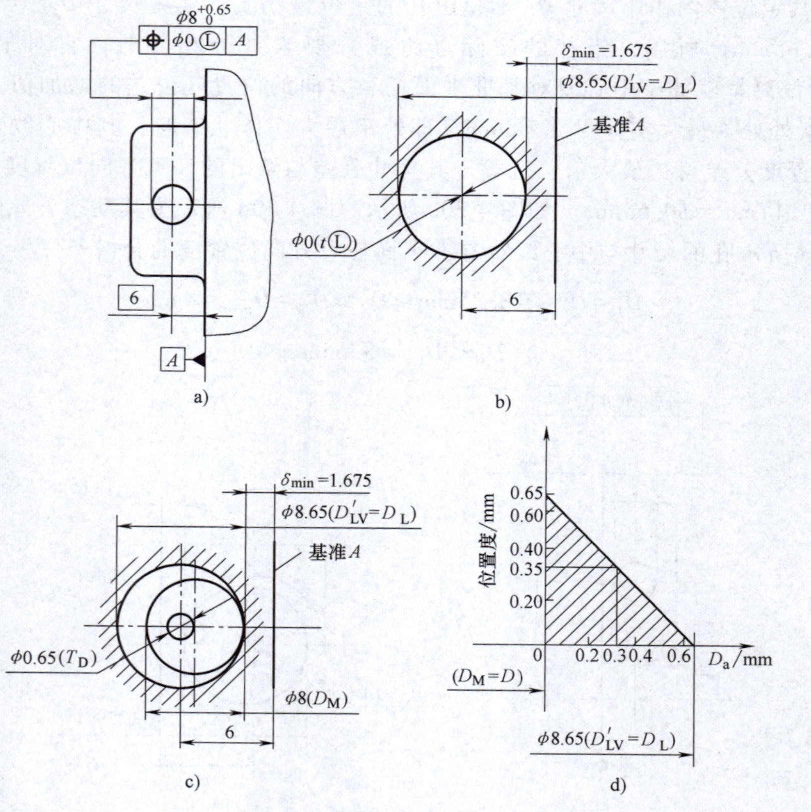

图 4-31　最小实体要求应用示例

但必须保证其定位体内作用尺寸 D_{fi} 不超出孔的定位最小实体实效尺寸 $D_{LV}=D_L+t=(8.65+0)mm=8.65mm$。所以，当孔的实际（组成）要素处处相等时，它对最小实体尺寸的偏离量就是中心线对基准平面任意方向的位置度公差。当孔的实际（组成）要素处处为最大实体尺寸 8mm 时，其中心线对基准平面的位置度公差可达最大值，即孔的尺寸公差值 $t=\phi0.65mm$，如图 4-31c 所示。图 4-31d 所示为其动态公差图。

图 4-30 与图 4-31 两种尺寸公差和位置度公差的标注，具有相同的边界和综合公差，因此具有基本相同的设计要求。它们之间的差别在于对综合公差的分配有所不同。从两者的定位最小实体实效边界来看，这种设计要求主要是为了在被测孔与基准平面之间保证最小壁厚。

$$\delta_{min}=6-(D_{LV}/2)=[6-(8.65/2)]mm=1.675mm$$

（2）最小实体要求应用于基准要素　此时基准要素应遵循相应的边界。若基准要素的实际轮廓偏离其相应的边界，则允许基准要素在一定范围内浮动，其浮动范围等于基准要素的体内作用尺寸与其相应的边界尺寸之差。

最小实体要求应用于基准要素时，基准要素应遵循的边界也有两种情况：

1）基准要素本身采用最小实体要求时，应遵循最小实体实效边界。此时，基准符号应直接标注在形成该最小实体实效边界的几何公差框格下面，如图 4-32a 所示。

2）基准要素本身不采用最小实体要求时，应遵循最小实体边界。此时，基准符号应标注在基准的尺寸线处，其连线与尺寸线对齐，如图 4-32b 所示。

最小实体要求运用于导出要素，主要用于需要保证零件的强度和壁厚时。

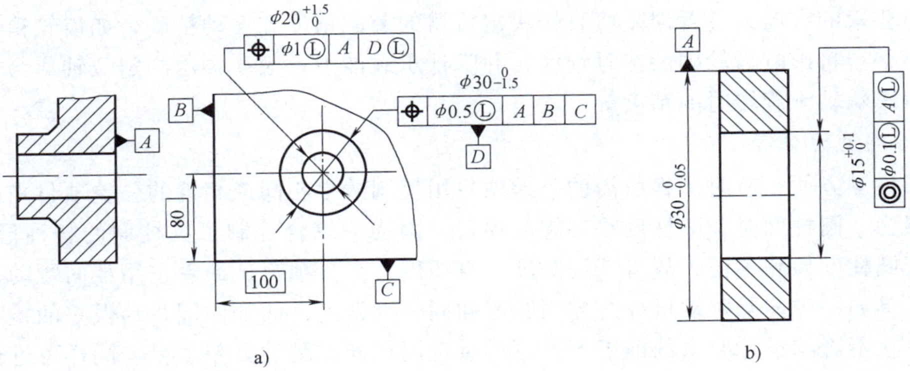

图 4-32　最小实体要求应用于基准要素

4. 可逆要求（RPR）

可逆要求是最大实体要求或最小实体要求的附加要求，在图样上用符号Ⓡ标注在Ⓜ或Ⓛ之后。可逆要求仅用于被测要素。

在最大实体要求或最小实体要求附加可逆要求后，改变了尺寸要素的尺寸公差。用可逆要求可以充分利用最大实体实效状态和最小实体实效状态的尺寸，在制造可能性的基础上，可逆要求允许尺寸和几何公差之间相互补偿。

4.5 几何公差的选择

几何公差的选择主要包括几何公差项目的选择、公差等级与公差值的选择、公差原则和公差要求的选择、基准的选择。

4.5.1 几何公差项目的选择

几何公差项目的设计，取决于零件的几何特征与功能要求，同时也要考虑检测的方便性。

1. 零件的几何特征

形状公差项目的设计主要是按要素的几何形状特征制定的，因此要素的几何特征自然是设计选择单一要素公差项目的基本依据。例如，控制平面的形状误差应设计选择平面度；控制导轨导向面的形状误差应设计选择直线度；控制圆柱面的形状误差应设计选择圆度或圆柱度等。

方向或位置公差项目的设计是按要素间几何方位关系制定的，所以关联要素的公差项目应以它与基准间的几何方位关系为基本依据。对线（中心线）、面可规定定向和位置公差，对点只能规定位置度公差，只有回转零件才规定同轴度公差和跳动公差。

2. 零件的功能要求

零件的功能要求不同，对几何公差设计应提出不同的要求，所以应分析几何误差对零件使用性能的影响。一般说来，平面的形状误差将影响支承面安装的平稳性和定位的可靠性，影响贴合面的密封性和滑动面的磨损；导轨面的形状误差将影响导向精度；圆柱面的形状误差将影响定位配合的连接强度和可靠性，影响转动配合的间隙均匀性和运动平稳性；轮廓表面或导出要素的方向或位置误差将直接决定机器的装配精度和运动精度，如齿轮箱体上两孔中心线不平行将影响齿轮副的接触精度，并降低承载能力；滚动轴承的定位轴肩与中心线不垂直，将影响轴承旋转时的精度等。

3. 检测的方便性

为了检测方便，有时可将所需的公差项目用控制效果相同或相近的公差项目来代替。例如，要素为一圆柱面时，圆柱度是理想的项目，因为它综合控制了圆柱面的各种形状误差，但是由于圆柱度检测不便，故可选用圆度、直线度几个分项目，或者选用径向跳动公差等进行控制。又如，径向圆跳动可综合控制圆度和同轴度误差，而径向圆跳动误差的检测简单易行，所以在不影响设计要求的前提下，可尽量选用径向圆跳动公差项目。同样可近似地用轴向圆跳动代替端面对中心线的垂直度公差要求。轴向全跳动的公差带和端面对中心线的垂直度的公差带完全相同，可互相替代。

4.5.2 公差等级与公差值的选择

GB/T 1184—1996《形状和位置公差　未注公差值》规定图样中标注的几何公差有两种形式：未注公差值和注出公差值。

未注公差值是各类工厂中常用设备能保证的精度。零件大部分要素的几何公差值均应遵循未注公差值的要求，不必注出。只有当要求要素的公差值小于未注公差值时，或者要求要素的公差值大于未注公差值而给出大的公差值后，能给工厂的加工带来经济效益时，才需要在图样中用框格给出几何公差要求。

注出几何公差要求的几何精度高低是用公差等级数字的大小来表示的。按国家标准的规定，对 14 项几何公差特征，除线、面轮廓度及位置度未规定公差等级外，其余项目均有规定。一般划分为 12 级，即 1~12 级，1 级精度最高，12 级精度最低；圆度和圆柱度最高级为 0 级，划分为 13 级。各项目的各级公差值见表 4-10~表 4-13。

表 4-10 直线度和平面度的公差值 （单位：μm）

主参数 *L*/mm	公差等级											
	1	2	3	4	5	6	7	8	9	10	11	12
	公差值											
≤10	0.2	0.4	0.8	1.2	2	3	5	8	12	20	30	60
>10~16	0.25	0.5	1	1.5	2.5	4	6	10	15	25	40	80
>16~25	0.3	0.6	1.2	2	3	5	8	12	20	30	50	100
>25~40	0.4	0.8	1.5	2.5	4	6	10	15	25	40	60	120
>40~63	0.5	1	2	3	5	8	12	20	30	50	80	150
>63~100	0.6	1.2	2.5	4	6	10	15	25	40	60	100	200
>100~160	0.8	1.5	3	5	8	12	20	30	50	80	120	250
>160~250	1	2	4	6	10	15	25	40	60	100	150	300
>250~400	1.2	2.5	5	8	12	20	30	50	80	120	200	400
>400~630	1.5	3	6	10	15	25	40	60	100	150	250	500
>630~1000	2	4	8	12	20	30	50	80	120	200	300	600

表 4-11 圆度和圆柱度公差的公差值 （单位：μm）

主参数 *d*(*D*)/mm	公差等级												
	0	1	2	3	4	5	6	7	8	9	10	11	12
	公差值												
≤3	0.1	0.2	0.3	0.5	0.8	1.2	2	3	4	6	10	14	25
>3~6	0.1	0.2	0.4	0.6	1	1.5	2.5	4	5	8	12	18	30
>6~10	0.12	0.25	0.4	0.6	1	1.5	2.5	4	6	9	15	22	36
>10~18	0.15	0.25	0.5	0.8	1.2	2	3	5	8	11	18	27	43
>18~30	0.2	0.3	0.6	1	1.5	2.5	4	6	9	13	21	33	52
>30~50	0.25	0.4	0.6	1	1.5	2.5	4	7	11	16	25	39	62
>50~80	0.3	0.5	0.8	1.2	2	3	5	8	13	19	30	46	74
>80~120	0.4	0.6	1	1.5	2.5	4	6	10	15	22	35	54	87
>120~180	0.6	1	1.2	2	3.5	5	8	12	18	25	40	63	100
>180~250	0.8	1.2	2	3	4.5	7	10	14	20	29	46	72	115
>250~315	1.0	1.6	2.5	4	6	8	12	16	23	32	52	81	130
>315~400	1.2	2	3	5	7	9	13	18	25	36	57	89	140
>400~500	1.5	2.5	4	6	8	10	15	20	27	40	63	97	155

表 4-12 平行度、垂直度和倾斜度公差值 （单位：μm）

主参数 *L*、*d*(*D*)/mm	公差等级											
	1	2	3	4	5	6	7	8	9	10	11	12
	公差值											
≤10	0.4	0.8	1.5	3	5	8	12	20	30	50	80	120
>10~16	0.5	1	2	4	6	10	15	25	40	60	100	150
>16~25	0.6	1.2	2.5	5	8	12	20	30	50	80	120	200

（续）

主参数 L、$d(D)$ /mm	公差等级											
	1	2	3	4	5	6	7	8	9	10	11	12
	公差值											
>25~40	0.8	1.5	3	6	10	15	25	40	60	100	150	250
>40~63	1	2	4	8	12	20	30	50	80	120	200	300
>63~100	1.2	2.5	5	10	15	25	40	60	100	150	250	400
>100~160	1.5	3	6	12	20	30	50	80	120	200	300	500
>160~250	2	4	8	15	25	40	60	100	150	250	400	600
>250~400	2.5	5	10	20	30	50	80	120	200	300	500	800
>400~630	3	6	12	25	40	60	100	150	250	400	600	1000
>630~1000	4	8	15	30	50	80	120	200	300	500	800	1200

注：1. 主参数 L 为给定平行度时轴线或平面的长度，或给定垂直度、倾斜度时被测要素的长度。

2. 主参数 $d(D)$ 为给定面对线垂直度时，被测要素的轴（孔）直径。

表 4-13　同轴度、对称度、圆跳动和全跳动公差值　（单位：μm）

主参数 $d(D)$、B、L/mm	公差等级											
	1	2	3	4	5	6	7	8	9	10	11	12
	公差值											
≤1	0.4	0.6	1.0	1.5	2.5	4	6	10	15	25	40	60
>1~3	0.4	0.6	1.0	1.5	2.5	4	6	10	20	40	60	120
>3~6	0.5	0.8	1.2	2	3	5	8	12	25	50	80	150
>6~10	0.6	1.0	1.5	2.5	4	6	10	15	30	60	100	200
>10~18	0.8	1.2	2	3	5	8	12	20	40	80	120	250
>18~30	1	1.5	2.5	4	6	10	15	25	50	100	150	300
>30~50	1.2	2	3	5	8	12	20	30	60	120	200	400
>50~120	1.5	2.5	4	6	10	15	25	40	80	150	250	500
>120~250	2	3	5	8	12	20	30	50	100	200	300	600
>250~500	2.5	4	6	10	15	25	40	60	120	250	400	800
>500~800	3	5	8	12	20	30	50	80	150	300	500	1000
>800~1250	4	6	10	15	25	40	60	100	200	400	600	1200

注：1. 主参数 $d(D)$ 为给定同轴度，或给定圆跳动，全跳动时的轴（孔）的直径。

2. 圆锥体斜向圆跳动公差的主参数为平均直径。

3. 主参数 B 为给定对称度时槽的宽度。

4. 主参数 L 为给定两孔对称度时的孔心距。

对于位置度，国家标准只规定了公差值数系，而未规定公差等级，见表 4-14。

表 4-14　位置度公差值数系　（单位：μm）

1	1.2	1.5	2	2.5	3	4	5	6	8
1×10^n	1.2×10^n	1.5×10^n	2×10^n	2.5×10^n	3×10^n	4×10^n	5×10^n	6×10^n	8×10^n

注：n 为正整数。

几何公差值的选择原则是在满足零件功能要求的前提下，兼顾工艺性、经济性和检测条件，尽量选取较大的公差值。选择的方法有计算法和类比法。

1. 计算法

用计算法确定几何公差值，目前还没有成熟系统的计算步骤和方法，一般是根据产品的功能要求，在有条件的情况下计算求得几何公差值。

【例 4-3】 图 4-33 所示为孔和轴的配合，为保证轴能在孔中自由回转，要求最小功能间隙（配合孔轴尺寸考虑几何误差后所得到的间隙）X_{min} 不得小于 0.02mm，试确定孔和轴的几何公差。

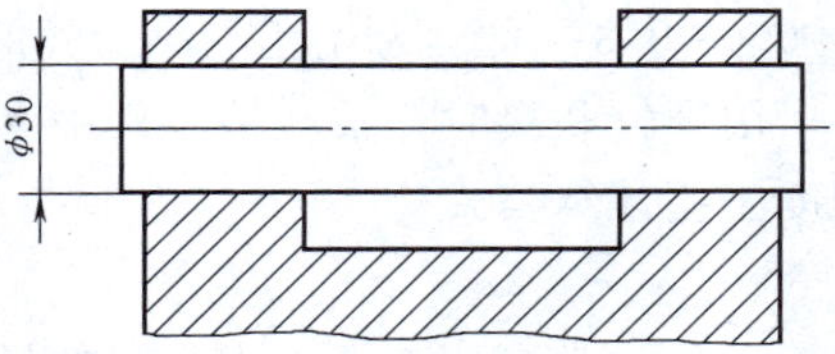

图 4-33　孔和轴的配合

解：此部件主要要求保证配合性质，对轴、孔的形状精度无特殊的要求，故采用包容要求给出尺寸公差。两孔同轴度误差对配合性质有影响，故以两孔中心线建立公共基准轴线，并给出两孔中心线对公共基准轴线的同轴度公差。

设孔的直径公差等级为 IT7，轴的直径公差等级为 IT6，则 $T_H = 0.021\text{mm}$，$T_S = 0.013\text{mm}$。选用基孔制配合，则孔为 $\phi30^{+0.021}_{0}$。由于是间隙配合，故轴的基本偏差必须为负值，且绝对值应大于轴、孔的几何公差之和。

因
$$X_{min} = EI - es - (t_{孔} + t_{轴})$$

取轴的基本偏差为 e，则查表 3-10 得 $es = -0.04\text{mm}$，故有

$$0.02\text{mm} = [0 - (-0.04) - (t_{孔} + t_{轴})]\text{mm}$$

$$t_{孔} + t_{轴} = (0.04 - 0.02)\text{mm} = 0.02\text{mm}$$

因轴为光轴，采用包容要求后，轴在最大实体状态下的 $t_{轴} = 0$，故孔的同轴度公差为 0.02mm，其标注如图 4-34 所示。

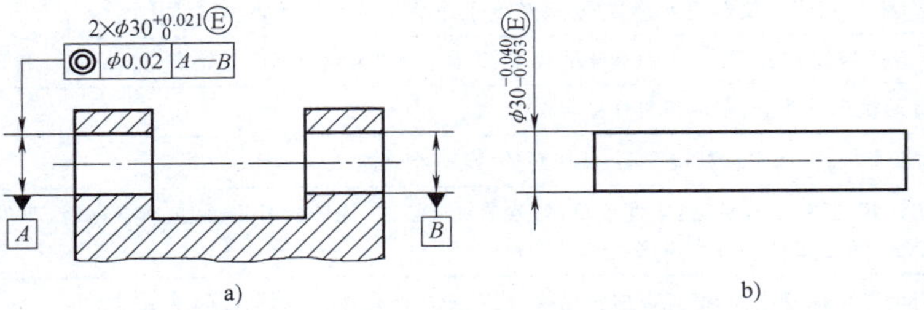

图 4-34　孔和轴配合的标注

2. 类比法

几何公差值常用类比法确定，主要考虑零件的使用性能、加工的可能性和经济性等因素外，还应考虑：

（1）形状公差与方向、位置公差的关系　同一要素上给定的形状公差值应小于方向、位置公差值，定向公差值应小于定位公差值（$t_{形状} < t_{定向} < t_{定位}$）。如同一平面上，平面度公差值应小于该平面对基准平面的平行度公差值。

（2）几何公差和尺寸公差的关系　圆柱形零件的形状公差一般情况下应小于其尺寸公差值；线对线或面对面的平行度公差值应小于其相应距离的尺寸公差值。

圆度、圆柱度公差值约为同级尺寸公差的 50%，因而一般可按同级选取。例如，尺寸公差为 IT6，则圆度、圆柱度公差通常也选 6 级，必要时也可比尺寸公差等级高 1~2 级。

位置度公差通常需要经过计算确定。对用螺栓联接两个或两个以上零件时，若被联接零件均为光孔，则光孔的位置度公差的计算公式为

$$t \leqslant KX_{min}$$

式中，t 为位置度公差；K 为间隙利用系数，不需调整的固定联接 $K=1$，需调整的固定联接

$K=0.6\sim0.8$；$X_{\min}$ 为光孔与螺栓间的最小间隙。

用螺钉联接时，被联接零件中有一个是螺孔，而其余零件均是光孔，则光孔和螺孔的位置度公差计算公式为

$$t\leqslant 0.6KX_{\min}$$

式中，$X_{\min}$ 为光孔与螺纹大径间的最小间隙。

通过计算确定的位置度公差，经圆整并按表 4-14 选择标准的位置度公差值。

（3）几何公差与表面粗糙度的关系　通常表面粗糙度 Ra 值占形状公差值的 20%～25%。

（4）考虑零件的结构特点　对于刚性较差的零件（如细长轴）和结构特殊的要素（如跨距较大的轴和孔、宽度较大的零件表面等），在满足零件功能要求的前提下，可适当降低 1～2 级选用。此外，孔相对于轴、线对线和线对面相对于面对面的平行度、垂直度公差可适当降低 1～2 级。

表 4-15～表 4-18 列出了各种几何公差等级的应用举例，可供类比时参考。

表 4-15　直线度、平面度公差等级应用举例

公差等级	应用举例
1、2	用于精密量具、测量仪器以及精度要求高的精密机械零件，如量块、零级样板、平尺、零级宽平尺、工具显微镜等精密量仪的导轨面等
3	1 级宽平尺工作面，1 级样板平尺的工作面，测量仪器圆弧导轨的直线度，量仪的测杆等
4	零级平板，测量仪器的 V 形导轨，高精度平面磨床的 V 形导轨和滚动导轨等
5	1 级平板，2 级宽平尺，平面磨床的导轨、工作台，液压龙门刨床导轨面，柴油机进、排气门导杆等
6	普通机床导轨面，柴油机机体接合面等
7	2 级平板，机床主轴箱接合面，液压泵盖、减速器壳体接合面等
8	机床传动箱体、挂轮箱体、溜板箱体，柴油机气缸体，连杆分离面，缸盖接合面，汽车发动机缸盖，曲轴箱接合面，液压管件和法兰连接面等
9	自动车床床身底面，摩托车曲轴箱体，汽车变速器壳体，手动机械的支承面等

表 4-16　圆度、圆柱度公差等级应用举例

公差等级	应用举例
0、1	高精度量仪主轴，高精度机床主轴，滚动轴承的滚珠和滚柱等
2	精密量仪主轴、外套、阀套高压油泵柱塞及套，纺锭轴承，高速柴油机进、排气门，精密机床主轴轴颈，针阀圆柱表面，喷油泵柱塞及柱塞套等
3	高精度外圆磨床轴承，磨床砂轮主轴套筒，喷油嘴针阀，阀体，高精度轴承内外圈等
4	较精密机床主轴、主轴箱孔，高压阀门、活塞销、阀体孔，高压液压泵柱塞，较高精度滚动轴承的配合轴，铣削动力头箱体孔等
5	一般计量仪器主轴、测杆外圆柱面，陀螺仪轴颈，一般机床主轴轴颈及轴承孔，柴油机、汽油机的活塞、活塞销，与 P6 级滚动轴承配合的轴颈等
6	一般机床主轴及前轴承孔，泵、压缩机的活塞、气缸，汽油发动机凸轮轴，纺机锭子，减速传动轴轴颈，高速船用发动机曲轴、拖拉机曲轴主轴颈，与 P6 级滚动轴承配合的外壳孔，与 P0 级滚动轴承配合的轴颈等
7	大功率低速柴油机曲轴轴颈、活塞销、连杆、气缸，高速柴油机箱体轴承孔，千斤顶或液压缸活塞，机车传动轴，水泵及通用减速器转轴轴颈，与 P0 级滚动轴承配合的外壳孔等
8	大功率低速发动机曲柄轴轴颈，压缩机连杆盖、体，拖拉机气缸、活塞，炼胶机冷铸轴辊，印刷机传墨辊，内燃机曲轴轴颈，柴油机凸轮轴承孔、凸轮轴，拖拉机、小型船用柴油机气缸套等
9	空气压缩机缸体，液压传动筒，通用机械杠杆与拉杆用套筒销子，拖拉机活塞环、套筒孔

表 4-17 平行度、垂直度、倾斜度公差等级应用举例

公差等级	应用举例
1	高精度机床、测量仪器、量具等主要工作面和基准面等
2、3	精密机床、测量仪器、量具、模具的工作面和基准面，精密机床的导轨，重要箱体主轴孔对基准面的要求，精密机床主轴轴肩端面，滚动轴承座圈端面，普通机床的主要导轨，精密刀具的工作面和基准面等
4、5	普通机床导轨、重要支承面、机床主轴孔对基准的平行度，精密机床重要零件，计量仪器、量具、模具的工作面和基准面，主轴箱体重要孔，通用减速器壳体孔，齿轮泵的油孔端面，发动机轴和离合器的凸缘，气缸支承端面，安装精密滚动轴承壳体孔的凸肩等
6、7、8	一般机床的工作面和基准面，压力机和锻锤的工作面，中等精度钻模的工作面，机床一般轴承孔对基准的平行度，变速器箱体孔，主轴花键对定心直径部位轴线的平行度，重型机械轴承盖端面，卷扬机、手动传动装置中的传动轴，一般导轨、主轴箱体孔，刀架、砂轮架，气缸配合面对基准轴线、活塞销孔对活塞中心线的垂直度，滚动轴承内、外圈端面对中心线的垂直度等
9、10	低精度零件，重型机械滚动轴承端盖，柴油机、煤气发动机箱体曲轴孔、曲轴颈、花键轴和轴肩端面，传动带运输机法兰盘等端面对中心线的垂直度，手动卷扬机及传动装置中的轴承端面，减速器壳体平面等

表 4-18 同轴度、对称度、跳动公差等级应用举例

公差等级	应用举例
1、2	精密测量仪器的主轴和顶尖，柴油机喷油嘴针阀等
3、4	机床主轴轴颈，砂轮轴轴颈，汽轮机主轴，测量仪器的小齿轮轴，安装高精度齿轮的轴颈等
5	机床轴颈，机床主轴箱孔，套筒，测量仪器的测量杆，轴承座孔，汽轮机主轴，柱塞泵转子，高精度轴承外圈，一般精度轴承内圈等
6、7	内燃机曲轴，凸轮轴轴颈，柴油机机体主轴承孔，水泵轴、柱塞泵，汽车后桥输出轴，安装一般精度齿轮的轴颈，涡轮盘，测量仪器杠杆轴，电动机转子，普通滚动轴承内圈，印刷机传墨辊的轴颈，键槽等
8、9	内燃机凸轮轴孔，连杆小端铜套，齿轮轴，水泵叶轮，离心泵体，气缸套外颈配合面对内颈工作面，运输机械滚筒表面，压缩机十字头，安装低精度齿轮用轴颈，棉花精梳机前后滚子，自行车中轴等

4.5.3 公差原则和公差要求的选择

选择公差原则和公差要求时，应根据被测要素的功能要求，各公差原则的应用场合、可行性和经济性等方面来考虑，表 4-19 列出了几种公差原则和公差要求的应用场合示例，可供选择时参考。

表 4-19 公差原则和公差要求选择示例

公差原则	应用场合	示例
独立原则	尺寸精度与几何精度需要分别满足要求	齿轮箱体孔的尺寸精度与两孔中心线的平行度，连杆活塞销孔的尺寸精度与圆柱度，滚动轴承内、外圈滚道的尺寸精度与形状精度
	尺寸精度与几何精度要求相差较大	滚筒类零件尺寸精度要求很低，形状精度要求较高；平板的尺寸精度要求不高，形状精度要求很高；通油孔的尺寸有一定精度要求，形状精度无要求
	尺寸精度与几何精度无联系	滚子链条的套筒或滚子内、外圆柱面的中心线同轴度与尺寸精度，发动机连杆上的尺寸精度与孔中心线间的位置精度
	保证运动精度	导轨的形状精度要求严格，尺寸精度一般
	保证密封性	气缸的形状精度要求严格，尺寸精度一般
	未注公差	凡未注尺寸公差与未注几何公差都采用独立原则，如退刀槽、倒角和圆角等非功能要素

（续）

公差原则	应用场合	示例
包容要求	保证国家标准规定的配合性质	如 ϕ300H7 Ⓔ孔与 ϕ30h6 Ⓔ轴的配合，可以保证配合的最小间隙等于零
	尺寸公差与几何公差间无严格比例关系要求	一般的孔与轴配合，只要求作用尺寸不超越最大实体尺寸，提取（组成）要素的局部尺寸不超越最小实体尺寸
最大实体要求	保证关联作用尺寸不超越最大实体尺寸	关联要素的孔与轴有配合性质要求，在公差框格的第二格标注 0 Ⓜ
	保证可装配性	如轴承盖上用于穿过螺钉的通孔，法兰盘上用于穿过螺栓的通孔
最小实体要求	保证零件强度和最小壁厚	如孔组中心线的任意方向位置度公差，采用最小实体要求可保证孔组间的最小壁厚
可逆要求	与最大（最小）实体要求联用	能充分利用公差带，扩大实际（组成）要素的变动范围，在不影响使用性能要求的前提下可以选用

4.5.4　基准的选择

基准是确定关联要素方向和位置的依据。在设计选择公差项目时，必须同时考虑要设计选用的基准。基准有单一基准、组合基准及多基准几种形式。设计选择基准时，一般应从如下几方面考虑：

1）根据要素的功能及对被测要素间的几何关系来设计选择基准。如轴类零件，常以两个轴承为支承运转，其运动轴线是安装轴承的两段轴颈的公共轴线。因此，从功能要求和控制其他要素的位置精度来看，应选这两处轴颈的公共轴线（组合基准）为基准。

2）根据装配关系应选用零件上相互配合、相互接触的定位要素作为各自的基准。如盘、套类零件多以其内孔中心线径向定位装配或以其端面轴向定位，因此根据需要可选其中心线或端面作为基准。

3）从零件结构考虑，应选用较宽大的平面、较长的轴线作为基准，以使定位稳定。对结构复杂的零件，一般应选三个基准面，以确定被测要素在空间的方向和位置。

4）从加工检测方面考虑，应选择在加工、检测中方便装夹定位的要素为基准。

4.5.5　未注几何公差的规定

为了简化图样，对一般机床加工能保证的几何精度，不必在图样上注出几何公差。图样上没有具体注明几何公差值的要素，其几何精度应按下列规定执行：

1）对未注直线度、平面度、垂直度、对称度和圆跳动各规定了 H、K、L 三个公差等级，其公差值见表 4-20～表 4-23。采用规定的未注公差值时，应在标题栏附件或技术要求中注出公差等级代号及标准编号，如“GB/T 1184—H”。

2）未注圆度公差值等于直径公差值，但不能大于表 4-23 中的径向圆跳动值。

3）未注圆柱度公差由圆度、直线度和素线平行度的注出公差或未注公差控制。

4）未注平行度公差值等于尺寸公差值或直线度和平面度未注公差值中的较大者。

5）未注同轴度的公差值可以和表 4-23 中规定的圆跳动的未注公差值相等。

6）未注线、面轮廓度，倾斜度，位置度和全跳动的公差值均应由各要素的注出或未注线性尺寸公差或角度公差控制。

表 4-20 直线度和平面度未注公差值 （单位：mm）

公差等级	基本长度范围					
	≤10	>10~30	>30~100	>100~300	>300~1000	>1000~3000
H	0.02	0.05	0.1	0.2	0.3	0.4
K	0.05	0.1	0.2	0.4	0.6	0.8
L	0.1	0.2	0.4	0.8	1.2	1.6

表 4-21 垂直度未注公差值 （单位：mm）

公差等级	基本长度范围			
	≤100	>100~300	>300~1000	>1000~3000
H	0.2	0.3	0.4	0.5
K	0.4	0.6	0.8	1
L	0.6	1	1.5	2

表 4-22 对称度未注公差值 （单位：mm）

公差等级	基本长度范围			
	≤100	>100~300	>300~1000	>1000~3000
H	0.5	0.5	0.5	0.5
K	0.6	0.6	0.8	1
L	0.6	1	1.5	2

表 4-23 圆跳动未注公差值 （单位：mm）

公差等级	公差值
H	0.1
K	0.2
L	0.5

4.5.6 几何精度设计举例

图 4-35 所示为减速器的输出轴，两段轴颈 ϕ55j6 与 P0 级滚动轴承内圈相配合。为保证配合性质，采用了包容要求。为保证轴承的旋转精度，在遵循包容要求的前提下，又进一步提出圆柱度公差的要求，其公差值由 GB/T 275—2015《滚动轴承 配合》查得为 0.005mm。该两段轴颈上安装滚动轴承后，将分别与减速器箱体的两孔配合，因此需限制两轴颈的同轴度误差，以保证轴承外圈和箱体孔的安装精度。为检测方便，实际给出了两轴颈的径向圆跳动公差 0.025mm（跳动公差 7 级）。ϕ62mm 处的两轴肩都是止推面，起一定的定位作用。为保证定位精度，提出了两轴肩相对于基准轴线的轴向圆跳动公差 0.015mm（由 GB/T 275—2015 查得）。

ϕ56r6 和 ϕ45m6 分别与齿轮和带轮配合，为保证配合性质，也采用了包容要求。为保证齿轮的运动精度，对与齿轮配合的 ϕ56r6 圆柱又进一步提出了对基准轴线的径向圆跳动公差 0.025mm（跳动公差 7 级）。对 ϕ56r6 和 ϕ45m6 轴颈上的键槽 16N9 和 12N9 都提出了对称度公差 0.02mm（对称度公差 8 级），以保证键槽的安装精度和安装后的受力状态。

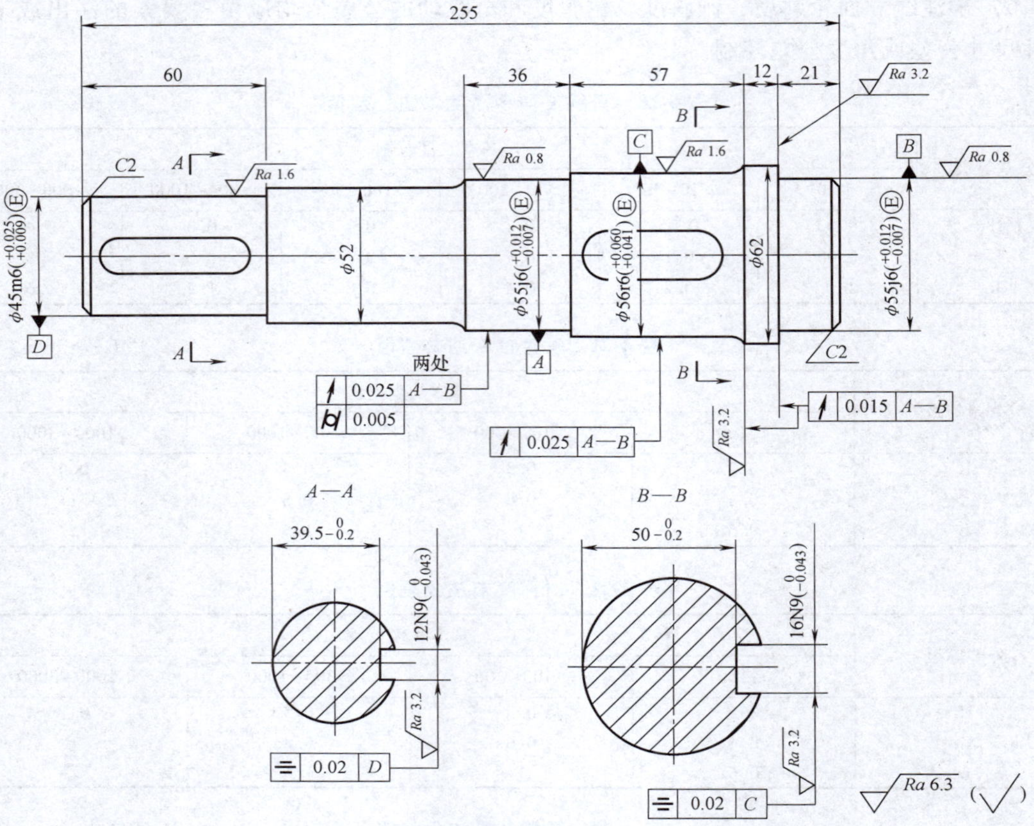

图 4-35　减速器输出轴几何公差标注示例

4.6　一厘一毫，分秒必争

“千里眼”是我国古代的美丽传说。随着现代科技的发展，“雷达”无疑成为现代人的“千里眼”。位于南京的中国电科第十四研究所就是我国雷达工业的发源地。胡胜，现任中国电科第十四研究所数控车高级技师，他被称为锻造“千里眼”的幕后英雄。20 年，从一名初级工到高级技师，胡胜完成了技能上的大提升；从一名小车工到全国技术能手，胡胜实现了人生的大跨越；从一名普通工人到中华技能大奖获得者，胡胜展现出大国工匠的筑梦之路。

1999 年，刚刚 25 岁的胡胜作为特殊人才被引进，一上班，领导就把他带到一台车床前告诉他，这是从德国进口的、价值 200 多万元的车削加工中心，但因无人会操作，已“沉睡”了 3 年多。胡胜仔细观察后，非常有信心地说，没有开不动的车床。

他翻阅资料、请教专家，苦心琢磨，从早晨到晚上，一个键一个键进行摸索，结果，一个多月就开动了设备。就在这台德国生产的机器上，胡胜加工出许多高精尖零件，练出一手好技术。

2006 年，参加全国数控大赛的人约有 11 万，比赛时，要求选手们在 7 个小时内按照比赛提供的图样做出一套零部件，以检验选手的识图、编程序、合理使用工具的能力，连续 7

个小时的比赛，强度可想而知。比赛成绩出来后，胡胜在全国11万名选手中脱颖而出，捧得冠军奖杯。同年，胡胜创新小组成立，胡胜成了攻关小组的领军人，为每一次生产任务寻找最有效、最合理、最经济的方法。但在胡胜看来，他依然是一名能磨好刀具、开好车床、造好产品的工人。

空警-2000预警机是一台由我国自行研制、被国人誉为“争气机”的大型预警机，在新中国成立60周年盛世大阅兵中首次公开露面，而这个雷达关键零部件的加工生产，就是由胡胜带领其团队完成的。

起初，空警-2000预警机在对外合作中，雷达滤波器结构件生产就遇到了技术瓶颈，第一批加工样品送到国外检测时，竟然被列出了50余项问题。为了追赶国外先进水平，胡胜没日没夜地阅读资料、与同行交流、开机试验。经过两个多月的攻关，终于破解了难题，他带领的团队不仅加工出合格的滤波器结构件，而且打破了国外技术封锁，为研制生产出中华民族的“争气雷达”奠定了基础。

多年来，胡胜先后在机载火控、机载预警、舰载火控、星载等一系列具有国际先进水平的重点科研项目中，承担关键重要件加工70多项，攻克了毫米波雷达的波纹管一次车削成形、机载火控雷达反射面加工变形等技术难题。他还提出了技术革新和合理化建议30多项，尤其在数控车的宏程序编程模块、车铣一次性加工成形等方面研发出许多独特的方法，大大提高了生产率，节约科研经费近千万元。

荣耀归于勇者，20多年潜心于数控机床加工技术研究，胡胜始终带着这种沉着冷静，奋战在国防尖端武器装备精密加工制造的最前线，从一名小车工晋升为我国精密加工制造领域的领军人物。2015年，胡胜被誉为“工人院士”。

思考题

4-1　（填空题）形状误差评定准则是________。位置公差除限制位置外，还自然地限制被测要素的________误差。位置公差带方向或位置由________确定。

4-2　（单选题）几何公差标注应遵循的原则是（　　）。

A. 形状公差值应大于定位公差值　　B. 定位公差值应大于定向公差值

C. 定向公差值应大于定位的公差值　　D. 定位公差值应小于定向公差值

4-3　（单选题）属于形状公差的有（　　）。

A. 圆柱度　　B. 同轴度　　C. 圆跳动　　D. 平行度

4-4　（单选题）相关公差要求包括包容要求、最大实体要求和（　　）。

A. 可逆的最小实体要求　　B. 可逆的最大实体要求

C. 最小实体要求　　D. 以上三者都是

4-5　（单选题）属于定位公差的有（　　）。

A. 平行度　　B. 圆度　　C. 倾斜度　　D. 位置度

4-6　用水平仪测量导轨的直线度，测得值（μm）为：0，−6，+12，+12，−9，+6共六段。试按两端点连线法和最小区域法作图求解直线度误差。

4-7　试将下列各项几何公差要求标注在图4-36上。

1）ϕ100h8圆柱面对ϕ40H7孔轴线的径向圆跳动公差为0.025mm。

2）ϕ40H7 孔圆柱度公差为 0.007mm。

3）左右两凸台端面对 ϕ40H7 孔轴线的圆跳动公差为 0.012mm。

4）轮毂键槽（中心面）对 ϕ40H7 孔轴线的对称度公差为 0.02mm。

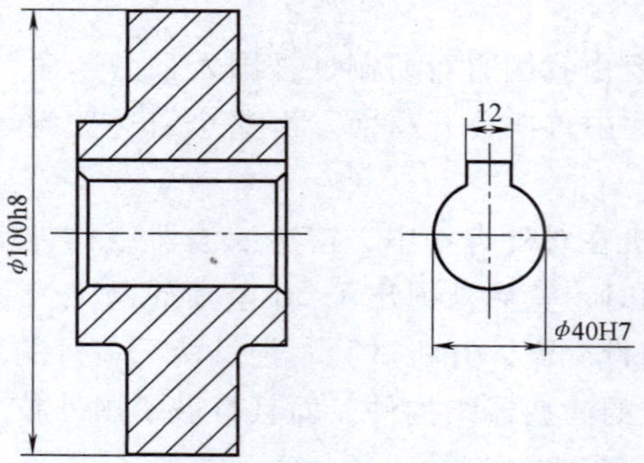

图 4-36　题 4-7 图

第 5 章　表面粗糙度及检测

表面粗糙度是指加工表面所具有的较小间距和微小峰谷的一种微观几何形状误差。它是在机械加工过程中，由于刀具或砂轮切削后留下的刀痕、切屑分离时的塑性变形、工艺系统的高频振动及刀具和被加工表面摩擦等原因所产生的。表面粗糙度对机械零件的配合性质、耐磨性、工作准确度、耐蚀性有着密切的关系，它影响到机器或仪器的可靠性和使用寿命。随着科学技术和生产的发展，我国对粗糙度方面的国家标准已进行过多次修订，现在实施的标准包括：GB/T 3505—2009《产品几何技术规范（GPS）　表面结构　轮廓法　术语、定义及表面结构参数》、GB/T 1031—2009《产品几何技术规范（GPS）　表面结构　轮廓法　表面粗糙度参数及其数值》、GB/T 131—2006《产品几何技术规范（GPS）　技术产品文件中表面结构的表示法》。

5.1　表面粗糙度

5.1.1　术语及定义

将已加工完的表面放大来看，其实际表面如图 5-1 所示，该表面呈现高低不平或粗糙状态。

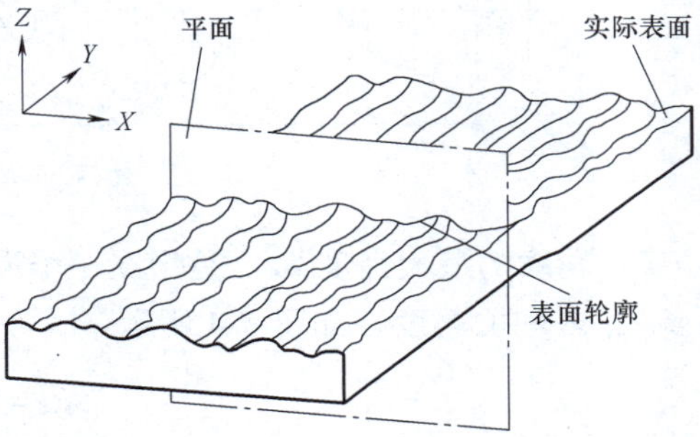

图 5-1　表面轮廓

1）表面轮廓：平面与实际表面相交的轮廓，如图 5-1 所示。从图 5-1 中可知，该平面与实际表面垂直，与刀痕方向也垂直。其轮廓是一个含有不同波长的轮廓曲线。

2）λs 滤波器：用于滤掉比粗糙度波长更短的波的滤波器。即是粗糙度与比它更短的波的成分之间相交界限的滤波器。

3）λc 滤波器：用于确定粗糙度与波纹度成分之间相交界限的滤波器。即波长大于 λc 的那些轮廓波属于波纹度，而非粗糙度。

4）原始轮廓：应用短波长滤波器 λs 之后的总的轮廓，是评定原始轮廓参数的基础。

5）粗糙度轮廓：对原始轮廓采用 λc 滤波器抑制长波成分以后形成的轮廓（即只含粗糙度的轮廓）。它是由 λs 和 λc 轮廓滤波器来限定的。粗糙度轮廓是评定粗糙度参数的基础。

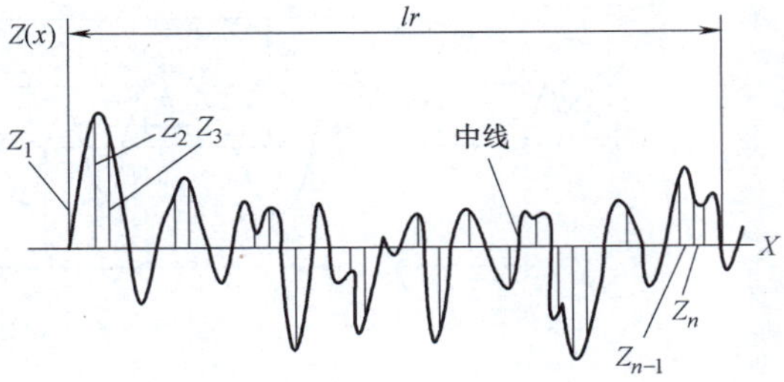

图 5-2　粗糙度轮廓中线

6）粗糙度轮廓中线：用标称形式的线穿过粗糙度轮廓，按最小二乘法拟合所确定的中线。即粗糙度轮廓上的点到中线的距离 $Z(x)$ 的平方和为最小（$\sum Z(x)^2=\min$），如图 5-2

所示。

7）取样长度 lr：用于评定轮廓粗糙度在 X 轴向上的一段长度，在数值上它与轮廓滤波器 λc 的标志波长相等。

8）评定长度 ln：由于表面粗糙度在被评定的表面上是不规则的，为使其评定更为合理，因而在 X 轴向上选择的一段长度，它一般包含 5 个取样长度，即 $ln=5lr$。

5.1.2 粗糙度的评定参数

国家标准对粗糙度的评定规定了两个幅度参数：轮廓的算术平均偏差 Ra；轮廓的最大高度 Rz。使用时可在两个参数中选取。

1）轮廓算术平均偏差 Ra：是指在一个取样长度 lr 内，纵坐标值 $Z(x)$ 的绝对值的算术平均值，如图 5-3 所示。

$$Ra = \frac{1}{lr}\int_0^{lr} |Z(x)|\,\mathrm{d}x \tag{5-1}$$

或

$$Ra = \frac{1}{n}\sum_{i=1}^{n} |Z(x)| \tag{5-2}$$

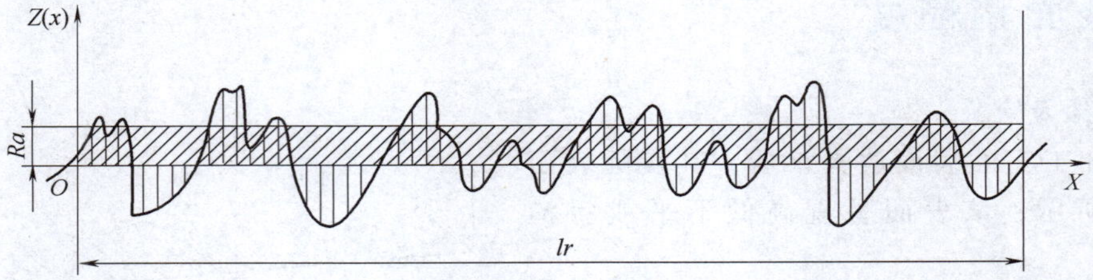

图 5-3 轮廓算术平均偏差

2）轮廓的最大高度 Rz：是指在一个取样长度 lr 内，最大轮廓峰高 Zp_{max} 和最大轮廓谷深 Zv_{max} 之和的高度，如图 5-4 所示。

$$Rz = Zp_{max} + Zv_{max} \tag{5-3}$$

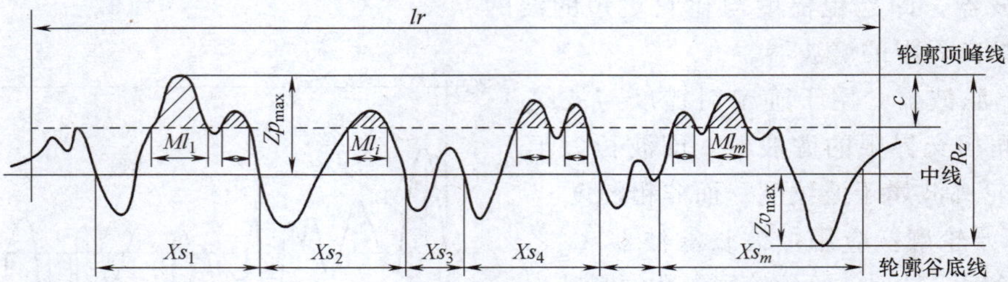

图 5-4 轮廓的最大高度

表面粗糙度的幅度参数（或高度参数）是表面粗糙度的基本参数，但只有幅度参数还不能完全反映出零件表面粗糙度的特性，还要考虑如图 5-5 所示的粗糙度的疏密度和图 5-6 所示的粗糙度的形状。如图 5-5a、b 所示的高度参数大致相同，但其波纹的疏密度不同，因此，其表面特性（如密封性、粘结性）也不相同。如图 5-6a ~ c 所示三者的粗糙度高度参数也大致相同，但其耐磨性、耐蚀性也不同。

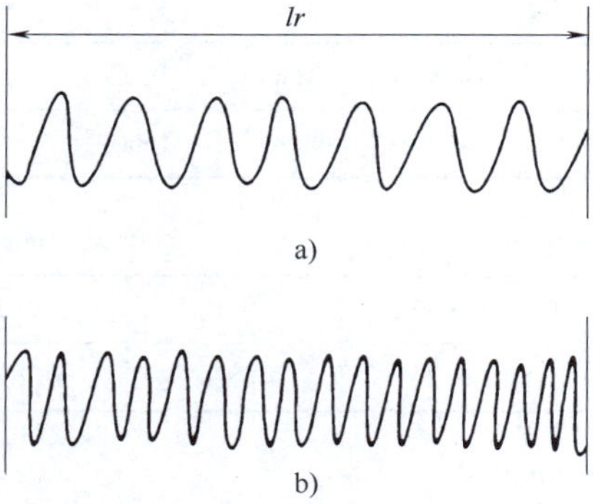

图 5-5 粗糙度的疏密度

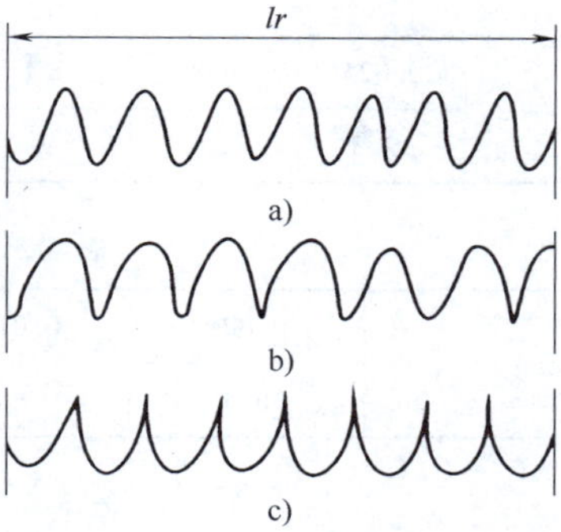

图 5-6 粗糙度的形状

3）轮廓单元的平均宽度 Rsm：是指在一个取样长度 lr 内，轮廓单元宽度 Xs 的平均值，如图 5-4 所示。轮廓单元宽度是指包含一个轮廓峰和一个相邻轮廓谷在内的中线上的宽度，如图 5-4 中的 Xs_1、Xs_2、…、Xs_m 等。m 为取样长度内的轮廓单元数。

$$Rsm = \frac{1}{m}\sum_{i=1}^{m} Xs_i \tag{5-4}$$

4）轮廓的支承长度率 $Rmr(c)$：是指在给定水平位置 c 上，轮廓的实体材料长度 $Ml(c)$ 与评定长度的比率，如图 5-4 所示。

$$Rmr(c) = \frac{Ml(c)}{ln} \times 100\%$$

5）轮廓的实体材料长度 $Ml(c)$：是指在一个给定水平位置 c 上用一条平行于 X 轴的线与轮廓单元相截所获得的各段截线长度 Ml_i 之和，如图 5-4 所示。

$$Ml(c) = Ml_1 + Ml_2 + \cdots$$

式中，c 是轮廓截面高度（即距峰顶线的距离），可用微米或轮廓的最大高度 Rz 的百分数表示。

5.1.3 评定参数的数值

在幅度参数常用的参数范围内（Ra 为 0.025~6.3μm，Rz 为 0.1~25μm）推荐优先选用 Ra。Rz 这个参数适用于目前工厂的仪器。另外，当 Ra<0.025μm，或 Ra>6.3μm 时，用光学仪测量比较适合。

各评定参数的数值如下述表所列。

表 5-1 列出了轮廓算术平均偏差 Ra 的值，它是由数系 R10/3(0.012~100μm) 所组成的。表 5-2 列出了轮廓最大高度 Rz 的值，它是由数系 R10/3(0.025~1600μm) 所组成的。表 5-3 列出了轮廓单元的平均宽度 Rsm 的值，它是由数系 R10/3(0.006~12.5mm) 所组成的。表 5-4 列出了轮廓的支承长度率 $Rmr(c)$ 的值。如上所述，$Rmr(c)$ 与 c 的大小有关，c 就是轮廓的截面高度。当 c 值按轮廓的最大高度 Rz 的百分数给出时，c 与 Rz 的比值分别为 5%、10%、20%、15%、20%、25%、30%、40%、50%、60%、70%、80%、90%。

表 5-1 轮廓算术平均偏差 Ra （单位：μm）

Ra	0.012	0.025	0.05	0.1	0.2	0.4	0.8
	1.6	3.2	6.3	12.5	25	50	100

表 5-2　轮廓最大高度 *Rz*　（单位：μm）

Rz	0.025	0.05	0.1	0.2	0.4	0.8	1.6	3.2	6.3
	12.5	25	50	100	200	400	800	1600	

表 5-3　轮廓单元的平均宽度 *Rsm*　（单位：mm）

Rsm	0.006	0.0125	0.025	0.050	0.1	0.2
	0.4	0.8	1.6	3.2	6.3	12.5

表 5-4　轮廓的支承长度率 *Rmr*(*c*)

Rmr(*c*)(%)	10	15	20	25	30	40	50	60	70	80	90

国家标准中规定的取样长度 *lr* 的值，共有 6 个，分别为 0.08mm、0.25mm、0.8mm、2.5mm、8.0mm、25mm。表 5-5 中列出了在一般情况下推荐 *Ra*、*Rz* 选用时对应的取样长度 *lr* 的值，以及相应的评定长度 *ln* 的值。

表 5-5　一般情况下推荐 *Ra*、*Rz* 选用时对应的 *lr* 与 *ln* 值

参数及数值/μm		*lr*/mm	*ln*/mm
Ra	*Rz*		
≥0.008~0.02	≥0.025~0.10	0.08	0.4
>0.02~0.1	>0.10~0.50	0.25	1.25
>0.1~2.0	>0.50~10.0	0.8	4.0
>2.0~10.0	>10.0~50.0	2.5	12.5
>10.0~80.0	>50.0~320	8.0	40.0

5.1.4　表面粗糙度符号、代号及标注

国家标准 GB/T 131—2006《产品几何技术规范（GPS）　技术产品文件中表面结构的表示法》规定了零件表面粗糙度代（符）号（表 5-6），其在图样上的注法如图 5-7 所示。在完整图形符号中，对表面结构的单一要求和补充要求应注写在指定位置上。表面结构的补充要求包括取样长度、加工工艺、表面纹理方向、加工余量等。

图 5-7 中位置 a~e 分别注写以下内容：

位置 a 标注表面结构的单一要求；依次标注幅度参数符号（*Ra* 或 *Rz*）及极限值（单位为 μm）和有关技术要求。该要求不能省略。

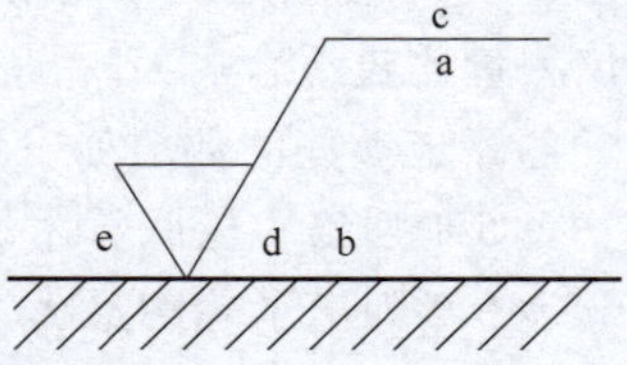

图 5-7　表面粗糙度注法

位置 b 标注两个或多个表面结构要求，附加评定参数的符号及相关数值 *Rsm* 或 *Rmr*(*c*)，单位为 mm，为第二个表面结构要求。

位置 c 标注加工方法、表面处理、涂层或其他加工工艺要求等，如车、磨、镀等加工表面。

位置 d 标注表面纹理和纹理方向，见表 5-7。

位置 e 标注所要求的加工余量，以 mm 为单位给出数值。图 5-8 是表面粗糙度标注的图例。

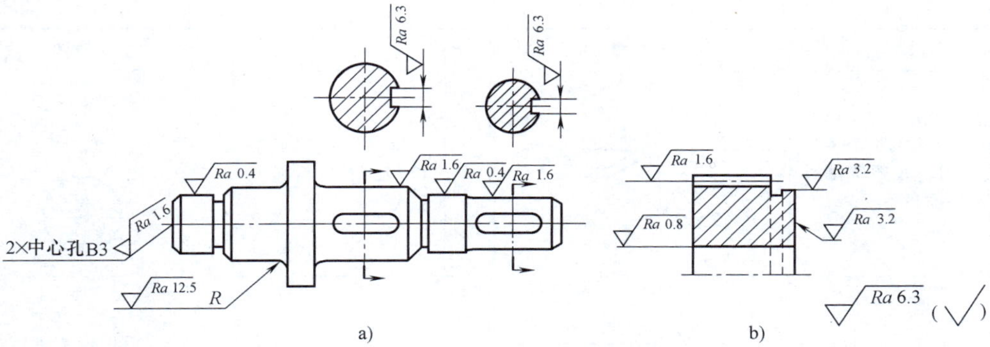

图 5-8　表面粗糙度标注的图例

表 5-6　零件表面粗糙度符号

符号	意义
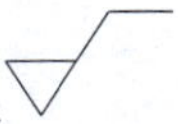	表示表面特征是用去除材料的方法获得
	表示表面特征是用不去除材料的方法获得
	表示表面特征允许任何工艺获得
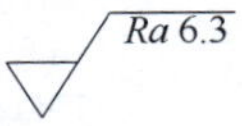	表示用去除材料的方法获得的表面，*Ra* 的最大允许值为 6.3μm
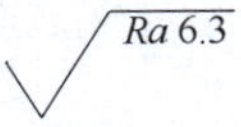	表示用任何方法获得的表面，*Ra* 的最大允许值为 6.3μm
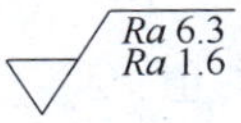	表示用去除材料的方法获得的表面，*Ra* 的最大允许值为 6.3μm，最小允许值为 1.6μm
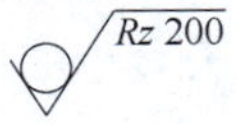	表示用不去除材料的方法获得的表面，*Rz* 的最大允许值为 200μm
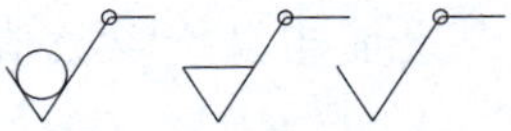	在上述三个符号上均加上一个小圆表示所有表面具有相同的粗糙度要求

表 5-7　纹理方向符号

符号	说明	示意图	符号	说明	示意图
=	纹理平行于视图所在的投影面	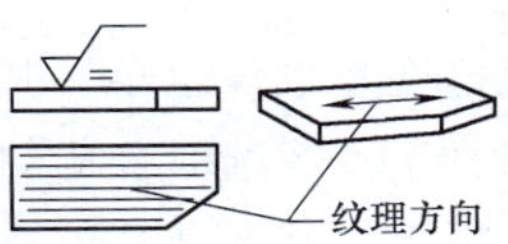	⊥	纹理垂直于视图所在的投影面	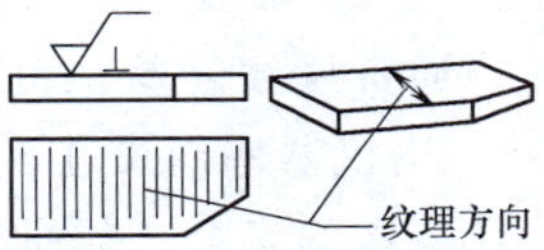

（续）

符号	说明	示意图	符号	说明	示意图
×	纹理呈两斜向交叉，且与视图所在的投影面相交	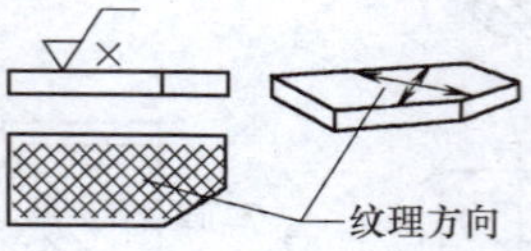	R	纹理呈近似放射状，且与表面圆心相关	
M	纹理呈多方向	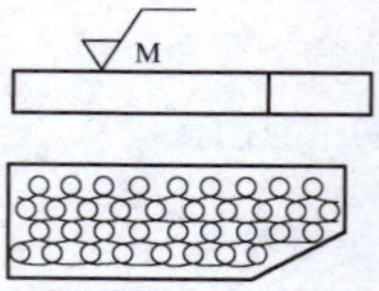	P	纹理呈微粒、凸起，无方向	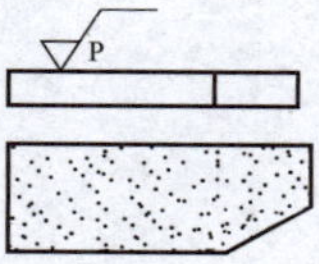
C	纹理呈近似同心圆，且圆心与表面中心相关	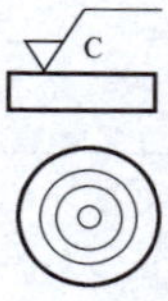			

注：若表中所列符号不能清楚地表明所要求的纹理方向，应在图样上用文字说明。

5.2 零件表面粗糙度参数值的选择

零件表面粗糙度参数值的选择既要满足零件表面的功能要求，也要考虑经济性。具体选择时可参照一些经过验证的实例，用类比法来确定。一般选择原则如下：

1）在满足表面功能要求的情况下，尽量选用较大的表面粗糙度参数值。

2）同一零件上，工作表面的粗糙度参数值小于非工作表面的粗糙度参数值。

3）摩擦表面比非摩擦表面的粗糙度参数值要小；滚动摩擦表面比滑动摩擦表面的粗糙度参数值要小；运动速度高，单位压力大的摩擦表面应比运动速度低，单位压力小的摩擦表面的粗糙度参数值要小。

4）受循环载荷的表面及易引起应力集中的部分（如圆角、沟槽），表面粗糙度参数值要小。

5）配合性质要求高的结合表面、配合间隙小的配合表面以及要求连接可靠、受重载的过盈配合表面等，都应取较小的粗糙度参数值。

6）配合性质相同，零件尺寸越小则表面粗糙度参数值应越小；同一公差等级，小尺寸比大尺寸、轴比孔的表面粗糙度参数值要小。

通常尺寸公差、表面形状公差小时，表面粗糙度参数值也小。其一般的对应关系，见表5-8。当机器零件尺寸、几何公差确定以后，可参照表5-8选取合适的表面粗糙度。当然，在一些特殊的场合，如机器、仪器的手柄及某些面板等，其尺寸公差要求和几何公差要求均不高，但对表面粗糙度的要求却比较高。

表 5-8 表面粗糙度与尺寸公差、形状公差的对应关系

尺寸公差等级		IT5			IT6			IT7			IT8		
相应的形状公差		Ⅰ	Ⅱ	Ⅲ	Ⅰ	Ⅱ	Ⅲ	Ⅰ	Ⅱ	Ⅲ	Ⅰ	Ⅱ	Ⅲ
公称尺寸/mm		表面粗糙度参数值/μm											
至 18	*Ra*	0.20	0.10	0.05	0.40	0.20	0.10	0.80	0.40	0.20	0.80	0.40	0.20
	Rz	1.00	0.50	0.25	2.00	1.00	0.50	4.00	2.00	1.00	4.00	2.00	1.00
>18～50	*Ra*	0.40	0.20	0.10	0.80	0.40	0.20	1.60	0.80	0.40	1.60	0.80	0.40
	Rz	2.00	1.00	0.50	4.00	2.00	1.00	6.30	4.00	2.00	6.30	4.00	2.00
>50～120	*Ra*	0.80	0.40	0.20	0.80	0.40	0.20	1.60	0.80	0.40	1.60	1.60	0.80
	Rz	4.00	2.00	1.00	4.00	2.00	1.00	6.30	4.00	2.00	6.30	6.30	4.00
>120～500	*Ra*	0.80	0.40	0.20	1.60	0.80	0.40	1.60	1.60	0.80	1.60	1.60	0.80
	Rz	4.00	2.00	1.00	6.30	4.00	2.00	6.30	6.30	4.00	6.30	6.30	4.00

尺寸公差等级		IT9			IT10			IT11			IT12 IT13		IT14 IT15	
相应的形状公差		Ⅰ，Ⅱ	Ⅲ	Ⅳ	Ⅰ，Ⅱ	Ⅲ	Ⅳ	Ⅰ，Ⅱ	Ⅲ	Ⅳ	Ⅰ，Ⅱ	Ⅲ	Ⅰ，Ⅱ	Ⅲ
公称尺寸/mm		表面粗糙度参数值/μm												
至 18	*Ra*	1.60	0.80	0.40	1.60	0.80	0.40	3.20	1.60	0.80	6.30	3.20	6.0	6.30
	Rz	6.30	4 00	2.00	6.30	4.00	2.00	12.5	6.30	4.00	25.0	12.5	25.0	25.0
>18～50	*Ra*	1.60	1.60	0.80	3.20	1.60	0.80	3.20	1.60	0.80	6.30	3.20	12.5	6.30
	Rz	6.30	6.30	4.00	12.5	6.30	4.00	12.5	6.30	4.00	25.0	12.5	50.0	25.0
>50～120	*Ra*	3.20	1.60	0.80	3.20	1.60	0.80	6.30	3.20	1.60	12.5	6.30	25.0	12.5
	Rz	12.5	6.30	4.00	12.5	6.30	4.00	25.0	12.5	6.30	50.0	25.0	100.0	50.0
>120～500	*Ra*	3.20	3.20	1.60	3.20	3.20	1.60	6.30	3.20	1.60	12.5	6.30	25.0	12.5
	Rz	12.5	12.5	6.30	12.5	12.5	6.30	25.0	12.5	6.30	50.0	25.0	100.0	50.0

注：Ⅰ为形状公差在尺寸极限之内；Ⅱ为形状公差相当于尺寸公差的 60%；Ⅲ为形状公差相当于尺寸公差的 40%；Ⅳ为形状公差相当于尺寸公差的 25%。

5.3 表面粗糙度的测量

目前常用的表面粗糙度的测量方法有下述四种。

5.3.1 比较法

比较法是车间常用的方法。将被测表面对照粗糙度样板，用肉眼判断或借助于放大镜、比较显微镜比较；也可用手摸，指甲划动的感觉来判断被加工表面的粗糙度。

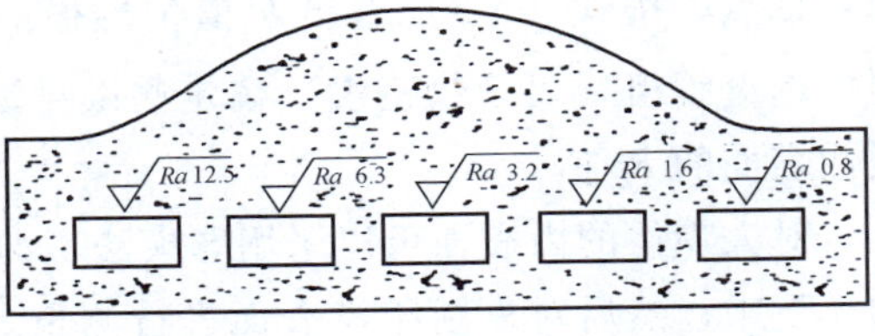

图 5-9 表面粗糙度样板

表面粗糙度样板（图 5-9）的材料、形状及制造工艺尽可能与工件相同，这样才便于比较，否则往往会产生较大的误差。

比较法一般只用于粗糙度参数值较大的近

似评定。

5.3.2 光切法

光切法是利用光切原理来测量表面粗糙度的。这种方法可用图 5-10 来说明。

图 5-10a 中表示被测表面是 P_1、P_2 阶梯面，其阶梯高度为 h。A 为一扁平光束，当它从 45°方向投射在阶梯表面上时，就被折成 S_1 和 S_2 两段，沿 B 方向反射后，就可在显微镜内看到 S_1 和 S_2 两段光带的放大像 S_1''和 S_2''（图 5-10b）；同样，S_1 与 S_2 之间的距离 h，也被放大为 S_1''与 S_2''之间的距离 h''，只要用测微目镜测出 h''值，就可以根据放大关系算出 h 值。

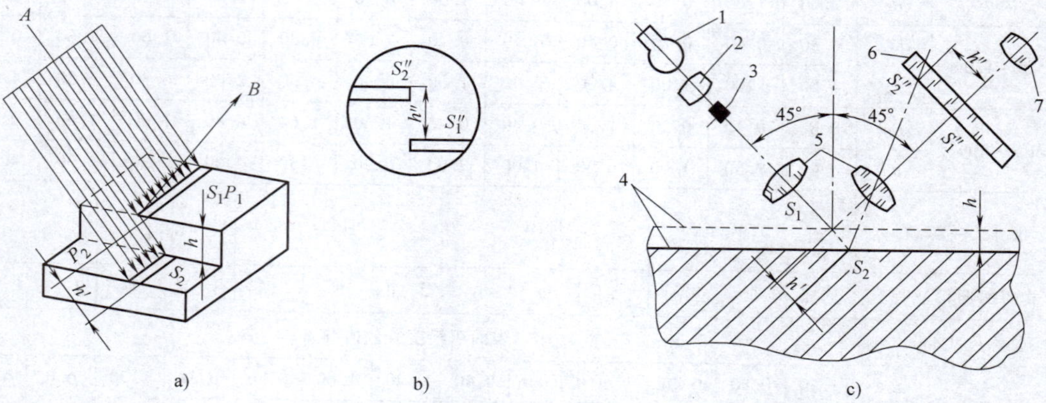

图 5-10　光切法

1—光源　2—聚光镜　3—窄缝　4—工件表面　5—透镜　6—分划板　7—目镜视场

双管显微镜就是根据“光切原理”制成的，图 5-10c 是它的光学系统。显微镜有照明管和观察管，两管轴线互成 90°。在照明管中，光源 1 通过聚光镜 2、窄缝 3 和透镜 5，以 45°角的方向投射在工件表面 4 上，形成一窄细光带。光带边缘的形状即为光束与工件表面相交的曲线，也就是工件在 45°截面上的表面形状，此轮廓曲线的波峰在 S_1 点反射，波谷在 S_2 点反射，通过观察管的透镜 5，分别成像在分划板 6 上的 S_1''点和 S_2''点，h''是峰、谷影像的高差。图 5-11 所示为仪器的视场图，图 5-11a 是以可动十字分划线的水平线与影像最高点相切，此时可在测微目镜鼓轮上读数；图 5-11b 是可动十字分划线与最低点相切的情况，此时又可读一次数，前后两次读数之差就是 h''的读数值，测量时可按 Rz 定义，在取样长度内，测最高点和最低点，按式（5-3）求出 h''值，再根据所选透镜组（可换物镜组）确定测微目镜鼓轮每一格的分度值 c，以 c 值乘 h''的值，即得被测表面的 Rz 值。

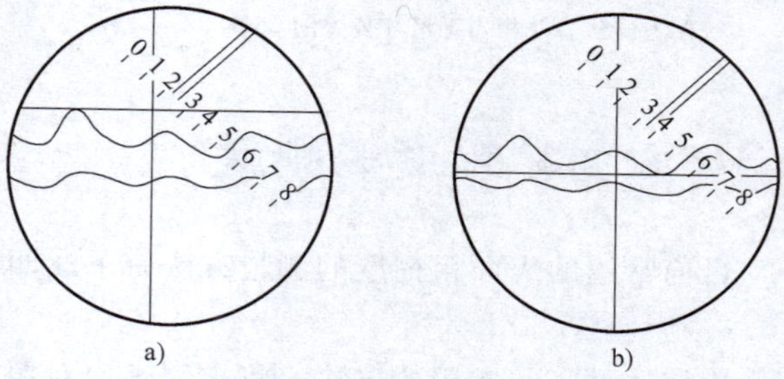

图 5-11　双管显微镜光学系统

对大零件的内表面可以采用印模法，即用川蜡、石蜡、塑料或低熔点合金，将被测表面印模下来，然后对复制印模表面进行测量。由于印模材料不可能填满谷底，其测值略有缩小，可查阅资料或自行试验得出修正系数，在计算中加以修正。

5.3.3 干涉法

干涉法是利用光波干涉原理来测量表面粗糙度。被测表面直接参与光路，用它与标准反射镜（参考镜）比较，以光波波长来度量干涉条纹弯曲程度，从而测得该表面的粗糙度。干涉法通常用于测定 0.8~0.025μm 的 Rz 值。

干涉法测量表面粗糙度的仪器是干涉显微镜。图 5-12 所示为 6JA 型仪器的光学系统。图 5-12 中 1 为白炽灯光源，它发出的光通过聚光镜 2、4、8（3 是滤色片），经分光镜 9 分成两束，一束经补偿板 10、物镜 11 至被测表面 18，再经原路返回至分光镜 9 反射至目镜 19。另一光束由分光镜 9 反射后通过物镜 12 射至参考镜 13 上（20 是遮光板），由 13 反射再经物镜 12 并透过分光镜 9 也射向目镜 19。两路光束相遇叠加产生干涉，通过目镜 19 可以看到定位在被测表面的干涉条纹，如图 5-13 所示。其中，图 5-13a 是工件表面在仪器视场中的干涉条纹图。由于被测表面有微观的峰、谷存在，峰、谷处的光程就不一样，从而造成干涉条纹的弯曲，弯曲量的大小与相应部位峰、谷高差值 h 有确定的数量关系，即：

$$h=\frac{\lambda a}{2b} \tag{5-5}$$

式中，a 为干涉条纹弯曲量；b 为干涉条纹的宽度；λ 为光波波长（白光波长≈0.54μm）。

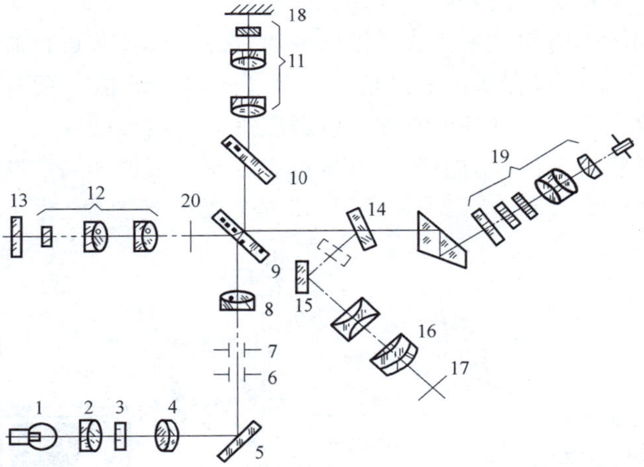

图 5-12 6JA 型仪器的光学系统

1—白炽灯光源 2、4、8—聚光镜 3—滤色片 5、10、14、15—补偿板 6、7、16、19—目镜 9—分光镜 11、12—物镜 13—参考镜 17—标准镜 18—被测表面 20—遮光板

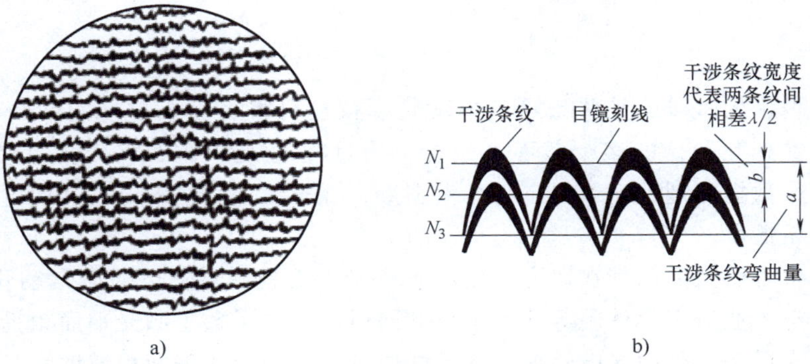

图 5-13 干涉条纹

因此，可用目测估计出 a/b 的值或利用测微目镜测出 a，b 的数值，如图 5-13b 所示，N_1、N_2、N_3 表示测微目镜测量时的对准线，当 N_1、N_2、N_3 分别对准时在仪器的测微目镜鼓轮上可分别读出三个读数，并用它们算出 a、b 的值。然后按式（5-5）算出 h 值。

5.3.4 针描法

针描法是利用触针直接在被测表面上轻轻划过，从而测出表面粗糙度的 Ra 值。

电动轮廓仪（又称表面粗糙度检查仪或测面仪）就是利用针描法来测量表面粗糙度。仪器由传感器、驱动器、指示表、记录器和工作台等主要部件组成。

传感器端部装有金刚石触针（图 5-14），触针尖端曲率半径 r 很小。测量时将触针搭在工件上，与被测表面垂直接触，利用驱动器以一定的速度拖动传感器。由于被测表面轮廓峰谷起伏，触针在被测表面滑行时，将产生上下移动，这种机械的上下移动通过杠杆传递，也使杠杆另一端的铁心上下移动，从而引起电感线圈中的电感量发生变化，电感量变化的大小与触针上下移动量成比例，经电子装置将这一微弱电量的变化放大、相敏检波和功率放大后，推动记录器进行记录，即得到截面轮廓的放大图；或者把信号通过适当的环节进行滤波和积分计算后，由电表直接读出 Ra 值。这种仪器适用于测定 0.025～5μm 的 Ra 值，其中有少数型号的仪器还可测定更小的参数值。仪器配有各种附件，以适应平面、内外圆柱面、圆锥面、球面、曲面以及小孔、沟槽等形状的工件表面测量。测量迅速方便，测值准确度高。

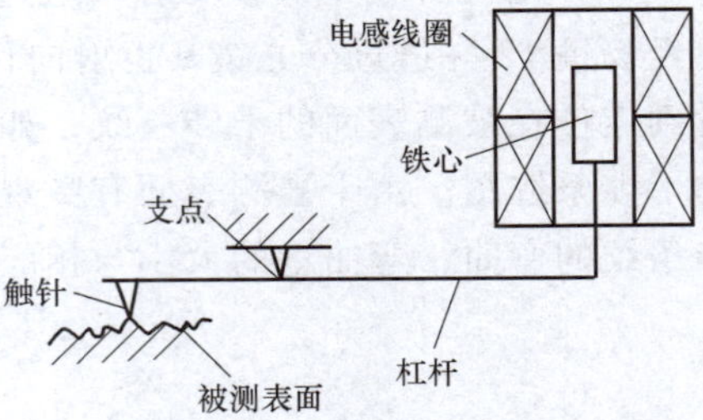

图 5-14　金刚石触针

我国生产的电动轮廓仪有 BCJ-2 型，图 5-15 是它的外观图。

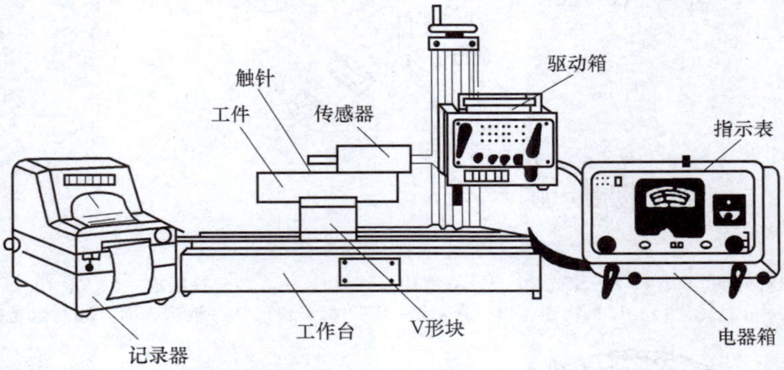

图 5-15　BCJ-2 型电动轮廓仪

随着电子技术的进步，某些型号的电动轮廓仪还可将表面粗糙度的凹凸不平做三维处理。测量时应在相互平行的多个截面上进行，通过模-数变换器，将模拟量转换为数字量，送入计算机进行数据处理，记录其三维放大图形，并求出等高线图形，从而更加合理地评定被测面的表面粗糙度。

近年来，很多研究部门都在研究利用激光测量表面粗糙度，以适应自动化生产的需要。我国沈阳市机电工业研究设计院等几个单位共同研制成功了数字激光平面粗糙度检查仪。该仪器利用激光光斑法，采用光电转换电压比的原理来检查金属表面粗糙度。

5.4 “两丝”钳工顾秋亮：给“蛟龙号”装眼睛

2015年中央台电视节目《大国工匠》中，中国船舶重工集团公司第七〇二研究所“两丝”钳工顾秋亮那双指纹已不清晰的手，给当时亿万观众留下了深刻印象。

2004年，为确保国家863重大专项蛟龙号载人潜水器的顺利安装，七〇二研究所抽调各部门技术过硬的骨干参加该项目的总装工作，顾秋亮为其中之一。作为蛟龙号载人潜水器首席装配钳工技师，顾秋亮刻苦钻研，勇挑重担，成为蛟龙号载人潜水器装配组组长的不二人选。

2005年顾秋亮所在的“大型低噪音循环水槽”项目组荣获“中国船舶重工集团公司集体一等功”。而他本人2008年荣获江苏省技术能手称号；2012年荣获蛟龙号载人深潜英雄集体荣誉称号；2013年荣获蛟龙号应用性海试先进个人；2014年他所在的“装配保障组”获得全国工人先锋号；2015年被评为第十四届全国职工职业道德建设标兵；2016年获得全国最美职工荣誉称号。

1. 刻苦钻研，练就“两丝”绝技

工作四十余年来，顾秋亮对工作兢兢业业，爱琢磨善钻研，喜欢啃工作中的“硬骨头”。凡是交给他的活儿，他总是绞尽脑汁想着如何改进安装方法和工具，提高安装精度，进而确保高质量地完成安装任务。正是凭着这股爱钻研的劲，在工作实践中磨练了他的创新意识和解决技术难题的能力。

深海载人潜水器有十几万个零部件，组装起来最大的难度就是密封性，精密度要求达到了两个“丝”（一丝等于0.01mm）。顾秋亮带领装备组实现了这个精度，人们都称他“顾两丝”。

2. 义无反顾，始成“画龙点睛”

2004年，“蛟龙号”开始组装，顾秋亮被任命为装配组组长。他和同事们最大的挑战就是确保潜水器的密封性。

潜水器载人舱的观察窗就是“蛟龙号”的眼睛。观察窗的玻璃异常“娇气”，不能与任何金属仪器接触。因为一旦两者摩擦出一个小小的划痕，在深海几百个大气压的水压下，玻璃窗就可能漏水，甚至破碎，直接危及下潜人员的生命。因此，安装载人舱观察窗的玻璃，也是组装载人潜水器里最精细的活儿。

在整个试验和装配过程中，顾秋亮每天都要工作到凌晨。除了依靠精密仪器，顾秋亮更多的是依靠自己的经验判断，靠眼睛看、用手反复摸，最终使球体跟玻璃的接触面达到70%以上，满足了密封性要求。

2009年，蛟龙号载人潜水器拉开了海上试验的序幕。顾秋亮作为蛟龙号海上试验技术保障骨干，已是五十多岁的他，克服严重的晕船反应和海上艰苦的工作生活条件等诸多困难，义无反顾地投入到每年近数十天（最长时间达100余天）的海试中，为蛟龙号保驾护航。2009—2012年，四年的海试他一次都未落下。

3. “蛟龙”入海，尽显英雄本色

2012年6月，蛟龙号载人潜水器再次整装出发，向着7000m的极限深度发起挑战，顾秋亮这位老将再次随队出征。一把锉刀一握就是40余年，一头黑发如今已是霜白，参与了“蛟龙号”载人潜水器等众多重大装备研制任务的顾秋亮也早已退休。但退休后的他仍心系科研生产，被单位返聘继续从事自己热爱的工作。“我们的国家要强大，成为一个海洋强国，要有更多的工匠将图样变成实物。人的天赋有大小，工匠精神就是要干一行、爱一行，对国家和自己都要负责任。”据介绍，仅在七〇二研究所，顾秋亮就先后带了多位徒弟。顾秋亮表示，将来即使不能带徒弟了，他还是会给更多的学生讲一讲工匠的意义，将工匠精神植入他们的心中。

大国工匠顾秋亮是一线工匠们的代表。正是一线工匠们的辛勤付出，作为国家经济细胞的企业才有了生命力和创造力，他们是国家的宝贵财富。他们对技术创新的执着，对技艺完美的追求，感染我们，也值得全社会尊重。

尊重之外，更是一种感召。诚如顾秋亮所说，“我的工作无差错，我的岗位请放心。这两句话说出来容易，能做到不简单。耐心、精心、尽心，是我40多年职业生涯的心得感悟，年轻人做事要肯下功夫，机会永远留给有准备的人。每道工序、每个细节、每个产品，都要用自己的全部心思，肯下苦功，勤动手多动脑。自己满意了才能让别人满意，这是工匠精神的重要点”。每个人都应该去寻找适合自己的人生之路。知识重要，手上的技艺同样重要，不应该被人为划出高低贵贱。为人父母者不愿意让自己的孩子成为技术工人，都想去挤进那些所谓的白领职业，长久的人才比例失衡，让中国的发展因为“眼高手低”而后续乏力。作为21世纪的主人，年轻一代理应看清自己人生的价值体现，其实不必拘泥于书本，接受大国工匠的人生故事感召，成为各种高精尖技艺的接班人，幸甚至哉。

思考题

5-1　表面粗糙度对零件的使用性能有哪些影响？

5-2　表面粗糙度测量中，如何确定取样长度和评定长度？

5-3　表面粗糙度常用的检测方法有哪些？

5-4　试述表面粗糙度的评定参数 *Ra*、*Rz* 的含义。

5-5　解释图5-16所示的表面粗糙度符号的意义。

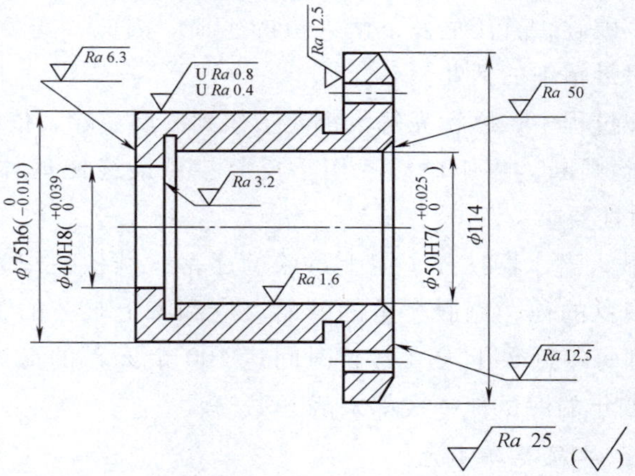

图5-16　题5-5图

5-6　纠正图 5-17 中的错误表示，并进行正确标注。

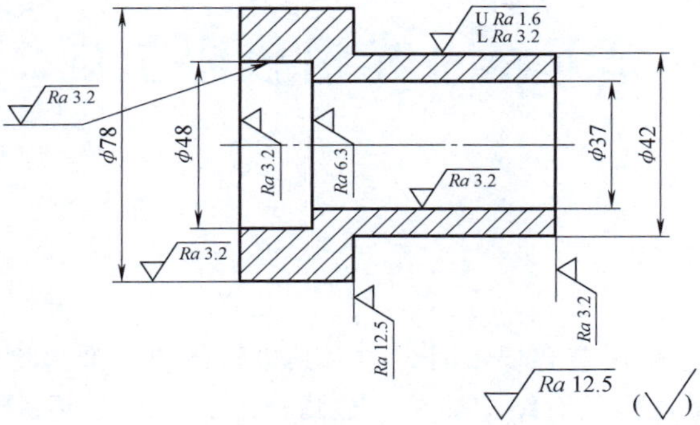

图 5-17　题 5-6 图

第 6 章 光滑极限量规

6.1 概述

当圆柱形孔、轴尺寸采用包容要求时，能对其进行既快又准地检验的测量器具是光滑极限量规（简称量规）。量规因具有结构简单、检测稳定、操作方便快捷，以及对使用环境要求不高等特点，对直径较小（500mm 以下）的中、低精度的轴和孔，在大批量生产时的检验中应用非常广泛。

量规是一种无刻度的专用量具，由通规（T）和止规（Z）组成。通规用来模拟最大实体状态，检验孔或轴的作用尺寸是否超越最大实体尺寸；止规用来检验孔或轴的实际尺寸是否超越最小实体尺寸。用量规检验产品时，只能判断其合格与否，不能获得孔、轴的具体数值。量规的使用非常简单，只需用通规和止规直接与被检孔、轴进行比较，当通规通过了被检尺寸而止规不能通过被检尺寸时，零件就被认定为是合格的。若不能同时满足上述两个条件，则认为被检零件是不合格的。因此，根据不同的用途正确设计和选用量规，是用量规有效检验孔、轴合格性的前提。在光滑工件尺寸检验时，用来检验孔的量规称为塞规，如图 6-1 所示；用来检验轴的量规称为环规，如图 6-2 所示。

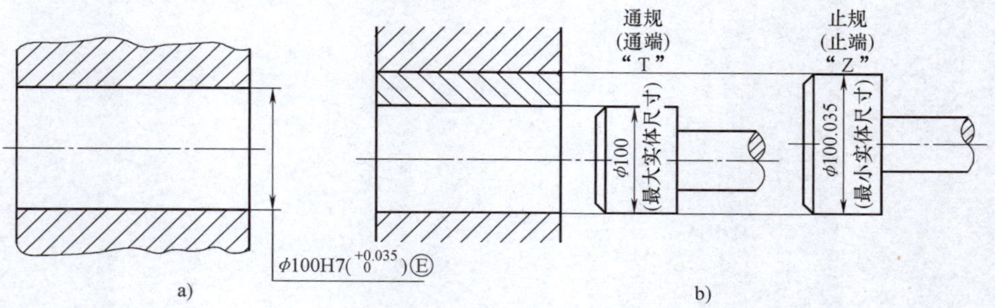

图 6-1 用塞规检验孔

a）实际零件 b）用塞规检验

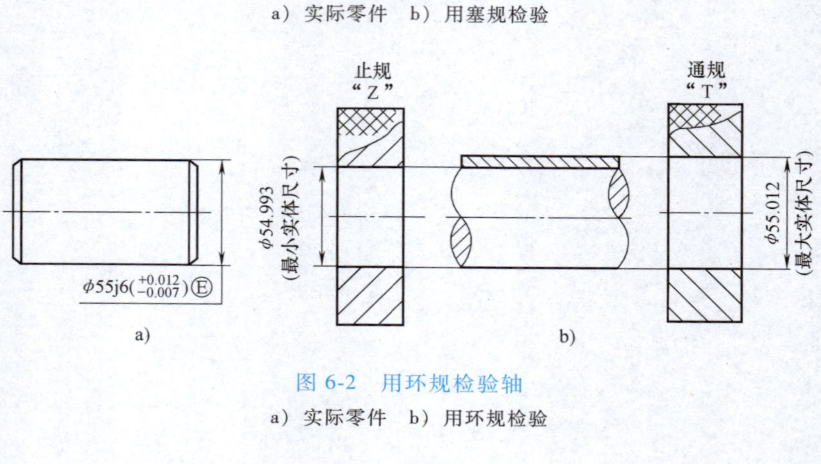

图 6-2 用环规检验轴

a）实际零件 b）用环规检验

6.2 光滑极限量规的分类

量规按检验对象的不同可分为孔用量规和轴用量规；按用途的不同可分为工作量规、验收量规和校对量规。

6.2.1 按检验对象分

1）孔用量规：称为塞规，用于检验孔的合格性。

2）轴用量规：分为环规和卡规，用于检验轴的合格性。其中，环规用于检验较小尺寸的轴径，卡规用于检验较大尺寸或台阶形的轴径。

6.2.2 按用途分

1）工作量规：是零件制造过程中生产工人使用的量规。

2）验收量规：是检验人员或用户代表验收产品时所用的量规。

3）校对量规：是用以检验轴用工作量规中的环规是否合格的量规。卡规因尺寸较大，不便用校对量规进行校验，一般均用测量仪器直接对其精度进行检查。塞规刚性好，不易变形和磨损，便于用通用测量器具检测，因而不需要校对量规。

6.3 工作量规的公差带

量规的制造精度比零件高得多，但不可能绝对准确地按某一指定尺寸制造。因此，对量规要规定制造公差。由于量规的实际尺寸与零件的极限尺寸不可能完全一样，多少会有些差别，因此在用量规检验零件以决定是否合格时，实际上并不是根据零件规定的极限尺寸，而是根据量规的实际尺寸判断的。

为了确保产品质量，国标 GB/T 1957—2006《光滑极限量规　技术条件》规定了量规公差带不得超越被检零件的公差带。量规的公差带分布如图 6-3 所示，图中，T_1 为量规尺寸公差（制造公差），Z_1 为通规尺寸公差带的中心到零件最大实体尺寸之间的距离，称为位置要素，见表 6-1。通规在使用过程中会逐渐磨损，为了使它具有一定的寿命，需要留出适当的磨损储量，即规定磨损极限，其磨损极限等于被检验零件的最大实体尺寸。因为止规遇到合格零件时不通过，磨损很慢，所以不需要磨损储量。

表 6-1　工作量规制造公差 T_1 与位置要素 Z_1 值（摘自 GB/T 1957—2006）

（单位：μm）

工件公称尺寸/mm	IT6			IT7			IT8			IT9			IT10		
	孔或轴的公差值	T_1	Z_1	IT7	T_1	Z_1	孔或轴的公差值	T_1	Z_1	孔或轴的公差值	T_1	Z_1	孔或轴的公差值	T_1	Z_1
≤3	6	1	1	10	1.2	1.3	14	1.6	2	25	2	3	40	2.4	4
>3~6	8	1.2	1.4	12	1.4	2	18	2	2.6	30	2.4	4	48	3	5
>6~10	9	1.4	1.6	15	1.8	2.4	22	2.4	3.2	36	2.8	5	58	3.6	6
>10~18	11	1.6	2	18	2	2.8	27	2.8	4	43	3.4	6	70	4	8
>18~30	13	2	2.4	21	2.4	3.4	33	3.4	5	52	4	7	84	5	9

（续）

工件公称尺寸/mm	IT6			IT7			IT8			IT9			IT10		
	孔或轴的公差值	T_1	Z_1	IT7	T_1	Z_1	孔或轴的公差值	T_1	Z_1	孔或轴的公差值	T_1	Z_1	孔或轴的公差值	T_1	Z_1
>30~50	16	2.4	2.8	25	3	4	39	4	6	62	5	8	100	6	11
>50~80	19	2.8	3.4	30	3.6	4.6	46	4.6	7	74	6	9	120	7	13
>80~120	22	3.2	3.8	35	4.2	5.4	54	5.4	8	87	7	10	140	8	15

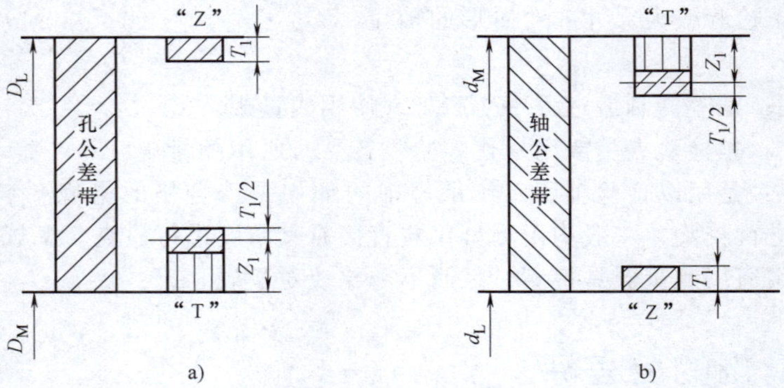

图 6-3 量规的公差带分布

a）孔用工作量规的制造公差带 b）轴用工作量规的制造公差带

6.4 量规设计

6.4.1 量规设计原则

光滑极限量规依照极限尺寸判断原则检验孔、轴尺寸的合格性。这一原则 1905 年最先由泰勒（William Taylor）提出，因此也称为泰勒原则。

1. 极限尺寸判断原则的内容

（1）作用尺寸

1）体外作用尺寸：指在被测要素的给定长度上，与实际内表面体外相接的最大理想面或与实际外表面体外相接的最小理想面的直径或宽度。

对于单一要素，实际内、外表面的体外作用尺寸分别用 D_{fe}、d_{fe} 表示，如图 6-4 所示。

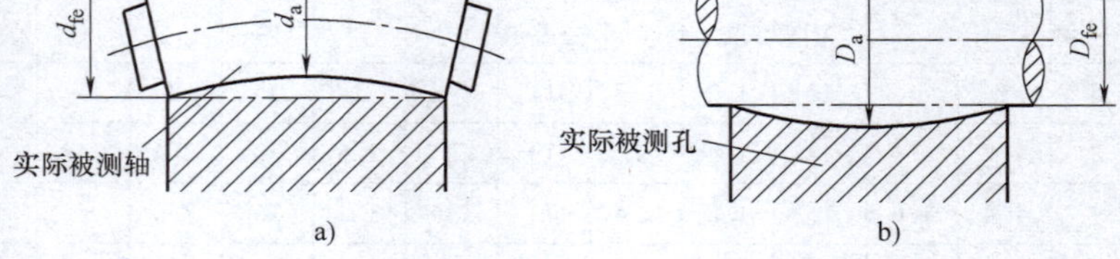

图 6-4 单一要素的体外作用尺寸

a）轴的体外作用尺寸 b）孔的体外作用尺寸

对于关联要素，实际内、外表面的体外作用尺寸分别用 D'_{fe}、d'_{fe}表示。轴的关联要素的体外作用尺寸如图 6-5 所示。

2）体内作用尺寸：指在被测要素的给定长度上，与实际内表面体内相接的最小理想面或与实际外表面体内相接的最大理想面的直径或宽度。

对于单一要素，实际内、外表面的体内作用尺寸分别用 D_{fi}、d_{fi} 表示，如图 6-6 所示。

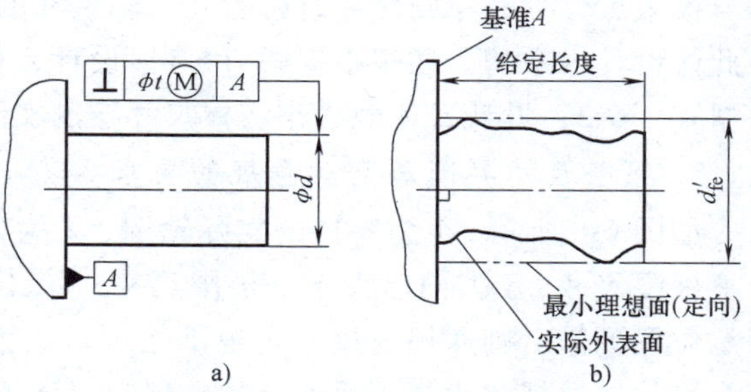

图 6-5 轴的关联要素的体外作用尺寸

a）图样标注 b）轴的体外作用尺寸

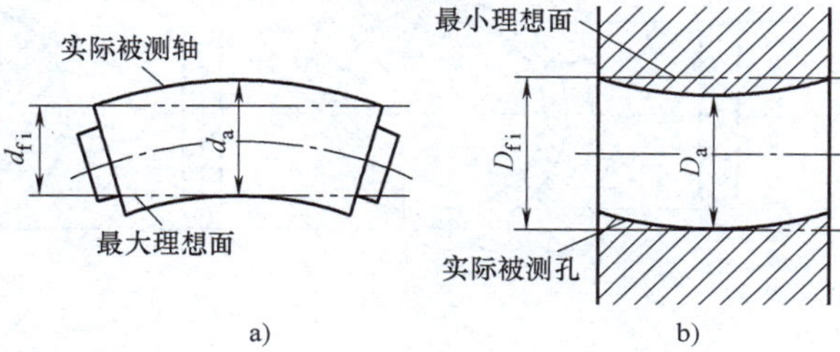

图 6-6 单一要素的体内作用尺寸

a）轴的体内作用尺寸 b）孔的体内作用尺寸

对于关联要素，实际内、外表面的体内作用尺寸分别用 D'_{fi}、d'_{fi}表示。轴的关联要素的体内作用尺寸如图 6-7 所示。

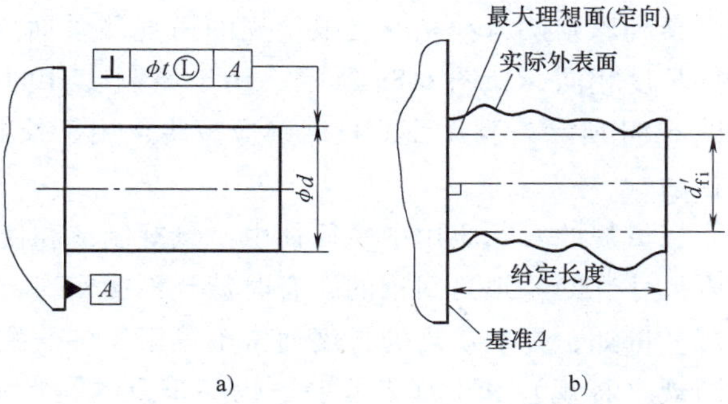

图 6-7 轴的关联要素的体内作用尺寸

a）图样标注 b）轴的体内作用尺寸

应当注意：作用尺寸不仅与实际要素的局部实际尺寸有关，还与其几何误差有关。因此，作用尺寸是实际尺寸和几何误差的综合尺寸。对一批零件而言，每个零件都不一定相同，但每个零件的体外或体内作用尺寸只有一个；对于被测实际轴，$d_{fe} \geqslant d_{fi}$；而对于被测实际孔，$D_{fe} \leqslant D_{fi}$。

（2）孔或轴的体外作用尺寸不允许超过最大实体尺寸 对于孔，其体外作用尺寸应不小于它的下极限尺寸；对于轴，其体外作用尺寸应不大于它的上极限尺寸，即

$$D_{fe}=D_a-f_{孔} \geqslant D_{min}；d_{fe}=d_a+f_{轴} \leqslant d_{max} \quad (6\text{-}1)$$

（3）孔或轴任何部位的实际尺寸不允许超过最小实体尺寸 对于孔，其实际尺寸应不大于它的上极限尺寸；对于轴，其实际尺寸应不小于它的下极限尺寸，即

$$D_a \leqslant D_{max}；d_a \geqslant d_{min} \quad (6\text{-}2)$$

这两条内容体现了孔、轴尺寸公差带的控制功能，即不论体外、体内作用尺寸还是任一局部实际尺寸，均应位于给定公差带内。

极限尺寸判断原则为综合检验孔、轴尺寸的合格性提供了理论基础，光滑极限量规就是由此而设计出来的。通规根据式（6-1）设计，体现最大实体尺寸控制体外作用尺寸；止规根据式（6-2）设计，体现最小实体尺寸控制实际尺寸。

2. 极限尺寸判断原则对量规的要求

如图 6-8 所示，1 为零件的实际轮廓，2 为该工件的尺寸公差带。可以看出 x 方向已小于下极限尺寸，y 方向已大于上极限尺寸，该工件为不合格品。但若用图 6-8b 和图 6-8e 在图示位置测量，则通规通过，止规不通过，认为该工件为合格品。若再用图 6-8a 和图 6-8d 组合测量，通规和止规都通不过去，则判定该工件为不合格品。

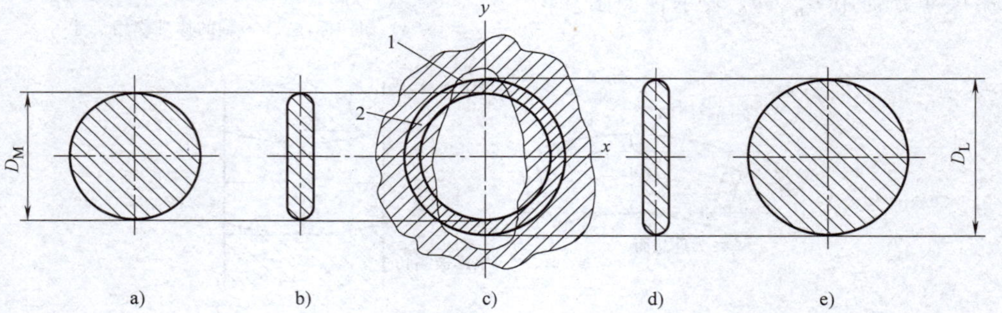

图 6-8　泰勒原则的实际应用

a）全形通规　b）两点状通规　c）工件　d）两点状止规　e）全形止规

1—零件的实际轮廓　2—尺寸公差带

泰勒原则认为：光滑极限量规的通规测量面应该是全形（轴向剖面为整圆）且长度与零件长度相同，如图 6-8a 所示，用于控制工件的作用尺寸；止规测量面应该是两点状的，如图 6-8d 所示，测量面的长度则应短些，用于控制工件的实际尺寸（止规表面与被测件为点接触）。

在量规的实际应用中，往往由于量规制造和使用方面的原因，要求量规的形状完全符合极限尺寸判断原则是困难的，有时甚至不能实现，因而不得不使用偏离极限尺寸判断原则的量规。例如，标准通规的长度通常不等于零件的配合长度；大尺寸的孔和轴通常要用非全形的通规（杆规）和卡规来检验，代替笨重的全形通规；曲轴的轴颈只能用卡规检验，不能用环规检验；由于点接触易产生磨损，止规不得不采用小平面或圆柱面；检验小孔用的止规为了增加刚度和便于制造，常采用全形塞规；检验薄壁零件时，为防止两点状止规造成零件变形，也常采用全形止规。

为了尽量减少在使用偏离极限尺寸判断原则的量规检验时造成的误判，操作量规一定要正确。例如，使用非全形的通端塞规时，应在被检孔的全长上沿圆周的几个位置上检验；使用卡规时，应在被检轴配合长度的几个部位并围绕被检轴圆周的几个位置上检验。

6.4.2　量规设计应用

【例】　已知配合 $\phi 25H8/f7$，试设计孔用、轴用工作量规。

解：

1）由国标查出孔与轴的上、下极限偏差为

$$\phi 25H8\text{ 孔}：ES=+0.033\text{mm},\ EI=0\text{mm}$$

ϕ25f7 轴：$es=-0.020$mm，$ei=-0.041$mm

2）由表 6-1 查得工作量规的制造公差 T_1 和位置要素 Z_1。

ϕ25H8 孔用塞规：制造公差 $T_1=0.0034$mm，位置要素 $Z_1=0.005$mm。

ϕ25f7 轴用卡规：制造公差 $T_1=0.0024$mm，位置要素 $Z_1=0.0034$mm。

3）计算工作量规的极限偏差。

① ϕ25H8 孔用塞规：

通规：上极限偏差 $=EI+Z_1+\dfrac{T_1}{2}=(0+0.005+0.0017)\text{mm}=+0.0067\text{mm}$

下极限偏差 $=EI+Z_1-\dfrac{T_1}{2}=(0+0.005-0.0017)\text{mm}=+0.0033\text{mm}$

磨损极限 $=EI=0$

止规：上极限偏差 $=ES=+0.033\text{mm}$

下极限偏差 $=ES-T_1=(+0.033-0.0034)\text{mm}=+0.0296\text{mm}$

② ϕ25f7 轴用卡规：

通规：上极限偏差 $=es-Z_1+\dfrac{T_1}{2}=(-0.02-0.0034+0.0012)\text{mm}=-0.0222\text{mm}$

下极限偏差 $=es-Z_1-\dfrac{T_1}{2}=(-0.02-0.0034-0.0012)\text{mm}=-0.0246\text{mm}$

磨损极限 $=es=-0.020\text{mm}$

止规：上极限偏差 $=ei+T_1=(-0.041+0.0024)\text{mm}=-0.0386\text{mm}$

下极限偏差 $=ei=-0.041\text{mm}$

量规公差带图（偏差单位为 μm）如图 6-9 所示，量规工作尺寸的标注如图 6-10 所示。

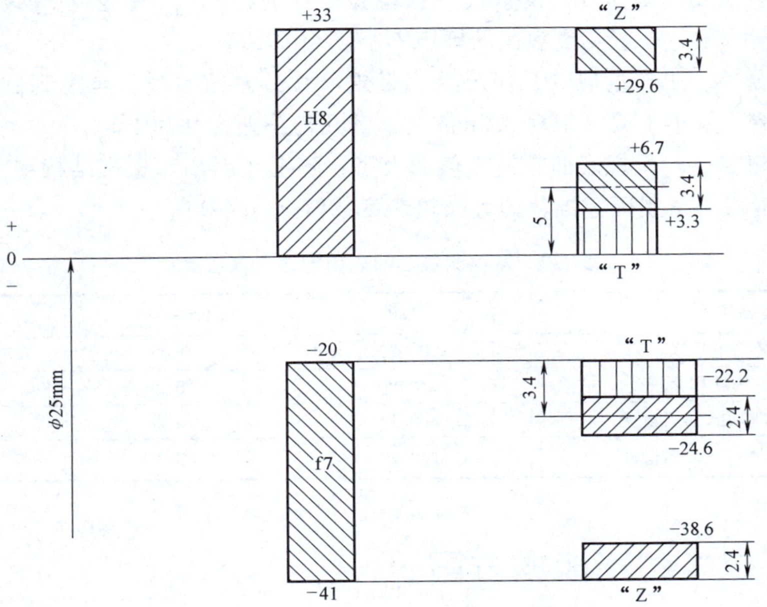

图 6-9 量规公差带图（偏差单位为 μm）

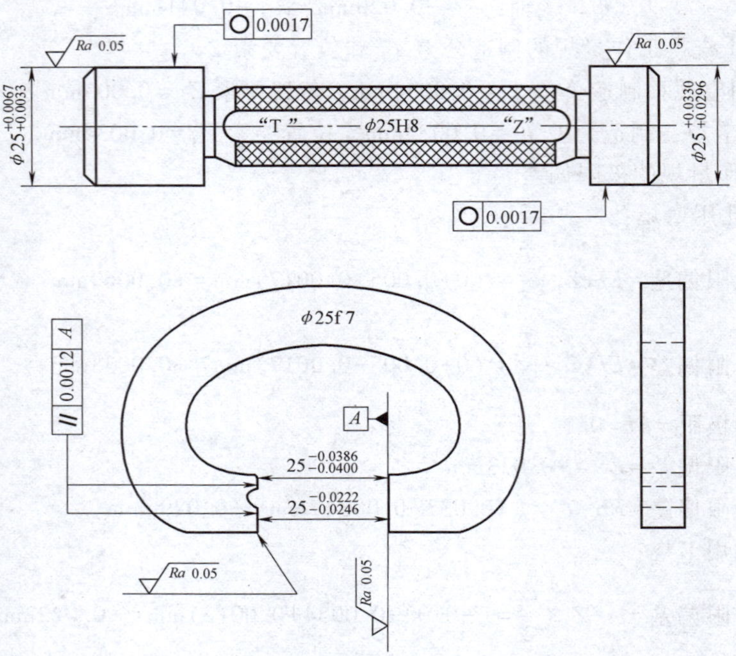

图 6-10　量规工作尺寸的标注

6.4.4　量规的主要技术要求

量规的技术要求包括量规材料、硬度、几何公差和表面粗糙度等。

(1) 量规材料　量规测量部位可用淬硬钢（合金工具钢、碳素工具钢、渗碳钢）或硬质合金等耐磨材料制造，也可在测量面上镀上厚度大于磨损量的铬层、氮化层等耐磨材料。

(2) 硬度　量规测量面的硬度取决于被检验零件的公称尺寸、公差等级和粗糙度以及量规的制造工艺水平，一般测量表面的硬度不小于 60HRC。

(3) 几何公差　工作量规的几何公差为量规尺寸公差的 50%，考虑到制造和测量的困难，当量规制造公差小于或等于 0.002mm 时，其几何公差为 0.001mm。

(4) 表面粗糙度　量规表面粗糙度值的大小，随上述因素和量规结构型式的变化而异，一般不低于光滑极限量规国标推荐的表面粗糙度数值（表 6-2）。

表 6-2　量规测量面的表面粗糙度数值 *Ra*　　（单位：μm）

零件公称尺寸/mm	≤120	>120~315	>315~500
IT6 级孔用量规	≤0.025	≤0.05	≤0.1
IT7~IT9 级孔用量规	≤0.05	≤0.2	≤0.2
IT10~IT12 级孔、轴用量规	≤0.1	≤0.2	≤0.4
IT13~IT16 级孔、轴用量规	≤0.2	≤0.4	≤0.4

6.5　不以规矩，不能成方圆

“不以规矩，不能成方圆”出自《孟子·离娄章句上》。孟子曰：“离娄之明，公输子之巧，不以规矩，不能成方圆；师旷之聪，不以六律，不能正五音；尧舜之道，不以仁政，不能平治天下。意思是“即使有离娄那样好的视力，公输子那样好的技巧，如果不用圆规和曲尺，也不能准确地画出方形和圆形；即使有师旷那样好的审音力，如果不用六律，也不能校正五音；即使有尧舜的学说，如果不实施仁政，也不能治理好天下”。这是当时孟子要求当政者实施仁政的呐喊。具体落实到两个方面：一是“法先王”；二是选贤才。后来引申为行为举止的标准和规则，这句贤文旨在教育人们，做人要遵纪守法，讲纪律，守规则。

在战场上，一只“守纪律”的军队必定作风硬朗，勇猛无比，明朝抗倭名将戚继光所率领的“戚家军”便以英勇善战闻名于世。想当初，他接连灭掉了浙江、福建、广东的倭寇，荡平东南沿海的多年倭患，后来又镇守北方，使塞外的民族不敢轻易南犯。这支戚家军到底靠什么做到“战无不胜，攻无不克”的，靠的就是“铁一般的纪律”，在军纪面前，戚继光可谓是铁面无私，人人平等。戚将军的舅舅本来曾在军中任职，但有一次犯了军纪，结果，戚继光当着全体将士的面，按纪律罚治了他的舅舅。戚继光没有丝毫的纵容包庇，并且对自己的舅舅毫不留情地执行了军法，正因为有如此严明的纪律，将士们在作战的时候，才会没有顾虑勇往直前。军法严苛，奖惩分明，“戚家军”终成一支令敌人闻风丧胆的精锐之师。

“剑桥规则”的问世，标志着比赛制确立，并开始使用越位规则，推行换人制度，启用点球大战制度等。人们看到的是规则的引入与变迁、是规则的强化、是制度的完善，足球场面从先前的野蛮混乱、语言障碍、警告不明确等一系列的问题渐渐演变成合理的规则，顺畅而公平。毋庸置疑，足球场面质的飞跃，正是规则潜移默化地影响着运动员。时代的迅速发展，需要条条框框的规则、制度来限定运动员。可见，无规则不成方圆，规则需要人们共同遵守、保护。

“不以规矩，不能成方圆”，没有圆规和角尺，就无法准确地画出圆形和方形。同样，遵纪之人才能画出心中的方圆，成就人生。人生在世，与人交往，修身养性，处处都离不开规矩。

1. 懂规矩，就是懂得做人的分寸

古人云：物壮则老、物极必反、水满则溢、过犹不及。说的都是分寸感，为人世，分寸感尤为重要。不懂得把握分寸，就会走向事物的反面。本来设想好的结局，因为用力过猛，反而最终差以千里。生活中，有的人没深没浅，读不懂不卑不亢，悟不透恰如其分。总是把口无遮拦当成性格直率，说话不把门，不分场合、不分人群、不分时间，从来都是不知道轻重，让人难堪，给人下不了台。与人交谈，话题再好，也要忌讳喋喋不休、发言过长，这样只会消减聊天的趣味。言行举止失了分寸，只会暴露自身的粗鄙浅薄和狂妄无礼。沉默是金，说话做事要言简意赅、点到为止，这是修养，更是境界。

2. 懂规矩，就是懂得做人的底线

规矩，是每个人心中不可或缺的一把尺，里面藏着一个人的底线与原则。底线是人与畜生之间的临界点。一个人若是失去了基本底线，便与披着人皮的畜生没有区别。作家冯骥才说：“一个人只有守住底线，才能获得成功的自我和成功的人生。”毫无底线的人，哪怕拥有再多，最终也注定是一个失败者。相反，那些能坚守底线的人，就算一穷二白，也能问心无愧，快乐一生。一个懂规矩的人，必定是不愿意打破自己的原则和底线的人。他不会为了攀附权贵而阿谀奉承，也不会为了贪求利益而伤害他人。做人，坚守原则，心存底线，才能真正一生坦荡，一世无垢。

3. 懂规矩，就是一种崇高的品格

白岩松曾说：“人品是最高的学位，德与才的统一才是真正的智慧，真正的人才。”有才不如有德，有钱不如有品。与有才无德之人交往，很可能会被他害得一无所有，和有德有才之人交往，则会得到很多帮助。现实中，有很多人，很有才，但人品不行，为了利益什么事都干得出来。就像有些人为了钱，把国家机密泄漏出去，结果只能陷身囹圄，一生尽毁。这样的人，能力再强，在人品面前也不值一提。有些人，虽然开始很普通，但人品好，得到别人的提携和培养，慢慢走向了更广阔的天地。

思考题

6-1 光滑极限量规的通规和止规分别检验工件的什么尺寸？工作量规的公差带是如何设置的？

6-2 什么是极限尺寸判断原则？

6-3 怎样确定量规的工作尺寸？

6-4 （判断题）光滑量规止规的公称尺寸等于工件的最大极限尺寸。（　　）

6-5 （判断题）通规公差由制造公差和磨损公差两部分组成。（　　）

6-6 （判断题）检验孔的尺寸是否合格的量规是通规，检验轴的尺寸是否合格的量规是止规。（　　）

6-7 （填空题）验收量规是检验部门或用户__________时使用的量规。

6-8 （填空题）选用量规结构形式时，必须考虑________________等问题。

6-9 （填空题）通规的公称尺寸等于________，止规的公称尺寸等于________。

第 7 章　尺　寸　链

7.1　尺寸链的基本概念

在机器或仪器的设计工作中，除了需要进行运动、强度和刚度等计算外，通常还需要进行几何量分析计算（即所谓精度设计）。为了保证机器或仪器能顺利地进行装配，并保证达到预定的工作性能要求，还应从总体装配考虑，合理地确定构成机器的有关零部件的几何精度（尺寸公差、几何公差等）。它们之间的关系要用尺寸链来计算和处理。我国已发布 GB/T 5847—2004《尺寸链　计算方法》，供设计时参考使用。

7.1.1　尺寸链的定义及特点

任何机器或仪器都是由若干个有相互联系的零件或部件组成的，它们之间都存在尺寸间的联系。如图 7-1a 所示，车床尾座顶尖轴线与主轴轴线的高度差 A_0 是车床的主要指标之一，影响这项精度的尺寸有尾座顶尖轴线高度 A_2、尾座底板厚度 A_1 和主轴轴线高度 A_3。这四个相互联系的尺寸形成封闭的尺寸组，就是尺寸链（装配尺寸链）。即

$$A_1+A_2-A_3-A_0=0 \tag{7-1}$$

同样，一个零件在加工过程中形成的有关尺寸也是有相互联系的。如图 7-2a 所示的阶梯轴，在车光小端端面后，按尺寸 A_2 加工台阶表面，再按尺寸 A_1 将零件切断，此时尺寸 A_0 也随之而定。尺寸 A_0 的大小取决于尺寸 A_1 及 A_2。这样，由尺寸 A_1、A_2 及 A_0 形成的封闭尺寸组也是尺寸链（零件尺寸链），即

$$A_1-A_2-A_0=0 \tag{7-2}$$

综合以上两例可知：在零件的加工或机器的装配过程中，由一组彼此相互联系的尺寸形成封闭尺寸组，其中某一尺寸的精度受其他所有尺寸精度的影响，这组尺寸即为尺寸链。

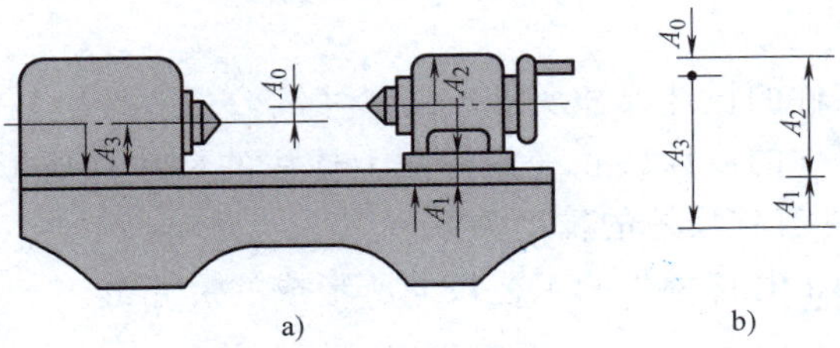

图 7-1　装配尺寸链

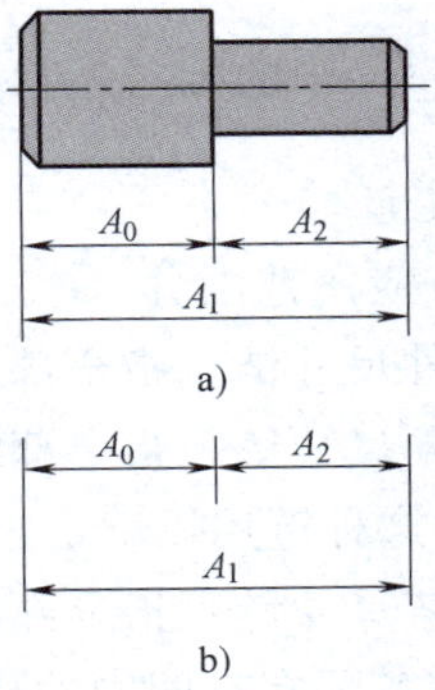

图 7-2　零件尺寸链

7.1.2 尺寸链的基本术语和分类

1. 基本术语

1）环　列入尺寸链中的每一个尺寸称为环。环可分为封闭环和组成环。

2）封闭环　封闭环是加工或装配过程中最后自然形成的那个尺寸，如图 7-1、图 7-2 中的尺寸 A_0。封闭环是尺寸链中其他尺寸互相结合后获得的尺寸，所以封闭环的实际尺寸受到尺寸链中其他尺寸的影响。

3）组成环　尺寸链中对封闭环有影响的全部环，即尺寸链中除封闭环外的其他环都称为组成环。组成环可分为增环和减环。

4）增环　若在其他组成环不变的条件下，某一组成环的尺寸增大，封闭环的尺寸也随之增大；某一组成环的尺寸减小，封闭环的尺寸也随之减小，则该组成环称为增环，如图 7-1 中的尺寸 A_1、A_2。

5）减环　若在其他组成环不变的条件下，某一组成环的尺寸增大，封闭环的尺寸随之减小；某一组成环的尺寸减小，封闭环的尺寸随之增大，则该组成环称为减环，如图 7-1 中的尺寸 A_3。

6）补偿环　在计算尺寸链中，预先选定的组成环中的某一环，且通过改变该环的尺寸大小和位置使封闭环达到规定的要求，则预先选定的那一环称为补偿环。

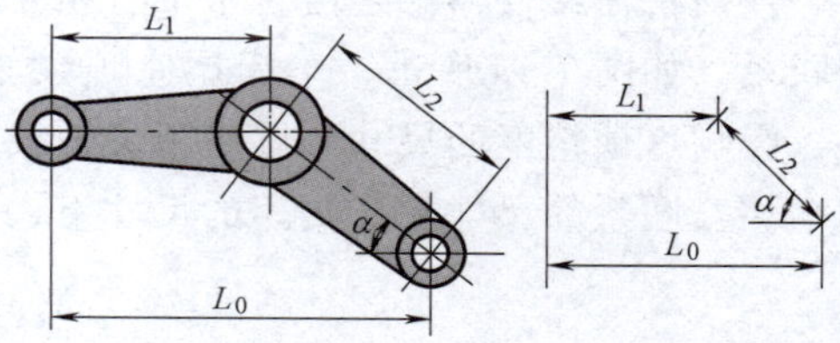

图 7-3　平面尺寸链

7）传递系数　各组成环对封闭环影响大小的系数称为传递系数，用 ξ 表示。如图 7-3 所示，尺寸链由组成环 L_1、L_2 和封闭环 L_0 组成，从图中可知，组成环 L_1 的尺寸方向与封闭环尺寸方向一致，而组成环 L_2 的尺寸方向与封闭环 L_0 的尺寸方向不一致，因此封闭环的尺寸将表示为

$$L_0 = L_1 + L_2 \cos\alpha \tag{7-3}$$

式中，α 为组成环尺寸方向与封闭环尺寸方向的夹角。

式（7-3）说明尺寸 L_1 的传递系数 $\xi_1 = 1$，尺寸 L_2 的传递系数 $\xi_2 = \cos\alpha$。由误差理论可知，传递系数用 $\xi_i = \dfrac{\partial f}{\partial L_i}$ 表示，即传递系数等于封闭环的函数式对某一组成环求得偏导数。若将式（7-3）中的 L_0 分别对 L_1 和 L_2 求偏导数，则可知 $\dfrac{\partial L_0}{\partial L_1} = 1$，$\dfrac{\partial L_0}{\partial L_2} = \cos\alpha$。

2. 尺寸链的分类

（1）按应用范围分

1）零件尺寸链：指全部组成环为同一零件的设计尺寸所形成的尺寸链。

2）装配尺寸链：指全部组成环为不同零件的设计尺寸（零件图上标注的尺寸）所形成的尺寸链。这种链用以确定组成机器的零部件有关尺寸的精度关系。

3）工艺尺寸链：指全部组成环为零件加工时该零件的工艺尺寸所形成的尺寸链。

（2）按各环在空间中的位置分

1）线性尺寸链：该尺寸链各环都位于同一平面内且彼此平行，如图 7-1b、图 7-2b

所示。

2）平面尺寸链：该尺寸链各环位于同一平面内，但其中有些环彼此不平行，如图 7-3b 所示。

3）空间尺寸链：该尺寸链各环位于不平行的平面上。

空间尺寸链和平面尺寸链可用投影法分解为线性尺寸链，然后按线性尺寸链分析计算。

（3）按尺寸链组合形式分

1）并联尺寸链：两个尺寸链具有一个或几个公共环，即为并联尺寸链。如图 7-4 所示，由尺寸 A_i 和 B_i 组成的两个尺寸链中，尺寸 $A_2=B_2$ 及 $A_3=B_1$ 为公共环。显然，当公共环变化时，必将对尺寸链的封闭环 A_0 和 B_0 同时产生影响。

2）串联尺寸链：两个尺寸链之间有一公共基准面（如图 7-5 中 O—O），即为串联尺寸链。

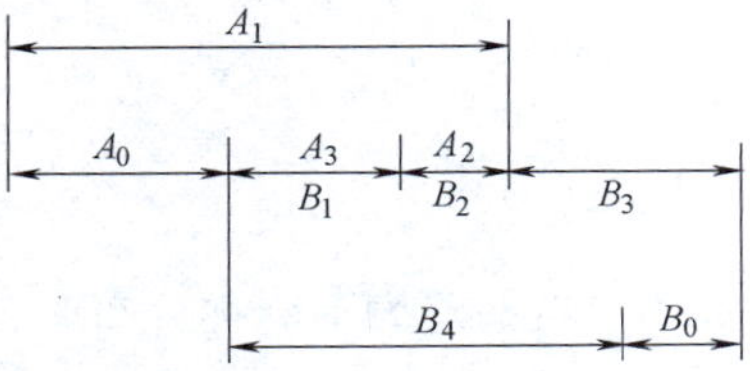

图 7-4　并联尺寸链

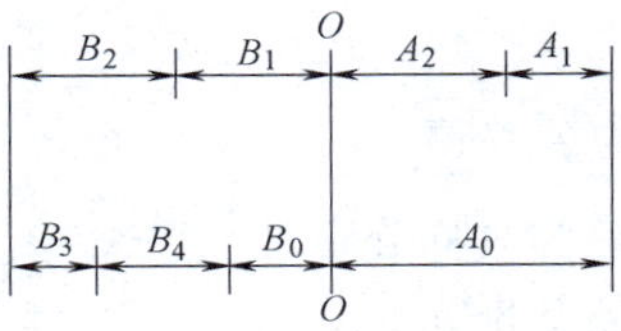

图 7-5　串联尺寸链

3）混合尺寸链：由并联尺寸链和串联尺寸链混合组成的尺寸链为混合尺寸链，如图 7-6 所示。其中，A_2 和 C_1 环为尺寸链 A 和 C 的公共环，故尺寸链 A 和 C 为并联尺寸链；其中 O—O 为尺寸链 A 和 B 的公共基准面，故尺寸链 A 和 B 为串联尺寸链。

（4）按几何特征分

1）长度尺寸链：该尺寸链中各环均为直线长度量。

2）角度尺寸链：该尺寸链中包含有角度值的环。角度尺寸链常用于分析或计算机械结构中有关零件要素的位置精度，如平行度、垂直度、同轴度等。如图 7-7a 所示，要保证滑动轴承座孔端面与支承底面 B 垂直，而公差标注要求孔轴线与孔端面垂直、孔轴线与孔支承底面 B 平行，则构成角度尺寸链，如图 7-7b 所示。

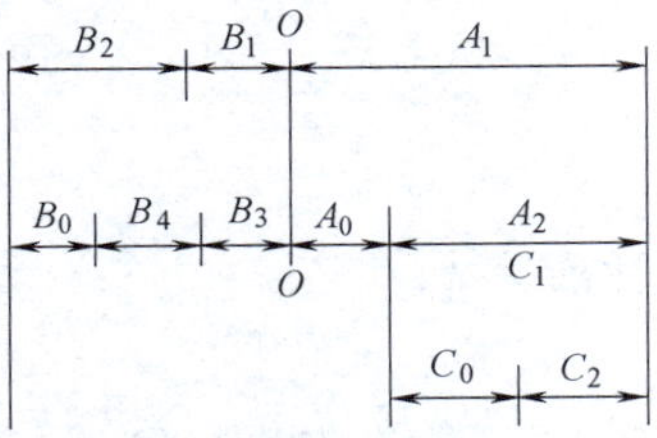

图 7-6　混合尺寸链

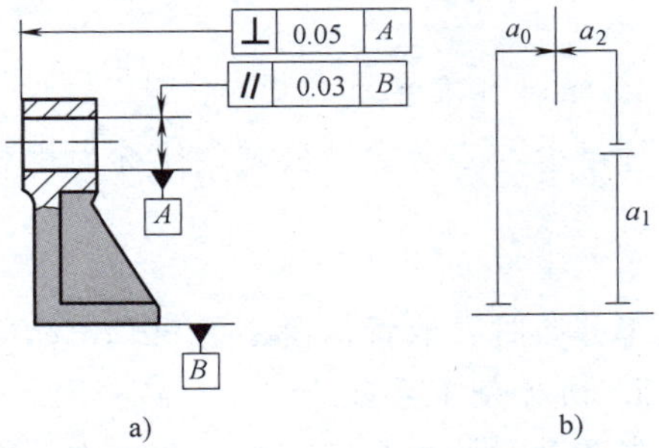

图 7-7　滑动轴承座位置公差及尺寸链

7.1.3　计算尺寸链的有关参数

1. 平均偏差 $\overline{X}$

全部尺寸偏差的平均值称为平均偏差，也等于所有实际尺寸的平均值与公称尺寸的差值，即 $\overline{X}=\frac{1}{n}\sum_{i=1}^{n}L_i-L$，如图 7-8 所示。它表明尺寸偏差变动的中心位置。

2. 中间偏差 Δ

上极限偏差与下极限偏差的平均值称为中间偏差，即 $\Delta=\frac{ES+EI}{2}$ 或 $\Delta=\frac{es+ei}{2}$，也等于上极限尺寸与下极限尺寸的平均值与公称尺寸之差，即 $\Delta=\frac{1}{2}(L_{max}+L_{min})-L$。如图 7-8 所示，若偏差为正态分布或为其他对称分布，则平均偏差等于中间偏差。若偏差为不对称分布，则平均偏差不等于中间偏差。

3. 相对不对称系数 e

表示分布曲线不对称程度的系数称为不对称系数，其表达式为

$$e=\frac{\overline{X}-\Delta}{T/2} \tag{7-4}$$

式中，T 为公差值。

当偏差为对称分布时，$\overline{X}-\Delta=0$，故相对不对称系数 $e=0$；当偏差为不对称分布时，$\overline{X}-\Delta=eT/2$，如图 7-8 所示。

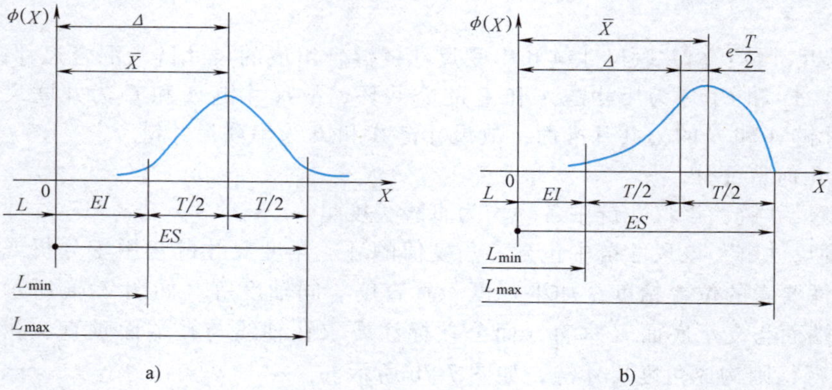

图 7-8　平均偏差 $\overline{X}$

4. 相对标准差 λ

标准差与二分之一公差之比称为相对标准差。即

$$\lambda=\frac{\sigma}{T/2} \tag{7-5}$$

当正态分布时，取置信概率为 99.73%，则 $T=6\sigma$，相对标准差 $\lambda_n=1/3$。

5. 相对分布系数 k

任意分布的相对标准差 λ 与正态分布时的相对标准差 λ_n 之比称为相对分布系数。它表征尺寸分布的分散程度。其计算公式为

$$k=\lambda/\lambda_n=3\lambda \tag{7-6}$$

由式（7-6）可知，当正态分布时，$k=3\times1/3=1$；当均匀分布时，$\lambda=\sigma/(T/2)$，其中 $\sigma=\alpha/\sqrt{3}$、$T=2\alpha$，得 $\lambda=1/\sqrt{3}$，故 $k=3\times1/\sqrt{3}=1.73$；当三角形分布时，$\lambda=\sigma/(T/2)$，其中

$\sigma=\alpha/\sqrt{6}$、$T=2\alpha$，得 $\lambda=1/\sqrt{6}$，故 $k=3\times1/\sqrt{6}=1.22$。

常见的几种相对不对称系数 e 及相对分布系数 k 见表 7-1。

表 7-1 相对不对称系数 e 及相对分布系数 k

分布特征	正态分布	三角分布	均匀分布	瑞利分布	偏态分布	
					外尺寸	内尺寸
分布曲线	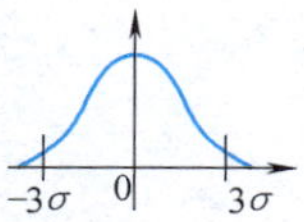	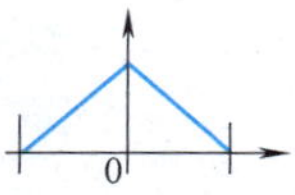	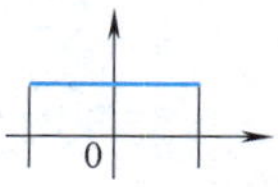	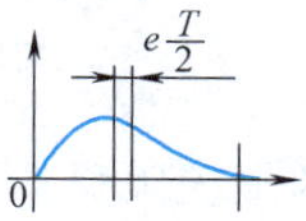	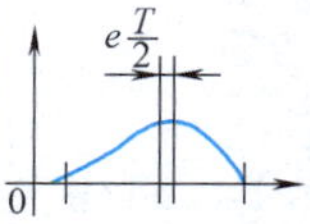	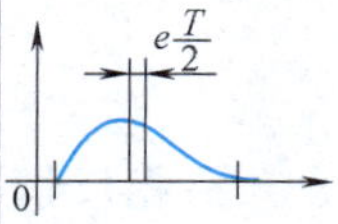
e	0	0	0	-0.28	0.26	-0.26
k	1	1.22	1.73	1.14	1.17	1.17

系数 e 与 k 的取值主要取决于加工工艺过程。大批量生产稳定的工艺过程，工件尺寸趋近正态分布，取 $e=0$、$k=1$；极不稳定的工艺过程，尺寸趋近均匀分布，取 $e=0$、$k=1.73$；按试切法加工时，尺寸趋向偏态分布，$e=\pm0.26$、$k=1.17$，对外尺寸 e 取正号，对内尺寸 e 取负号；偏心等矢量误差，其矢量模遵循瑞利分布，取 $e=-0.28$、$k=1.14$；偏心沿某一方向的分量，当方向角遵循均匀分布时，取 $e=0$、$k=1.73$。平行度误差与垂直度误差趋于偏态分布。

7.2 尺寸链的计算

尺寸链的计算是为了正确合理地确定尺寸链中各环尺寸的公差和极限偏差，根据不同要求，尺寸链的计算习惯上可分为正计算和反计算两类。

1）正计算：即根据已给定的组成环的尺寸和极限偏差，计算封闭环的公差与极限偏差，验证其是否符合技术要求。这方面的计算主要用来验证设计的正确性。

2）反计算：即已知封闭环的尺寸和极限偏差，计算各组成环的公差与极限偏差。反计算用于产品设计、加工和装配工艺等方面。

7.2.1 完全互换法计算尺寸链

完全互换法又称极值法，它是从尺寸链中各环的极限尺寸出发进行尺寸链计算的计算方法。因此，若按此方法计算的尺寸来加工工件各组成环的尺寸，则无需进行挑选或修配就能将工件装到机器上，且能达到封闭环的精度要求。

1. 基本公式

（1）封闭环的公称尺寸　线性尺寸链封闭环的公称尺寸 A_0 等于所有增环的公称尺寸之和减去所有减环的公称尺寸之和（图 7-1、图 7-2）。即

$$A_0=\sum_{i=1}^{m}\overrightarrow{A}_i-\sum_{i=m+1}^{n-1}\overleftarrow{A}_i \tag{7-7}$$

式中，$\overrightarrow{A}_i$ 为增环第 i 环公称尺寸；$\overleftarrow{A}_i$ 为减环第 i 环公称尺寸；m 为增环环数；n 为尺寸链总环数。

如果不是线性尺寸链，则表达式应考虑传递系数 ξ：如果是增环，ξ 取正值；如果是减环，ξ 取负值。则

$$A_0 = \sum_{i=1}^{n-1} \xi_i A_i \tag{7-8}$$

（2）封闭环的公差　由式（7-7）可知，当所有增环均为上极限尺寸，而所有减环均为下极限尺寸时，封闭环的上极限尺寸 $A_{0\max}$ 为

$$A_{0\max} = \sum_{i=1}^{m} \overrightarrow{A}_{i\max} - \sum_{i=m+1}^{n-1} \overleftarrow{A}_{i\min} \tag{7-9}$$

在相反情况下，封闭环的下极限尺寸 $A_{0\min}$ 为

$$A_{0\max} = \sum_{i=1}^{m} \overrightarrow{A}_{i\min} - \sum_{i=m+1}^{n-1} \overleftarrow{A}_{i\max} \tag{7-10}$$

封闭环的公差 T_0 为

$$T_0 = \sum_{i=1}^{n-1} T_i \tag{7-11}$$

如果不是线性尺寸链，则更一般的表达式应考虑传递系数 ξ，则

$$T_0 = \sum_{i=1}^{n-1} |\xi_i| T_i \tag{7-12}$$

（3）封闭环的中间偏差　当各组成环的偏差为对称分布时，封闭环的中间偏差 Δ_0 为

$$\Delta_0 = \sum_{i=1}^{n-1} \xi_i \Delta_i \tag{7-13}$$

式中，Δ_i 为各组成环的中间偏差。

当各组成环的中间偏差为不对称分布时，此时各环的中间偏差 Δ_i 相对于各环的平均偏差 $\overline{X}$ 将产生一个偏差量 $e_i T_i/2$。则

$$\Delta_0 = \sum_{i=1}^{n-1} \xi_i \overline{X} = \sum_{i=1}^{n-1} \xi_i(\Delta_i + e_i T_i/2) \tag{7-14}$$

（4）用中间偏差、公差表示极限偏差　中间偏差与二分之一公差之和为上极限偏差，中间偏差与二分之一公差之差为下极限偏差。则

组成环的极限偏差

$$ES_i = \Delta_i + T_i/2, EI_i = \Delta_i - T_i/2 \tag{7-15}$$

封闭环的极限偏差

$$ES_0 = \Delta_0 + T_0/2, EI_0 = \Delta_0 - T_0/2 \tag{7-16}$$

（5）用公称尺寸、极限偏差表示极限尺寸　公称尺寸与上极限偏差之和为上极限尺寸，公称尺寸与下极限偏差之和为下极限尺寸。则

组成环的极限尺寸

$$A_{i\max} = A_i + ES_i,\ A_{i\min} = A_i + EI_i \tag{7-17}$$

封闭环的极限尺寸

$$A_{0\max} = A_0 + ES_0,\ A_{0\min} = A_0 + EI_0 \tag{7-18}$$

2. 正计算

已知各组成环公称尺寸及极限偏差，求封闭环的公称尺寸及极限偏差。

【例 7-1】 如图 7-9 所示，曲轴轴向间隙装配尺寸链中，零件的尺寸和极限偏差为：$A_1=43.5^{+0.10}_{+0.05}$、$A_2=2.5^{0}_{-0.04}$、$A_3=38.5^{0}_{-0.07}$、$A_4=2.5^{0}_{-0.04}$，试验算轴向间隙 A_0 是否在所要求的 0.05~0.25mm 范围内。

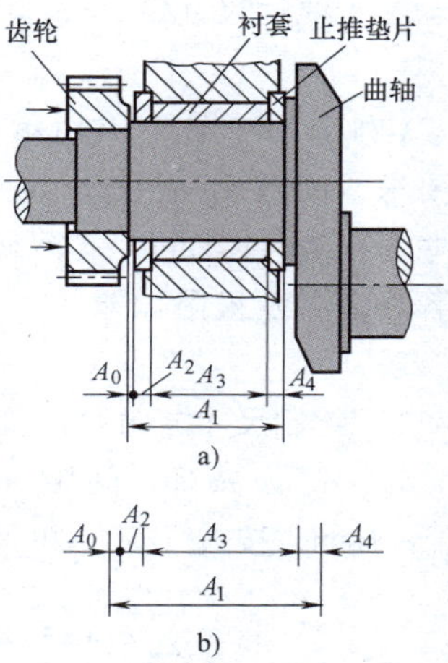

图 7-9 曲轴轴向间隙装配示意图

解：

1）绘制尺寸链图，如图 7-9b 所示。其中 A_1 为增环，A_2、A_3、A_4 为减环。

2）求封闭环的公称尺寸，按式（7-7）可得

$$A_0=\overrightarrow{A}_1-\overleftarrow{A}_2-\overleftarrow{A}_3-\overleftarrow{A}_4=(43.5-2.5-38.5-2.5)\text{mm}=0$$

3）求出封闭环的上、下极限偏差，分别按式（7-9）、式（7-10）和式（7-8）可得

$$\begin{aligned}ES_0&=A_{0\max}-A_0=\sum_{i=1}^{m}\overrightarrow{A}_{i\max}-\sum_{i=m+1}^{n-1}\overleftarrow{A}_{i\min}-A_0\\&=[(43.5+0.1)-(2.5-0.04)-(38.5-0.07)-(2.5-0.04)-0]\text{mm}\\&=0.25\text{mm}\end{aligned}$$

$$\begin{aligned}EI_0&=A_{0\min}-A_0=\sum_{i=1}^{m}\overrightarrow{A}_{i\min}-\sum_{i=m+1}^{n-1}\overleftarrow{A}_{i\max}-A_0\\&=[(43.5+0.05)-(2.5-0)-(38.5-0)-(2.5-0)-0]\text{mm}\\&=0.05\text{mm}\end{aligned}$$

于是得 $A_0=0^{+0.25}_{+0.05}$

根据计算，轴向间隙恰好为 0.05~0.25mm，所以此间隙符合要求。

4）验算，按式（7-11）可得

$$T_0=\sum_{i=1}^{n-1}T_i=(0.05+0.04+0.07+0.04)\text{mm}=0.2\text{mm}$$

另外，T_0 也可以由封闭环 A_0 的上、下极限偏差求得，即

$$T_0=ES_0-EI_0=(0.25-0.05)\text{mm}=0.2\text{mm}$$

两种方法的计算结果一致，表明无误。

3. 反计算

已知封闭环的公差和极限偏差，计算各组成环的公差和极限偏差。常用的反计算方法主要有两种：等公差法和等精度法。

（1）等公差法 采用等公差法时，先假定各组成环的公差相等，在满足式（7-11）的条件下，求出各组成环的平均公差 T_{av}。然后根据各环尺寸大小和加工难易程度适当调整，最后决定各环的公差 T_i。

由式（7-12）可知

$$T_0=\sum_{i=1}^{n-1}|\xi_i|T_i$$

故平均公差为

$$T_{av}=\frac{T_0}{\sum_{i=1}^{n-1}|\xi_i|}$$

对于线性尺寸链，$|\xi_i|=1$，则

$$T_{av}=T_0/(n-1)$$

【例 7-2】 图 7-10 所示为对开式齿轮箱的一部分。根据使用要求，间隙 A_0 应在 1～1.75mm 范围内。已知各零件的公称尺寸为：$A_1=101\text{mm}$、$A_2=50\text{mm}$、$A_3=A_5=5\text{mm}$、$A_4=140\text{mm}$，求各环公差及极限偏差。

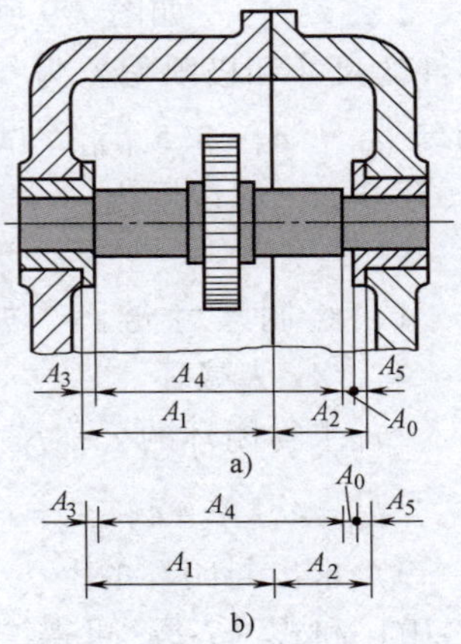

图 7-10 对开式齿轮箱

解：

1）绘制尺寸链图，如图 7-10b 所示。其中 A_1 和 A_2 为增环，A_3、A_4、A_5 为减环，间隙 A_0 为封闭环。已知 $A_{0max}=1.75\text{mm}$，$A_{0min}=1\text{mm}$，按式（7-8）可得

$$A_0=\sum_{i=1}^{n-1}\xi_iA_i=A_1+A_2-A_3-A_4-A_5$$
$$=(101+50-5-140-5)\text{mm}=1\text{mm}$$

式中，$\xi_1=1$、$\xi_2=1$、$\xi_3=-1$、$\xi_4=-1$、$\xi_5=-1$。

$$T_0=A_{0max}-A_{0min}=(1.75-1)\text{mm}=0.75\text{mm}$$
$$ES_0=A_{0max}-A_0=(1.75-1)\text{mm}=0.75\text{mm}$$
$$EI_0=A_{0min}-A_0=(1-1)\text{mm}=0$$

2）各组成环的平均公差为

$$T_{av}=T_0/(n-1)=0.75/(6-1)\text{mm}=0.15\text{mm}$$

如果将各零件的公差都定为 0.15mm 显然是不合理的，应根据尺寸大小、加工难易程度等因素进行调整。尺寸 A_1、A_2 为大尺寸，且为箱体件，不易加工，可将公差放大为 $T_1=0.3\text{mm}$，$T_2=0.25\text{mm}$。尺寸 A_3、A_5 为小尺寸，且易于加工，可将公差减小为 $T_3=T_5=0.05\text{mm}$。

为了验证是否满足式（7-12），应对 T_4 进行验算，即

$$T_4=T_0-(T_1+T_2+T_3+T_5)$$
$$=[0.75-(0.3+0.25+0.05+0.05)]\text{mm}$$
$$=0.1\text{mm}$$

3）按向体原则确定各组成环的极限尺寸。A_1、A_2 为孔零件，取下极限偏差为零，得 $A_1=101^{+0.30}_{0}$、$A_2=50^{+0.25}_{0}$，A_3、A_4、A_5 为轴类零件，取上极限偏差为零，得 $A_3=A_5=5^{0}_{-0.05}$、$A_4=140^{0}_{-0.10}$。

4）确定中间偏差，若各环尺寸偏差的分布是对称的，则

$$\Delta_1=\frac{1}{2}\times(0.30+0)\text{mm}=0.15\text{mm}$$

$$\Delta_2=\frac{1}{2}\times(0.25+0)\text{mm}=0.125\text{mm}$$

$$\Delta_3=\Delta_5=\frac{1}{2}\times(0-0.05)\text{mm}=-0.025\text{mm}$$

$$\Delta_4=\frac{1}{2}\times(0-0.10)\text{mm}=-0.05\text{mm}$$

5）验算。根据式（7-13），有

$$\Delta_0 = \sum_{i=1}^{n-1} \xi_i \Delta_i = [(0.15+0.125)-(-0.025-0.05-0.025)]\text{mm} = 0.375\text{mm}$$

根据式（7-16），有

$$ES_0 = \Delta_0 + T_0/2 = (0.375+0.75\times0.5)\text{mm} = 0.75\text{mm}$$

$$EI_0 = \Delta_0 - T_0/2 = (0.375-0.75\times0.5)\text{mm} = 0$$

验算结果符合技术要求，即设计是正确的。

（2）等精度法　等精度法又称等公差级法，其特点是所有组成环采用同一公差等级，即各组成环的公差等级系数 α 相同。

由式（7-12）、式（3-1）（当公称尺寸≤500mm）可知

$$T_0 = \sum_{i=1}^{n-1} |\xi_i| T_i = \sum_{i=1}^{n-1} |\xi_i| (0.45\sqrt[3]{D_i} + 0.001D_i)$$

对于线性尺寸链 $|\xi_i| = 1$，则平均公差等级系数为

$$\alpha_{av} = T_0 \Big/ \sum_{i=1}^{n-1} (0.45\sqrt[3]{D_i} + 0.001D_i) \tag{7-19}$$

根据 α_{av}，即可按标准公差计算公式确定公差等级，再由标准公差数值表查出相应各组成环的尺寸公差值。

【例 7-3】　图 7-11 所示为对开式齿轮箱，根据使用要求，间隙 A_0 应在 1～1.6mm 范围内。已知各零件的公称尺寸为：$A_1=80$mm、$A_2=71$mm、$A_3=A_7=5$mm、$A_4=50$mm、$A_5=30$mm、$A_6=60$mm，求各环公差及极限偏差。

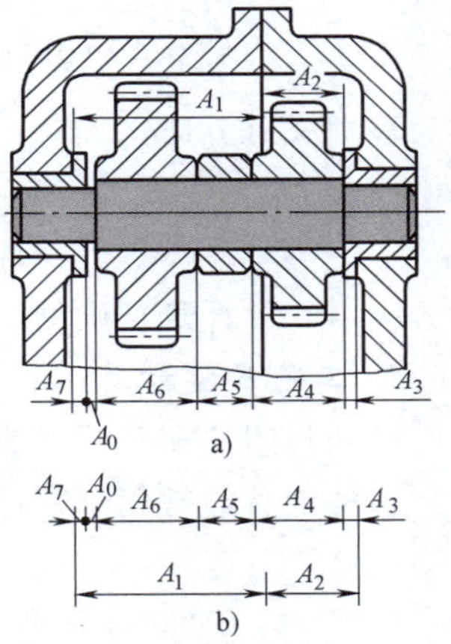

图 7-11　对开式齿轮箱

解：

1）绘制尺寸链图，如图 7-11b 所示。A_1 和 A_2 为增环，A_3、A_4、A_5、A_6、A_7 为减环，间隙 A_0 为封闭环。已知 $A_{0\max}=1.6$mm、$A_{0\min}=1$mm，故

$$A_0 = \sum_{i=1}^{n-1} \xi_i A_i = A_1 + A_2 - A_3 - A_4 - A_5 - A_6 - A_7$$

$$= (80+71-5-50-30-60-5)\text{mm} = 1\text{mm}$$

式中，$\xi_1=1$、$\xi_2=1$、$\xi_3=-1$、$\xi_4=-1$、$\xi_5=-1$、$\xi_6=-1$、$\xi_7=-1$。

$$T_0 = A_{0\max} - A_{0\min} = (1.6-1)\text{mm} = 0.6\text{mm} = 600\mu\text{m}$$

2）计算各组成环平均公差等级系数。因

$$T_0 = \sum_{i=1}^{n-1} |\xi_i| \alpha(0.45\sqrt[3]{D_i} + 0.001D_i),\ |\xi_i| = 1，故$$

$$\alpha_{av} = T_0 \Big/ \sum_{i=1}^{n-1} (0.45\sqrt[3]{D_i} + 0.001D_i)$$

$$= 600\mu\text{m}/(1.86+1.86+2\times0.73+1.56+1.31+1.86)\mu\text{m} \approx 61$$

由表 3-4 查得 $\alpha_{av}=61$ 时接近 IT10 级（标准公差值等于 $64i$）。

由标准公差数值表（表 3-8）查得各组成环的公差值：$T_1=120\mu$m、$T_2=120\mu$m、$T_3=T_7=48\mu$m、$T_4=100\mu$m、$T_5=84\mu$m、$T_6=120\mu$m。

组成环公差之和为 640μm，大于封闭环公差值 600μm。为满足式（7-12），要调整容易

加工的组成环 A_5 的尺寸公差，使 $T_5=(84-40)\mu m=44\mu m$。

3）按向体原则确定各组成环的极限偏差。A_1、A_2 为孔零件，取下极限偏差为零，得 $A_1=80^{+0.12}_{0}$，$A_2=71^{+0.12}_{0}$。A_3、A_4、A_5、A_6、A_7 为轴类零件，取上极限偏差为零，得 $A_3=A_7=5^{0}_{-0.048}$、$A_4=50^{0}_{-0.10}$、$A_5=30^{0}_{-0.044}$、$A_6=60^{0}_{-0.12}$。

4）确定中间偏差，若各环尺寸偏差的分布是对称的，则

$$\Delta_1=(0.12+0)/2\text{mm}=0.06\text{mm}$$

$$\Delta_2=(0.12+0)/2\text{mm}=0.06\text{mm}$$

$$\Delta_3=\Delta_7=(0-0.048)/2\text{mm}=-0.024\text{mm}$$

$$\Delta_4=(0-0.10)/2\text{mm}=-0.05\text{mm}$$

$$\Delta_5=(0-0.044)/2\text{mm}=-0.022\text{mm}$$

$$\Delta_6=(0-0.12)/2\text{mm}=-0.06\text{mm}$$

5）验算。根据式（7-13），有

$$\begin{aligned}\Delta_0&=\sum_{i=1}^{n-1}\xi_i\Delta_i=[(0.06+0.06)-(-0.024-0.05-0.022-0.06-0.024)]\text{mm}\\&=(0.12+0.18)\text{mm}=0.30\text{mm}\end{aligned}$$

根据式（7-16），有

$$ES_0=\Delta_0+T_0/2=(0.30+0.60/2)\text{mm}=0.60\text{mm}$$

$$EI_0=\Delta_0-T_0/2=(0.30-0.60/2)\text{mm}=0$$

所以，计算是正确的。

4. 工艺尺寸计算

已知封闭环和某些组成环的公称尺寸和极限偏差，计算某一组成环的公称尺寸和极限偏差。这种计算通常用于零件加工过程中计算某工序需要确定而在该零件的图样上没有标注的工序尺寸。

【例 7-4】 图 7-12a 所示为轮毂孔和键槽尺寸标注，该孔和键槽的加工顺序如下：首先按工序尺寸 $A_1=\phi57.8^{+0.074}_{0}$ 镗孔，再按工序尺寸 A_2 插键槽，淬火，然后按图 7-12a 所示图样上标注的尺寸 $A_3=\phi58^{+0.03}_{0}$ 磨孔。孔加工完成后要求键槽深度尺寸 A_0 符合图样上标注的尺寸 $62.3^{+0.2}_{0}$。试用完全互换法计算尺寸链，确定工序尺寸 A_2 的极限尺寸。

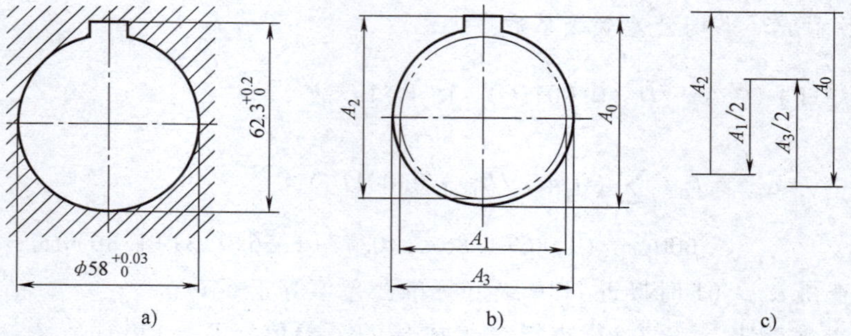

图 7-12 孔及其键槽加工的工艺尺寸链

a）零件图样标注 b）工艺尺寸 c）尺寸链图

解：

(1) 建立尺寸链 从加工过程可知，键槽深度尺寸 A_0 是加工过程中最后自然形成的尺寸，因此 A_0 是封闭环。建立尺寸链时，以孔的中心线作为查找组成环的连接线，因此镗孔尺寸 A_1 和磨孔尺寸 A_3 均取半值。尺寸链图如图 7-12c 所示，封闭环 $A_0=62.3^{+0.2}_{0}$，组成环为 $A_3/2$（增环）、$A_1/2$（减环）和 A_2（增环）。而 $A_3/2=29^{+0.015}_{0}$，$A_1/2=28.9^{+0.037}_{0}$。

(2) 计算组成环 A_2 的公称尺寸和极限偏差 按式（7-7）计算组成环 A_2 的公称尺寸，有

$$A_2=A_0-A_3/2+A_1/2=(62.3-29+28.9)\text{mm}=62.2\text{mm}$$

按式（7-9）和式（7-10）分别计算组成环 A_2 的上极限尺寸 $A_{2\max}$ 和下极限尺寸 $A_{2\min}$，有

$$A_{2\max}=A_{0\max}-A_{3\max}/2+A_{1\min}/2=(62.5-29.015+28.9)\text{mm}=62.385\text{mm}$$

$$A_{2\min}=A_{0\min}-A_{3\min}/2+A_{1\max}/2=(62.3-29+28.937)\text{mm}=62.237\text{mm}$$

因此，插键槽工序尺寸为

$$A_2=62.3^{+0.085}_{-0.063}\text{mm}$$

7.2.2 概率法计算尺寸链

从尺寸链各环分布的实际可能性出发进行尺寸链计算，称为概率法（也称不完全互换法）。在成批生产和大量生产中，零件实际尺寸的分布是随机的，多数情况下可考虑成正态分布或偏态分布。换句话说，如果加工中工艺调整中心接近公差带中心时，大多数零件的尺寸分布于公差中心附近，靠近极限尺寸的零件数目极少。因此，利用这一规律，将组成环公差放大，这样不但使零件易于加工，同时又能满足封闭环的技术要求，从而给生产带来明显的经济效益。当然，此时封闭环超出技术要求的情况是存在的，但其概率很小，所以这种方法又称大数互换法。

由式（7-8）可知，封闭环 A_0 为各组成环 A_i 的函数，通常在加工和装配过程中，各组成环的获得彼此间并无关系，因此，可将各组成环视为彼此独立的随机变量，则可按随机函数的标准偏差的求法得

$$\sigma_0=\sqrt{(\partial A_0/\partial A_1)^2\delta_1^2+(\partial A_0/\partial A_2)^2\delta_2^2+\cdots+(\partial A_0/\partial A_{n-1})^2\delta_{n-1}^2}$$

式中，σ_0，σ_1，…，σ_n 为封闭环和各组成环的标准偏差；$\partial A_0/\partial A_1$，…，$\partial A_0/\partial A_{n-1}$ 为传递系数 ξ_1，…，ξ_{n-1}。

则标准偏差可写为

$$\sigma_0=\sqrt{\sum_{i=1}^{n-1}\xi_i^2\delta_i^2} \tag{7-20}$$

若组成环和封闭环尺寸偏差均服从正态分布，且分布范围与公差带宽度一致，且 $T_i=6\delta_i$，此时封闭环的公差与组成环公差的关系为

$$T_0=\sqrt{\sum_{i=1}^{n-1}\xi_i^2T_i^2} \tag{7-21}$$

如果考虑到各环的分布不为正态分布时，式（7-21）中应引入相对分布系数 k_0 和 k_i，前者为封闭环相对分布系数，后者为各组成环相对分布系数。对于不同的分布，k_i 值的大小可由表 7-1 中查取，则

$$T_0 = \sqrt{\sum_{i=1}^{n-1} \xi_i^2 k_i^2 T_i^2 / k_0} \tag{7-22}$$

7.3 解尺寸链的其他方法

极值法和概率法是计算尺寸链的基本方法。但如果封闭环的公差要求很小，则用上述两种方法算出的组成环公差将更小，使加工变得困难。此时，可视具体情况，采用下列工艺方法。

7.3.1 分组装配法

采用分组装配法时，先将组成环按极值法或概率法求出的公差值扩大若干倍，使组成环的加工更加容易和经济，然后按其实际尺寸大小再等分成若干组，分组数与公差扩大的倍数相等。装配时根据大配大、小配小的原则，按对应组进行装配，以达到封闭环规定的技术要求。由此可见，这种方法装配的互换性只能在同组中进行。

以某发动机的活塞销与活塞销孔的分组装配法为例，装配技术要求中规定，活塞销直径 d 和销孔直径 D 在常温装配时，应有 0.0025～0.0075mm 的过盈量。如用完全互换法装配，活塞销和销孔分配到的公差仅为 0.0025mm，加工极为困难。在采用分组互换法（分为四组）时，活塞销的制造尺寸为 $\phi28_{-0.010}^{\ 0}$，活塞孔的尺寸则相应定为 $\phi28_{-0.15}^{-0.05}$，如图 7-13 所示。各组成环（活塞销与活塞孔）分成公差相等的四组，按对应组分别进行装配，最小过盈为 0.0025mm，最大过盈为 0.0075mm。具体分组装配的情况见表 7-2。

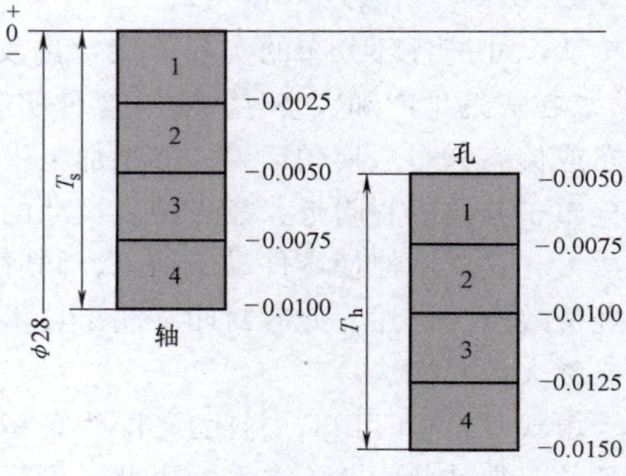

图 7-13 分组装配法

表 7-2 活塞销和活塞销孔的分组尺寸 （单位：mm）

组别	标志颜色	活塞销直径 $d=\phi28_{-0.01}^{\ 0}$	活塞销孔直径 $D=\phi28_{-0.015}^{-0.005}$	配合情况	
				最小过盈	最大过盈
1	浅蓝	$\phi28_{-0.0025}^{\ 0}$	$\phi28_{-0.0075}^{-0.0050}$	0.0025	0.0075
2	红	$\phi28_{-0.0050}^{-0.0025}$	$\phi28_{-0.0100}^{-0.0075}$		
3	白	$\phi28_{-0.0075}^{-0.0050}$	$\phi28_{-0.0125}^{-0.0100}$	0.0025	0.0075
4	黑	$\phi28_{-0.0100}^{-0.0075}$	$\phi28_{-0.0150}^{-0.0125}$		

分组装配法的主要缺点是：测量分组工作比较麻烦，在一些组内可能会产生多余零件。这种方法一般只适用于大量生产中要求精度高、尺寸链环数少、形状简单、测量分组方便的零件，一般分组数为 2～4 组。

7.3.2　修配法

当尺寸链的环数较多而封闭环精度又要求较高时，可采用修配法。

修配法是将组成环精度降低，即把组成环公差扩大至经济加工公差，在装配时通过修配的方法改变尺寸链中预先规定的某一组成环尺寸，以抵消各组成环的累积误差，达到封闭环的精度要求。这个预先选定要修配的组成环叫补偿环。

设尺寸链中各组成环的经济加工公差为 T'_i，则装配后封闭环的公差

$$T'_0=\sum_{i=1}^{n-1}T'_i$$

显然此值比封闭环规定的公差 T_0 要大，其差值为

$$T_{0补}=T'_0-T_0$$

此式为尺寸链的最大补偿值，按此来修配补偿环，可满足封闭环的精度要求。

修配法的缺点是：破坏了互换性，装配时增加了装配工作量，不便组织流水线生产。修配法主要适用于单件、小批量生产。

7.3.3　调整法

调整法是将尺寸链组成环的公称尺寸按经济加工精度的要求给定公差值。此时，封闭环的公差值比技术条件要求的值有所扩大。为了保证封闭环的技术条件，在装配时预先选定某一组成环作为补偿环。此时，不是采用切去补偿环材料的方法使封闭环达到规定的技术要求，而是采用调整补偿环的尺寸或位置来实现这一目的。用于调整的补偿环一般可分为固定补偿环和可动补偿环两种。

（1）固定补偿环　在尺寸链中加入补偿件（垫片、垫圈或轴套）或选择一个合适的组成环作为补偿环。补偿件可根据需要按尺寸大小分成若干组，装配时从合适的尺寸组中选择一个补偿件装入尺寸链中的预定位置，即可保证装配精度。如图 7-14 所示，当齿轮的轴向窜动量有严格要求而无法采用完全互换装配法保证时，就在结构中加入一个尺寸合适的固定窜动量，有严格要求而无法采用完全互换装配法保证时，就在结构中加入一个尺寸合适的固定补偿件（图 7-14 所示为垫圈，其尺寸为 $A_{0补}$），来保证装配精度。

（2）可动补偿环　这是一种位置可调整的组成环，装配时调整其位置，即可保证装配精度。可动补偿件在机械设计中应用很广，而且有着各种各样的结构形式。如图 7-15 所示为可动补偿环，其用螺钉调整楔条位置以达到装配精度要求。

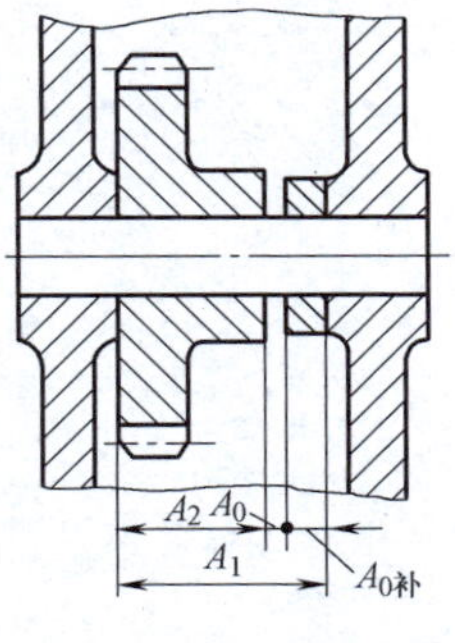

图 7-14　固定补偿环

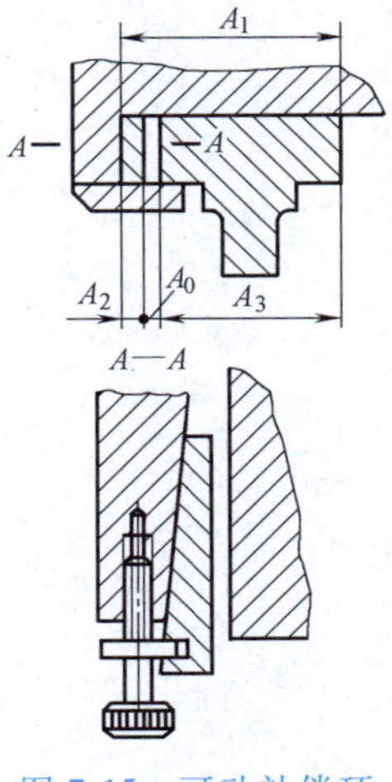

图 7-15　可动补偿环

调整法的优点是：在各组成环按经济公差制造的条件下，不需任何修配加工，即可达到装配精度要求。尤其是采用可动补偿环时，可达到很高的装配精度，而且当零件磨损后，也易于恢复原来的精度。但和修配法一样，调整法也破坏了互换性。

7.4 “牵一发而动全身”——尺寸链与零件加工

以电动机产品轴为例，在电动机产品轴中，按照轴的生产加工工艺，基本可以归纳为下料、铣端面、打中心孔、加工轴向尺寸台阶及对应的圆柱面直径。在径向，不同的圆柱面之间不存在尺寸链要求，但在轴向，轴总长确定后，在轴向则形成一个典型的尺寸链。在加工过程中，准确进行工艺读图非常重要，只有一丝不苟，选择好定位基础，精准计算加工余量和各工序的尺寸，才能将加工出来的零件误差控制在除主观因素外的最小的范围内。一旦加工余量计算出现失误，后面每个工序之间是一道道的推进关系，也会受到相应的影响，所谓“牵一发而动全身”。因此，在进行工艺读图时必须仔细计算核对，确保无误后再进行加工。一丝不苟的精神和全局观对于一个“机械人”来说非常重要，希望同学们能勇担“建设制造强国”的重大责任，成为一名“大国工匠”！

思考题

7-1　什么叫尺寸链？它有何特点？

7-2　如何判断增减环？

7-3　正计算、反计算的特点和应用场合各是什么？

7-4　如何确定尺寸链的封闭环？能不能说尺寸链中未知的环就是封闭环？

7-5　求解尺寸链的基本方法有哪些？各用于什么场合？

第 8 章　典型结合件的互换性

8.1　滚动轴承配合与互换性及精度设计

8.1.1　概述

滚动轴承是由专业化的滚动轴承制造厂生产，广泛应用于机器、仪器上的标准部件，它由外圈、内圈、滚动体和保持架组成，如图 8-1 所示。外圈外径 D 和内圈内径 d 是配合尺寸，分别与壳体孔和轴颈相配合。

本章仅讨论滚动轴承在使用上的有关内容，如滚动轴承的精度等级及滚动轴承与轴颈、轴承座孔配合的选择和轴颈、轴承座孔的几何精度设计等。为了使轴颈和轴承座孔的几何精度设计规范化，我国不仅规定了滚动轴承的尺寸精度、旋转精度和测量方法，还规定了与滚动轴承相配合的轴承座孔和轴颈的尺寸精度、配合、几何公差和表面粗糙度等。相关的国家标准有 GB/T 307.1—2017《滚动轴承　向心轴承　产品几何技术规范（GPS）和公差值》、GB/T 307.3—2017《滚动轴承　通用技术规则》和 GB/T 275—2015《滚动轴承　配合》等。

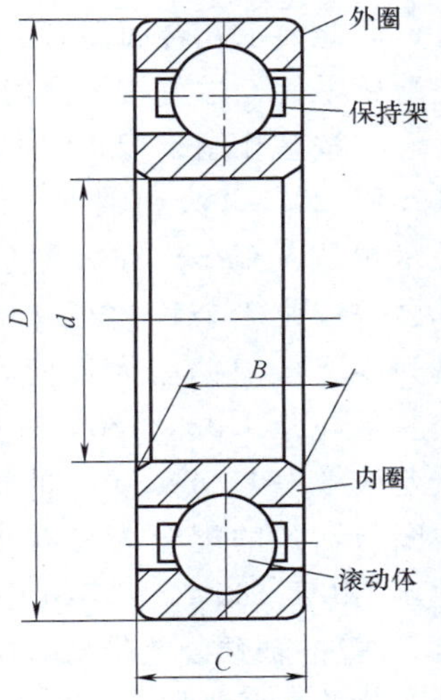

图 8-1　滚动轴承结构

8.1.2　滚动轴承的精度等级及其应用

1. 滚动轴承的精度等级

滚动轴承的精度等级由轴承的尺寸公差和旋转精度决定。前者是指轴承内径 d、外径 D、宽度 B 等的尺寸公差；后者是指轴承内、外圈做相对转动时跳动的程度，包括成套轴承内、外圈的径向圆跳动，成套轴承内、外圈端面对滚道的跳动，内圈基准端面对内孔的跳动等。

根据滚动轴承的尺寸公差和旋转精度，GB/T 307.3—2017《滚动轴承　通用技术规则》对轴承加以分级。其中，向心轴承的精度等级分为普通级、6、5、4、2 五级；圆锥滚子轴承的精度等级分为普通级、6X、5、4、2 五级，精度依次由低到高排列，普通级最低，2 级最高。

2 级和普通级轴承内圈内径公差数值分别与 GB/T 1800.2—2020《产品几何技术规范（GPS）　线性尺寸公差 ISO 代号体系　第 2 部分：标准公差代号和孔、轴的极限偏差》中 IT3 和 IT5 的公差数值相近，而外圈外径公差数值分别与 IT2 和 IT5 的公差数值相近。

2. 各精度等级的应用

普通级轴承在各种机器上的应用最广。它应用于对旋转精度和运转平稳性要求不高的一般旋转机构中。例如，减速器的旋转机构，普通机床的变速、进给机构，汽车、拖拉机的变速机构，普通电动机、水泵、压缩机的旋转机构等。

6、5、4 级轴承应用在旋转精度和运转平稳性要求较高或转速较高的旋转机构中。其中，6 级、5 级轴承多用于比较精密的机床和机器中。例如，卧式车床主轴的前轴承采用 5 级轴承、后轴承多采用 6 级轴承，4 级轴承多用于转速很高或旋转精度要求很高的机床和机器的旋转机构中。例如，高精度磨床和车床、精密螺纹车床和磨齿机等的主轴轴承多采用 4 级轴承。

2 级轴承应用在精密机械的旋转机构中。例如，精密坐标镗床的主轴轴承、高精度齿轮磨床以及数控机床的主轴轴承多采用 2 级轴承。

8.1.3 滚动轴承内、外径的配合及其公差带的特点

1. 滚动轴承内、外径公差带的特点

滚动轴承内圈与轴颈的配合应采用基孔制，外圈与轴承座孔的配合应采用基轴制。

轴承内圈与轴一起旋转时，为了防止内圈与轴颈的配合面相对滑动而影响轴承的工作性能，因此要求配合面间有少量的过盈（因为不传递载荷或转矩）。此外，轴承内、外圈因为是薄壁零件，过盈较大会使它们产生较大的变形，影响轴承内部的游隙。滚动轴承内圈与轴配合应按基孔制，但内径的公差带位置却与一般基准孔相反，如图 8-2 所示，根据 GB/T 307.1—2017《滚动轴承　向心轴承　产品几何技术规范（GPS）和公差值》规定：内圈基准孔公差带位于公称内径 d 的下方，且上极限偏差为零下极限偏差为负值。这种特殊的基准孔公差带与从 GB/T 1800.2—2020 中选取的基本偏差代号为 k、m、n 等的轴颈公差带所形成的内圈与轴颈的配合为具有小过盈的配合，相应地比 GB/T 1800.2—2020 中基本偏差代号为 k、m、n 等的轴颈公差带与基本偏差代号为 H 的基准孔公差带形成的配合有不同程度的偏紧。

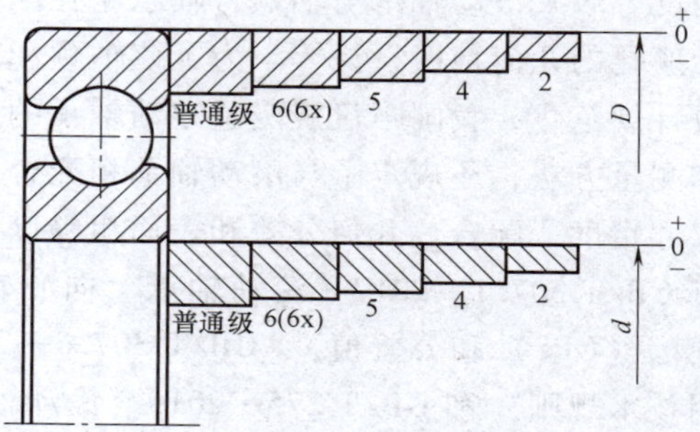

图 8-2　滚动轴承公差带特点

轴承外圈安装在机器轴承座孔中。机器工作时，温度会升高而使轴热膨胀。若外圈不旋转，则可把外圈与轴承座孔配合得稍微松一点，使之能补偿轴的热膨胀微伸长量，否则轴会弯曲，轴承内、外圈中间的滚动体就有可能卡死。该公差带与一般基轴制配合的基准轴公差带的基本偏差（其代号为 h）相同。

薄壁零件型的轴承内、外圈，无论在制造过程中或在自由状态下都容易变形，但当轴承与形状正确的轴颈、轴承座孔装配后，这种变形容易得到矫正。因此，GB/T 307.1—2017 规定：在轴承内、外圈任一横截面内测得的最大与最小直径的平均值，对公称直径的实际偏差分别在内、外径公差带内，就认为合格。

2. 与滚动轴承配合的轴颈和轴承座孔的常用公差带

由于滚动轴承内圈内径和外圈外径的公差带在生产轴承时已经确定，因此轴承在使用时，与轴颈和轴承座孔配合的面间所需要的配合性质，要由轴颈和轴承座孔的公差带确定。为了实现各种松紧程度的配合性质要求，GB/T 275—2015《滚动轴承　配合》规定了普通级和 6 级轴承与轴颈和轴承座孔相配合时轴颈和轴承座孔的常用公差带。该标准对轴颈制定了 17 种公差带，对轴承座孔制定了 16 种公差带（图 8-3）。这些公差带分别采用 GB/T 1800.2—2020 中规定的轴公差带和孔公差带。

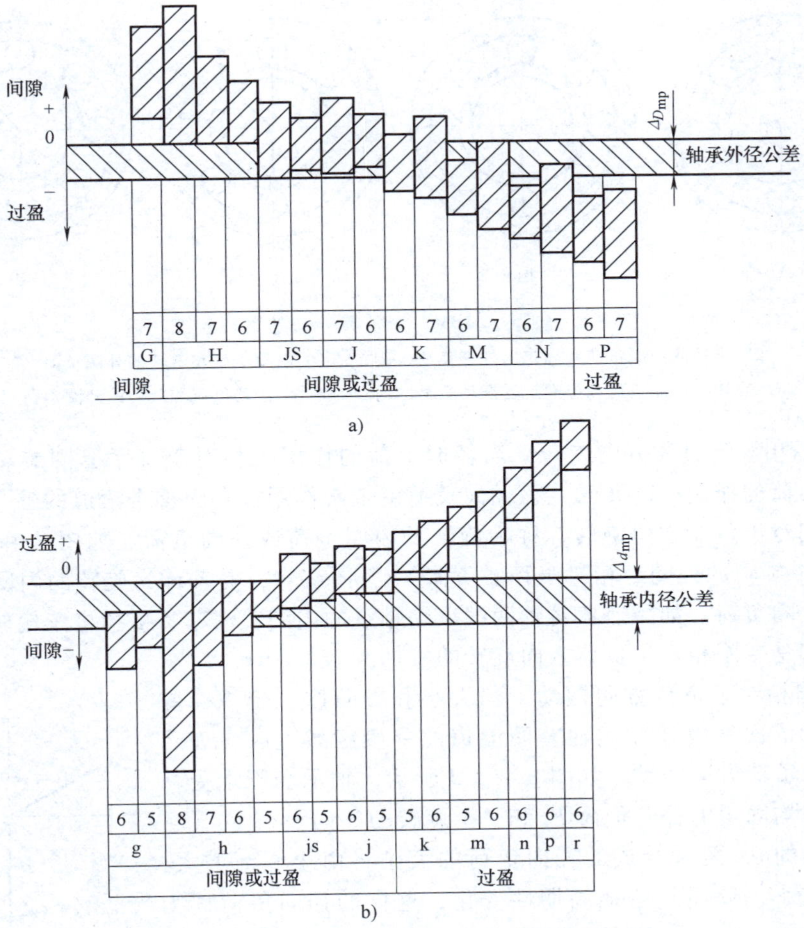

图 8-3　滚动轴承与轴颈和轴承座孔配合的常用公差带

8.1.4　轴颈和轴承座孔公差带的规定

轴颈和轴承座孔几何精度设计主要是根据轴承套圈承受负荷的性质和大小，并结合轴承的类型和尺寸、工作条件、轴与轴承座的材料和结构以及工作温度等因素综合考虑。

1. 轴承套圈相对于负荷方向的运转状态

作用在轴承上的径向负荷，可以是定向负荷（如带轮的拉力或齿轮的作用力）或旋转负荷（如机件的转动离心力），或者是两者的合成负荷。它的作用方向与轴承套圈（内圈或外圈）存在着以下三种关系。

（1）套圈相对于负荷方向固定　当径向负荷的作用线相对于轴承套圈不旋转，或者套圈相对于径向负荷的作用线不旋转时，该径向负荷始终作用在套圈滚道的某一局部区域上，这表示该套圈相对于负荷方向固定，称为固定的内圈负荷或外圈负荷，如图 8-4a、b 所示。轴承承受一个方向和大小均不变的径向负荷 F_r，图 8-4a 中不旋转的外圈和图 8-4b 中不旋转的内圈都相对于径向负荷 F_r 方向固定，前者称为固定的外圈负荷，后者称为固定的内圈负荷。如减速器转轴两端滚动轴承的外圈，汽车、拖拉机车轮轮毂中滚动轴承的内圈，都是套圈相对于负荷方向固定的实例。

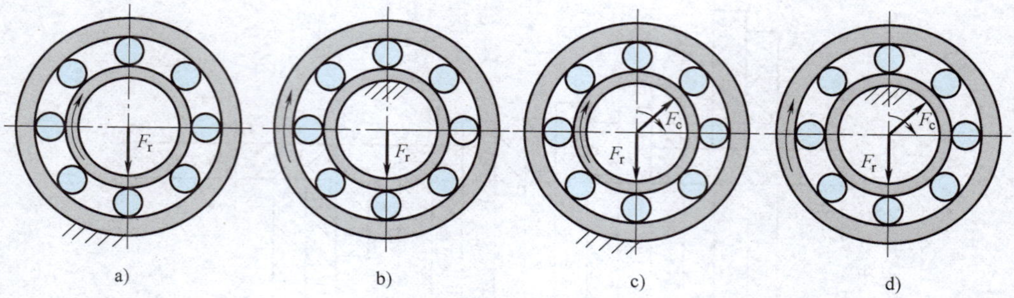

图 8-4　轴承套圈相对于负荷方向的运转状态

a）旋转的内圈负荷和固定的外圈负荷　b）固定的内圈负荷和旋转的外圈负荷
c）旋转的内圈负荷和外圈承受摆动负荷　d）内圈承受摆动负荷和旋转的外圈负荷

（2）套圈相对于负荷方向旋转　当径向负荷的作用线相对于轴承套圈旋转，或者套圈相对于径向负荷的作用线旋转时，该径向负荷就依次作用在套圈整个滚道的各个部位上，这表示该套圈相对于负荷方向旋转，称为旋转的内圈负荷或外圈负荷。如图 8-4a 中旋转的内圈和图 8-4b 中旋转的外圈都相对于径向负荷 F_r 方向旋转，前者称为旋转的内圈负荷，后者称为旋转的外圈负荷。如减速器转轴两端滚动轴承的内圈，汽车、拖拉机车轮轮毂中滚动轴承的外圈，都是套圈相对于负荷方向旋转的实例。

（3）套圈相对于负荷方向摆动　当大小和方向按一定规律变化的径向负荷依次往复地作用在套圈滚道的一段区域上时，表示该套圈相对于负荷方向摆动。如图 8-4c、d 所示，轴承套圈承受一个大小和方向均固定的径向负荷 F_r 和一个旋转的径向负荷 F_c（它的方向是转动的），两者合成的径向负荷的大小将由小逐渐增大，再由大逐渐减小，周而复始地周期性变化，这样的径向负荷称为摆动负荷。当 $F_r>F_c$ 时（图 8-5），按照矢量合成的平行四边形法则，F_r 与 F_c 的合成径向负荷 F 就在 AB 区域内摆动。那么，不旋转的套圈就相对于负荷 F 的方向摆动，而旋转的套圈就相对负荷 F 的方向旋转。套圈相对于负荷方向的运转状态不同，该套圈与轴颈或轴承座孔配合的松紧程度也应不同。

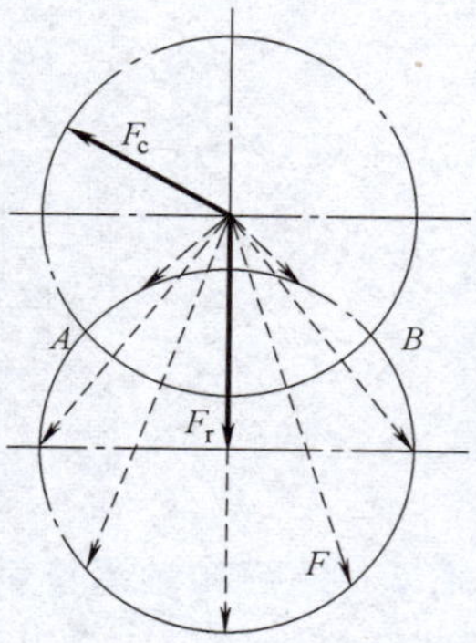

图 8-5　摆动负荷

当套圈相对于负荷方向固定时，该套圈与轴颈或轴承座孔的配合应稍松些，一般选用具有平均间隙较小的过渡配合或具有极小间隙的间隙配合。

当套圈相对于负载方向旋转时，该套圈与轴颈或轴承座孔的配合应较紧，一般选用过盈小的过盈配合或过盈概率大的过渡配合。必要时，过盈的大小可以通过计算确定。

当套圈相对于负荷方向摆动时，该套圈与轴颈或轴承座孔配合的松紧程度，一般与套圈相对于负荷方向旋转时选用的配合相同，或稍松一些。

2. 负荷大小

轴承套圈与轴颈或轴承座孔配合的最小过盈量取决于负荷的大小。对向心轴承，负荷的大小用径向当量动负荷 P_r 与径向额定动负荷 C_r 的比值区分，当 $P_r/C_r \leqslant 0.07$ 时称为轻负荷；当 $0.07<P_r/C_r \leqslant 0.15$ 时称为正常负荷；当 $P_r/C_r>0.15$ 时称为重负荷。

轴承在重负荷作用下，套圈容易产生变形，因而使该套圈与轴颈或轴承座孔配合的实际过盈减小，从而可能引起松动，影响轴承的工作性能。因此，承受的负荷越重，轴承与轴颈或轴承座孔的配合应越紧。

当受到冲击负荷时，一般应选择比正常、轻负荷更紧的配合。

3. 其他因素

下列情况下配合应适当选松些：

1）在高温（高于100℃）下工作的轴承，会使配合面实际过盈增大或实际间隙减小。

2）轴承组件在运转时容易受热而使轴做微量伸长。为了避免安装了不可分离型轴承的轴因受热伸长而产生弯曲，应使轴能够自由地轴向游动。因此，轴承外圈与固定的轴承座孔的配合应选松些，并在外圈端面与端盖面之间留有适当的轴向间隙，以允许轴带着轴承一起做轴向运动。

下列情况下配合应适当选紧些：

1）旋转速度高的轴承比旋转速度低的轴承配合应适当选紧些。

2）尺寸大的轴承比尺寸小的轴承配合应适当选紧些。

3）空心轴颈比实心轴颈配合应适当选紧些。

4）薄壁轴承座比厚壁轴承座配合应适当选紧些。

5）轻合金轴承座比钢或铸铁轴承座配合应适当选紧些。

6）整体式轴承座比剖分式轴承座配合应适当选紧些。

表8-1～表8-4列出了国家标准（GB/T 275—2015）推荐的向心轴承与轴和轴承座配合时的轴、轴承座孔公差带、几何公差和表面粗糙度允许值，可供设计时参考。

表8-1　向心轴承和轴的配合——轴公差带（摘自GB/T 275—2015）

圆柱孔轴承						
载荷情况		举例	深沟球轴承、调心球轴承和角接触球轴承	圆柱滚子轴承和圆锥滚子轴承	调心滚子轴承	公差带
			轴承公称内径/mm			
内圈承受旋转载荷或方向不定载荷	轻载荷	输送机、轻载齿轮箱	≤18 >18～100 >100～200 —	— ≤40 >40～140 >140～200	— ≤40 >40～100 >100～200	h5 j6① k6① m6①
	正常载荷	一般通用机械、电动机、泵、内燃机、正齿轮传动装置	≤18 >18～100 >100～140 >140～200 >200～280 — —	— ≤40 >40～100 >100～140 >140～200 >200～400 —	— ≤40 >40～65 >65～100 >100～140 >140～280 >280～500	j5、js5 k5② m5② m6 n6 p6 r6
	重载荷	铁路机车车辆轴箱、牵引电动机、破碎机等	—	>50～140 >140～200 >200 —	>50～100 >100～140 >140～200 >200	n6③ p6③ r6③ r7③

（续）

圆柱孔轴承							
载荷情况			举例	深沟球轴承、调心球轴承和角接触球轴承	圆柱滚子轴承和圆锥滚子轴承	调心滚子轴承	公差带
				轴承公称内径/mm			
内圈承受固定载荷	所有载荷	内圈需在轴向易移动	非旋转轴上的各种轮子	所有尺寸			f6 g6
		内圈不需在轴向易移动	张紧轮、绳轮				h6 j6
仅有轴向载荷				所有尺寸			j6、js6

圆锥孔轴承				
所有载荷	铁路机车车辆轴箱	装在退卸套上	所有尺寸	h8(IT6)④、⑤
	一般机械传动	装在紧定套上	所有尺寸	h9(IT7)④、⑤

① 凡对精度有较高要求的场合，应用 j5、k5、m5 代替 j6、k6、m6。
② 圆锥滚子轴承、角接触球轴承配合对游隙影响不大，可用 k6、m6 代替 k5、m5。
③ 重负荷下轴承游隙应选大于 N 组。
④ 凡有较高精度或转速要求的场合，应选用 h7（IT5）代替 h8（IT6）等。
⑤ IT6、IT7 表示圆柱度公差数值。

表 8-2　向心轴承和轴承座孔的配合——孔公差带（摘自 GB/T 275—2015）

载荷情况		举例	其他状况	公差带①	
				球轴承	滚子轴承
外圈承受固定载荷	轻、正常、重	一般机械、铁路机车车辆轴箱	轴向易移动,可采用剖分式轴承座	H7、G7②	
	冲击		轴向能移动,可采用整体或剖分式轴承座	J7、JS7	
方向不定载荷	轻、正常	电动机、泵、曲轴主轴承			
	正常、重		轴向不移动,采用整体式轴承座	K7	
	重、冲击	牵引电动机		M7	
外圈承受旋转载荷	轻	传动带张紧轮		J7	K7
	正常	轮毂轴承		M7	N7
	重			—	N7、P7

① 并列公差带随尺寸的增大从左至右选择。对旋转精度有较高要求时，可相应提高一个公差等级。
② 不适用于剖分式轴承座。

表 8-3　轴和轴承座孔的几何公差（摘自 GB/T 275—2015）

公称尺寸/mm		圆柱度 t/μm				轴向圆跳动 t_1/μm			
		轴颈		轴承座孔		轴肩		轴承座孔肩	
		轴承公差等级							
>	≤	普通级	6(6X)	普通级	6(6X)	普通级	6(6X)	普通级	6(6X)
—	6	2.5	1.5	4	2.5	5	3	8	5
6	10	2.5	1.5	4	2.5	6	4	10	6
10	18	3	2	5	3	8	5	12	8

（续）

公称尺寸/mm		圆柱度 t/μm				轴向圆跳动 t_1/μm			
		轴颈		轴承座孔		轴肩		轴承座孔肩	
		轴承公差等级							
>	≤	普通级	6(6X)	普通级	6(6X)	普通级	6(6X)	普通级	6(6X)
18	30	4	2.5	6	4	10	6	15	10
30	50	4	2.5	7	4	12	8	20	12
50	80	5	3	8	5	15	10	25	15
80	120	6	4	10	6	15	10	25	15
120	180	8	5	12	8	20	12	30	20
180	250	10	7	14	10	20	12	30	20
250	315	12	8	16	12	25	15	40	25
315	400	13	9	18	13	25	15	40	25
400	500	15	10	20	15	25	15	40	25
500	630	—	—	22	16	—	—	50	30
630	800	—	—	25	18	—	—	50	30
800	1000	—	—	28	20	—	—	60	40
1000	1250	—	—	33	24	—	—	60	40

表 8-4　配合表面及端面的表面粗糙度（摘自 GB/T 275—2015）

轴或轴承座孔直径/mm		轴或轴承座孔配合表面直径公差等级					
		IT7		IT6		IT5	
		表面粗糙度 Ra/μm					
>	≤	磨	车	磨	车	磨	车
—	80	1.6	3.2	0.8	1.6	0.4	0.8
80	500	1.6	3.2	1.6	3.2	0.8	1.6
500	1250	3.2	6.3	1.6	3.2	1.6	3.2
端面		3.2	6.3	6.3	6.3	6.3	3.2

8.1.5　轴颈和轴承座孔精度设计示例

【例 8-1】　已知某减速器的功率为 5kW，输出轴转速为 83r/min，其两端的轴承为 30211 圆锥滚子轴承（d = 55mm，D = 100mm）。从动齿轮齿数 z = 79，法向模数 m_n = 3mm，标准压力角 α_n = 20°，分度圆螺旋角 β = 8°6′34″，径向当量动负荷 P_r = 2401N，径向额定动负荷 C_r = 86410N。试确定轴颈和轴承座孔的公差带代号（尺寸极限偏差）、几何公差值和表面粗糙度参数值，并将它们分别标注在装配图和零件图上。

解：

1）减速器属于一般机械，轴的转速不高，所以选用普通级轴承。

2）该轴承承受定向的径向负荷的作用，内圈与轴一起旋转，外圈安装在剖分式轴承座的孔中，不旋转。因此，内圈相对于负荷方向旋转，它与轴颈的配合应较紧；外圈相对于负荷方向固定，它与轴承座孔的配合应较松。

3）按照 P_r/C_r = 0.028，小于 0.07，该轴承负荷状态属于轻负荷。此外，减速器工作时，该轴承有时承受冲击负荷。

4）按轴承工作条件，从表 8-1 和表 8-2 中分别选取轴颈公差带为 ϕ55k6（基孔制配合），轴承座孔公差带为 ϕ100J7（基轴制配合）。

5）查表 8-3 选取几何公差值：轴颈圆柱度公差为 0.005mm、轴肩端面圆跳动公差为 0.015mm、轴承座孔圆柱度公差为 0.01mm。

6）查表 8-4 选取轴颈和轴承座孔的表面粗糙度参数值：轴颈 *Ra* 的上限值为 0.8μm，轴肩端面 *Ra* 的上限值为 3.2μm；轴承座孔 *Ra* 的上限值为 1.6μm。

7）将确定好的上述各项公差标注在图 8-6 上。

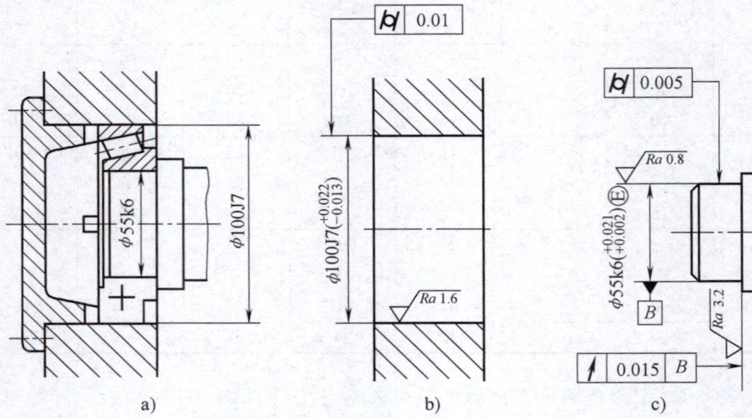

图 8-6　轴颈和轴承座孔精度设计示例

a）装配图　b）承轴座孔　c）轴颈

8.2　键与花键联接的互换性与精度设计

键联接和花键联接广泛用作轴和轴上传动件（如齿轮、带轮、链轮、联轴器等）之间的可拆联接，用以传递转矩；有时也用作轴上传动件的导向，如变速器中变速齿轮花键孔与花键轴的联接。

为了保证平键联接、矩形花键联接的互换性，我国发布了 GB/T 1095—2003《平键　键槽的剖面尺寸》和 GB/T 1144—2001《矩形花键尺寸、公差和检验》等国家标准。

8.2.1　平键联接的精度设计

由于键联接具有结构简单、紧凑、联接可靠、装拆方便和成本低廉等特点，因此它是最常用的联接方式之一。键联接有平键、半圆键、锲键等联接。以平键联接应用最广。平键和键槽的剖面尺寸如图 8-7 所示。

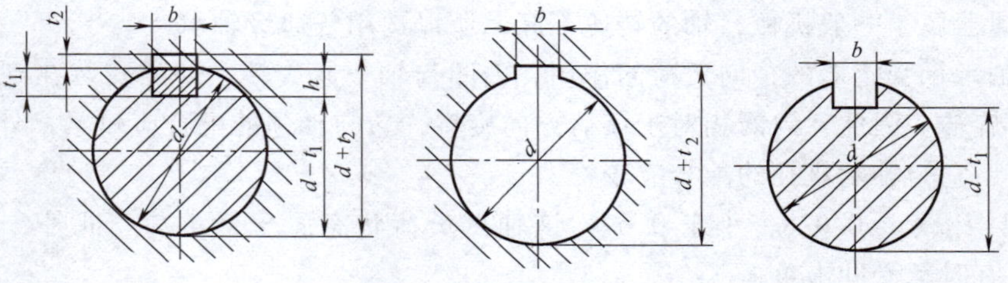

图 8-7　平键和键槽的剖面尺寸

1. 平键联接的公差与配合

平键联接是通过键和键槽侧面实现转矩传递的，因此 GB/T 1095—2003《平键　键槽的剖面尺寸》把键（槽）宽 b 作为配合尺寸，其公差带图如图 8-8 所示。

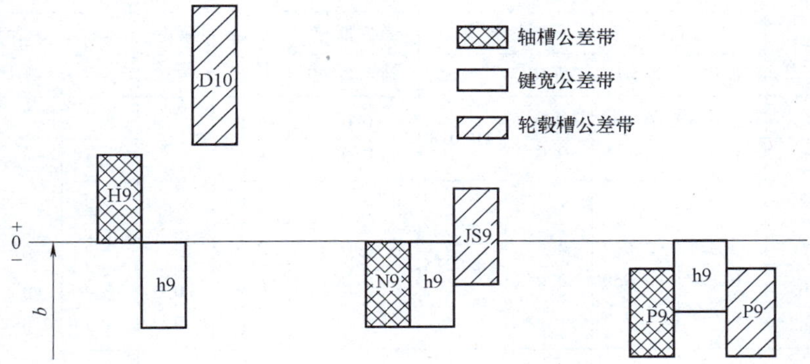

图 8-8　平键联接尺寸 b 的公差带

平键联接采用基轴制配合，不同的松紧程度是通过改变轴槽宽度和轮毂槽宽的公差带来实现的，这样便于将键作为标准件集中生产。国家标准对平键联接规定了三种类型，即松联接、正常联接和紧密联接，其配合性质及应用见表 8-5。普通平键键槽的尺寸与公差见表 8-6。

表 8-5　三种平键联接的配合性质及应用

配合种类	尺寸 b 的公差带			配合性质及应用
	键	轴槽	轮毂槽	
松联接	h9	H9	D10	键在轴上及轮毂中均能滑动，主要用于导向平键，轮毂可在轴上做轴向移动
正常联接		N9	JS9	键在轴上及轮毂中均固定，用于载荷不大的场合
紧密联接		P9	P9	键在轴上及轮毂中均固定，主要用于载荷较大、载荷具有冲击性以及双向传递转矩的场合

表 8-6　普通平键键槽的尺寸与公差（摘自 GB/T 1095—2003 ）　（单位：mm）

键尺寸 $b\times h$	键槽											
	宽度 b						深度 h				半径 r	
	公称尺寸	极限偏差					轴 t_1		毂 t_2			
		松联接		正常联接		紧密联接	公称尺寸	极限偏差	公称尺寸	极限偏差		
		轴 H9	毂 D10	轴 N9	毂 JS9	轴和毂 P9					min	max
2×2	2	+0.025 0	+0.060 +0.020	−0.004 −0.029	±0.0125	−0.006 −0.031	1.2	+0.1 0	1.0	+0.1 0	0.08	0.16
3×3	3						1.8		1.4			
4×4	4	+0.030 0	+0.078 +0.030	0 −0.030	±0.015	−0.012 −0.042	2.5		1.8			
5×5	5						3.0		2.3		0.16	0.25
6×6	6						3.5		2.8			

（续）

键尺寸 $b \times h$	键槽											
	宽度 b						深度 h				半径 r	
	公称尺寸	极限偏差					轴 t_1		毂 t_2			
		松联接		正常联接		紧密联接	公称尺寸	极限偏差	公称尺寸	极限偏差		
		轴 H9	毂 D10	轴 N9	毂 JS9	轴和毂 P9					min	max
8×7	8	+0.036 0	+0.098 +0.040	0 +0.036	±0.018	-0.015 -0.051	4.0	+0.2 0	3.3	+0.2 0	0.16	0.25
10×8	10						5.0		3.3		0.25	0.40
12×8	12	+0.043 0	+0.012 +0.050	0 +0.043	±0.0215	-0.018 -0.061	5.0		3.3			
14×9	14						5.5		3.8			
16×10	16						6.0		4.3			
18×11	18						7.0		4.4			
20×12	20	+0.052 0	+0.149 +0.065	0 +0.052	±0.026	-0.022 -0.074	7.5		4.9		0.40	0.60
22×14	22						9.0		5.4			
25×14	25						9.0		5.4			
28×16	28						10.0		6.4			

2. 平键联接的几何公差

键（槽）的位置误差会影响可装配性、联接的松紧程度、工作面负荷不均匀性和导向精度等。因此国家标准做了如下规定：

1）轴槽对轴、轮毂槽对孔中心线的对称度，根据不同要求和键宽 b，按 GB/T 1184—1996《形状和位置公差　未注公差值》中的对称度公差 7~9 级选取。

2）当键长 L 与键宽 b 之比大于或等于 8mm 时，键槽两侧面对轴线的平行度，应符合 GB/T 1184—1996《形状和位置公差　未注公差值》的规定；当 $b \leqslant 6$mm 时，按 7 级；当 $b \geqslant$ 8~36mm 时，按 6 级；当 $b \geqslant 40$mm 时，按 5 级。

3. 平键联接的表面粗糙度

表面粗糙度 Ra 值的选用，对于配合表面一般取 1.6~3.2μm，非配合表面取 6.3μm。

4. 键槽的检测

键和键槽的尺寸测量比较简单，在小批生产中可采用通用测量器具，如游标卡尺、千分尺等。键槽需检测的项目较多，在成批生产中可采用量规检测。尺寸可用光滑极限量规检测，位置误差可用位置量规检测，见表 8-7。

表 8-7　键槽检测用量规

检测参数	检测量规	量规名称及说明
槽宽 b	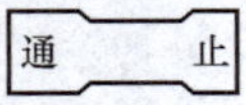	槽宽 b 用的板式塞规
轮毂槽深 $d+t_2$	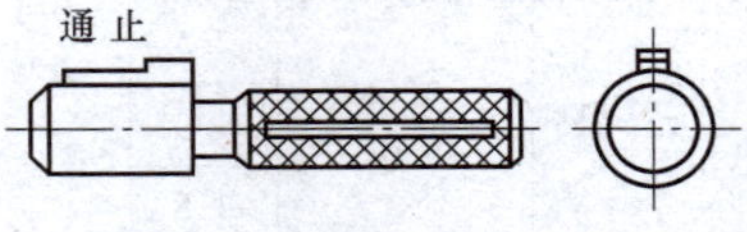	轮毂槽深量规

（续）

检测参数	检测量规	量规名称及说明
轴槽深度 $d-t_1$	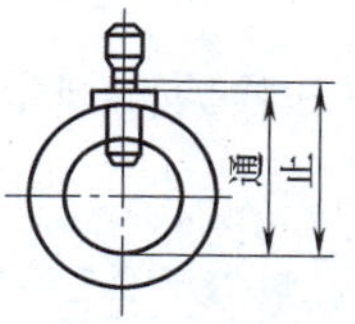	轴槽深度量规。圆环内径作为测量基准，上支杆相当于深度尺
轮毂槽的 对称度误差	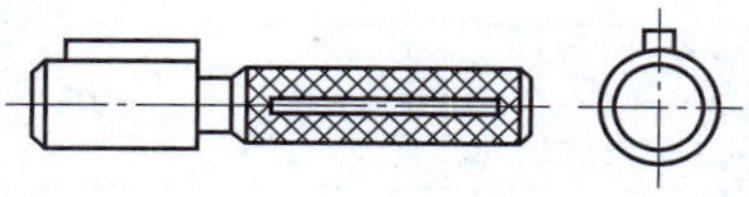	轮毂槽对称度量规。量规能塞入孔内即为合格
轴槽的对称度误差	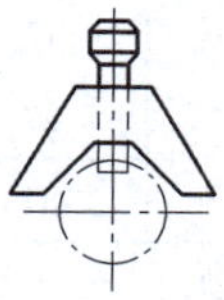	轴槽对称度量规。带有中心柱的 V 形块，只有通端，量规能通过轴槽即为合格

8.2.2　矩形花键联接的精度设计

花键联接能传递较大的转矩、定心精度较高、导向性好、联接可靠，故广泛应用于机床、汽车、拖拉机、工程机械及矿山机械中。

花键联接是多键联接，具有多个均布键的轴（花键轴）与具有多个均布键槽的孔（花键孔）联接即构成花键联接。花键联接的类型较多，按键廓形状的不同可分为矩形花键、渐开线花键及三角形花键。矩形花键联接在各种机械中应用最多，特别适用于传递转矩不大而精度要求较高的场合。

1. 矩形花键的定心方式

矩形花键联接的主要参数有大径 D、小径 d 和键宽 B（图 8-9）。为了达到花键轴与花键孔定心精度的要求，只需从中选一参数来实现。GB/T 1144—2001《矩形花键尺寸、公差和检验》规定，矩形花键联接采用小径定心，即规定小径 d 的精度较高，以保证定心精度。采用小径定心，能用磨削的办法消除热处理变形，使定心直径的尺寸和形状误差大大减小，从而获得较高的精度。若用大径或键宽定心，热处理后，内花键不便再加工，因而精度低。

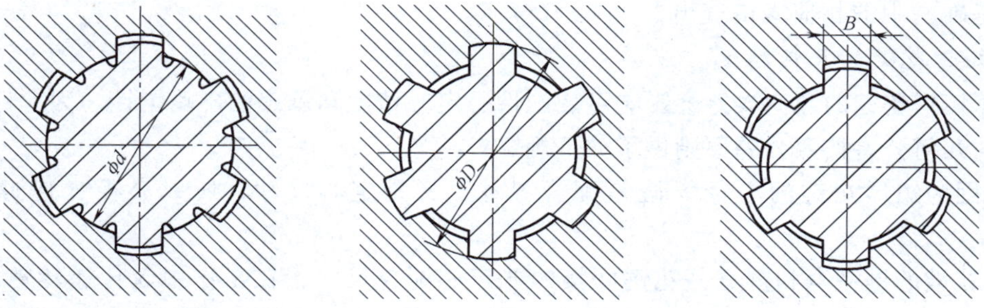

a)　　b)　　c)

图 8-9　矩形花键联接的定心方式

a）小径定心　b）大径定心　c）键宽（键槽宽度）定心

此外，采用小径定心，花键轴、孔都经过热处理后磨削，其硬度和表面精度大为提高，耐磨性好，寿命长，有利于提高产品的性能和质量。

2. 矩形花键的尺寸精度

GB/T 1144—2001《矩形花键尺寸、公差和检验》规定了小径 d、大径 D 及键（槽）宽 B 的尺寸公差带，见表 8-8。

表 8-8　内、外花键的尺寸公差带

<table>
<tr><th colspan="4">内花键</th><th colspan="3">外花键</th><th rowspan="3">装配方式</th></tr>
<tr><th rowspan="2">d</th><th rowspan="2">D</th><th colspan="2">B</th><th rowspan="2">d</th><th rowspan="2">D</th><th rowspan="2">B</th></tr>
<tr><th>拉削后不热处理</th><th>拉削后热处理</th></tr>
<tr><td colspan="8">一般用</td></tr>
<tr><td rowspan="3">H7</td><td rowspan="3">H10</td><td rowspan="3">H9</td><td rowspan="3">H11</td><td>f7</td><td rowspan="3">a11</td><td>d10</td><td>滑动</td></tr>
<tr><td>g7</td><td>f9</td><td>紧滑动</td></tr>
<tr><td>h7</td><td>h10</td><td>固定</td></tr>
<tr><td colspan="8">精密传动用</td></tr>
<tr><td rowspan="3">H5</td><td rowspan="6">H10</td><td colspan="2" rowspan="6">H7,H9</td><td>f5</td><td rowspan="6">a11</td><td>d8</td><td>滑动</td></tr>
<tr><td>g5</td><td>f7</td><td>紧滑动</td></tr>
<tr><td>h5</td><td>h8</td><td>固定</td></tr>
<tr><td rowspan="3">H6</td><td>f6</td><td>d8</td><td>滑动</td></tr>
<tr><td>g6</td><td>f7</td><td>紧滑动</td></tr>
<tr><td>h6</td><td>h8</td><td>固定</td></tr>
</table>

注：1. 对于精密传动用的内花键，当需要控制键侧配合间隙时，槽宽可选用 H7，一般情况下可选用 H9。

2. 当内花键公差带为 H6 和 H7 时，允许与提高一级的外花键配合。

对内花键规定了拉削后热处理和不热处理两种。标准中规定，按装配方式分为滑动、紧滑动和固定三种配合。其区别在于，前两种在工作过程中即可传递转矩，且花键套还可在轴上移动；后者只能用来传递转矩，花键套在轴上无轴向移动。

花键联接采用基孔制，目的是减少拉力的规格数量。

各尺寸（D、d 和 B）的极限偏差，可按其公差带代号及公称尺寸由 GB/T 1800.1—2020《产品几何技术规范（GPS） 线性尺寸公差 ISO 代号体系　第 1 部分：公差、偏差和配合的基础》中的相应表格查出。

3. 矩形花键的几何精度

由于矩形花键的几何误差会影响可装配性、定心精度和承载的不均匀性，因此标准对矩形花键的几何公差按照公差原则做了如下规定：

1）因为矩形花键的小径 d 既是配合尺寸，又是定心尺寸，所以小径 d 应遵循包容要求。

2）花键的键槽宽和键宽是花键联接的非定心配合尺寸，在工作中起传递转矩的作用。因此，为保证内、外花键的互换装配，花键的位置度公差应遵循最大实体要求。位置度公差 t_1 值见表 8-9，标注如图 8-10 所示。此时，位置度公差综合控制各键之间的角度位置，并包括各键对轴线的对称度误差以及键侧对轴线的平行度误差。检测方法采用综合量规检测。对于较长的花键，可以根据要求自行规定键侧面对花键轴线的平行度公差。

表 8-9　位置度公差 t_1 值　　（单位：mm）

键槽宽或键宽 B		3	3.5~6	7~10	12~18
t_1	键槽宽	0.010	0.015	0.020	0.025
	键宽（滑动、固定）	0.010	0.015	0.020	0.025
	键宽（紧滑动）	0.006	0.010	0.013	0.016

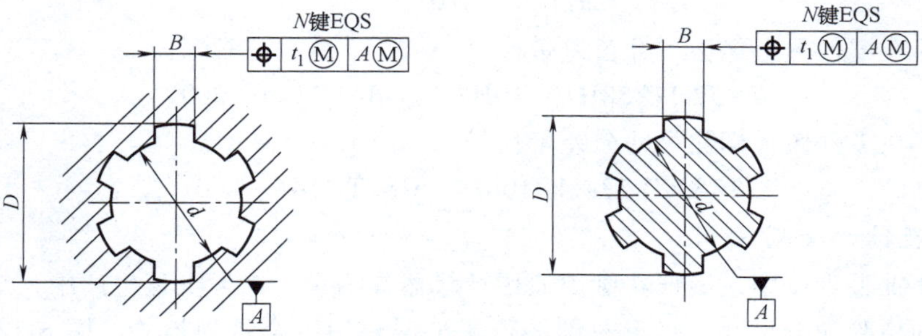

图 8-10　矩形花键位置度公差的标注

当单件或小批量生产矩形花键而没有专用综合量规时，可标注对称度公差，以便做单项测量。矩形花键对称度公差的标注如图 8-11 所示，其公差值可参照表 8-10 选用。

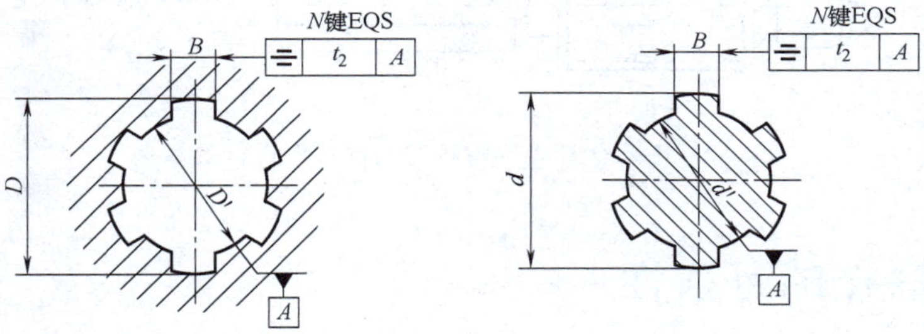

图 8-11　矩形花键对称度公差的标注

表 8-10　对称度公差 t_2 值　　（单位：mm）

键槽宽或键宽 B		3	3.5~6	7~10	12~18
t_2	一般用	0.010	0.012	0.015	0.018
	精密传动用	0.006	0.008	0.009	0.011

矩形花键的表面粗糙度 Ra 推荐值见表 8-11。

表 8-11　Ra 推荐值　　（单位：μm）

配合表面	内花键	外花键
小径	1.6	0.8
大径	6.3	3.2
键侧	6.3	1.6

4. 矩形花键的标记

矩形花键的规格按下列顺序表示，键数 N×小径 d×大径 D×键宽（键槽宽）B。在装配图上标注花键的配合代号和在零件图上标注花键的尺寸公差带代号。例如，花键键数为 8、小径 d 的配合为 52H7/f7、大径 D 的配合为 58H10/a11、键槽宽与键宽 b 的配合为 10H11/d10 的花键副，其标注实例如下：

花键副，在装配图上标注配合代号

$$8\times52\frac{\mathrm{H7}}{\mathrm{f7}}\times58\frac{\mathrm{H10}}{\mathrm{a11}}\times10\frac{\mathrm{H11}}{\mathrm{d10}}\quad \mathrm{GB/T\ 1144—2001}$$

内花键，在零件图上标注尺寸公差带代号

8×52H7×58H10×10H11　GB/T 1144—2001

外花键，在零件图上标注尺寸公差带代号

8×52f7×58a11×10d10　GB/T 1144—2001

5. 矩形花键的检测

在单件小批量生产中，矩形花键用通用计量器具测量。在大批量生产中，矩形花键可用极限量规分别检验配合尺寸。矩形花键的位置度误差用综合量规检验。图 8-12 所示为用综合量规检验花键孔位置度误差的示例。

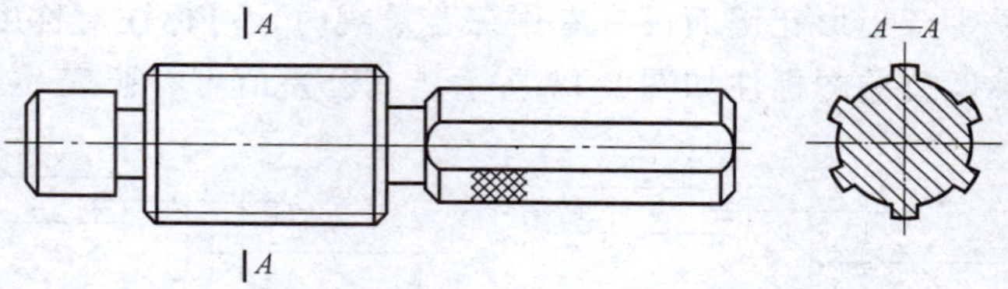

图 8-12　用综合量规检验花键孔位置度误差的示例

8.3　螺纹联接的互换性

8.3.1　概述

1. 螺纹的种类及使用要求

螺纹在机电产品中的应用十分广泛，它是一种最典型的具有互换性的联接结构。为了满足普通螺纹的使用要求，保证其互换性，我国发布了一系列普通螺纹国家标准，主要有 GB/T 14791—2013《螺纹　术语》、GB/T 192—2003《普通螺纹　基本牙型》、CB/T 193—2003《普通螺纹　直径与螺距系列》、GB/T 197—2018《普通螺纹　公差》以及 GB/T 3934—2003《普通螺纹量规　技术条件》。螺纹按其结合性质和使用要求可分为如下三类。

（1）紧固螺纹　主要用于联接和紧固零部件，如米制普通螺纹等。这是使用最广泛的一种螺纹联接。对这种螺纹联接的主要要求是可旋合性和联接的可靠性。

（2）传动螺纹　用于传递精确的位移和动力，如机床中的丝杠和螺母、千斤顶的起重螺杆等。对这种螺纹联接的主要要求是传动比恒定，传递动力可靠。

（3）紧密螺纹　用于要求具有气密性或水密性的条件下，如管螺纹联接，在管道中不得漏气、漏水或漏油。对这类螺纹联接的主要要求是具有良好的旋合性及密封性。

2. 螺纹的基本牙型及其主要参数

米制普通螺纹的基本牙型如图 8-13 中粗实线所示，该牙型具有螺纹的基本尺寸。

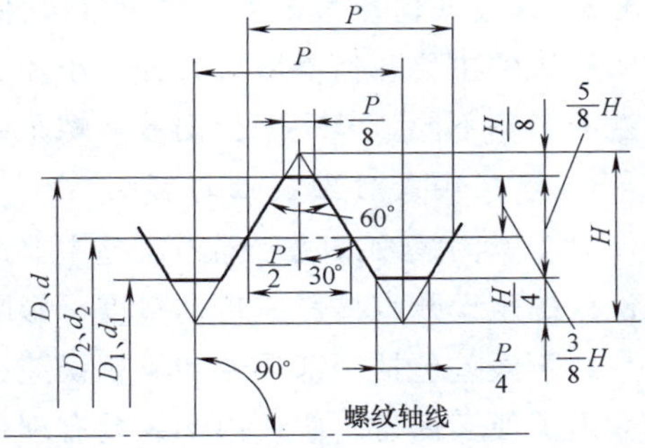

图 8-13 普通螺纹的基本牙型

(1) 大径（D 或 d） 大径是指与外螺纹牙顶或内螺纹牙底相切的假想圆柱的直径或圆锥的直径。对外螺纹而言，大径为顶径；对内螺纹而言，大径为底径。普通螺纹大径为螺纹的公称直径。

(2) 小径（D_1 或 d_1） 小径是指与外螺纹的牙底或内螺纹的牙顶相切的假想圆柱的直径。对外螺纹而言，小径为底径；对内螺纹而言，小径为顶径。

(3) 中径（D_2 或 d_2） 中径是一个假想圆柱的直径，该圆柱的母线通过螺纹牙型上沟槽和凸起宽度相等的地方，此假想圆柱称为中径圆柱，如图 8-13 所示。

上述三种直径的符号中，大写英文字母表示内螺纹，小写英文字母表示外螺纹。在同一联接中，内、外螺纹的大径、小径、中径的基本尺寸对应相同。

(4) 单一中径 单一中径是一个假想圆柱直径，该圆柱的母线通过牙型上沟槽宽度等于二分之一基本螺距的地方。

当螺距无误差时，单一中径和实际中径相等。当螺距有误差时，则两者不相等，如图 8-14 所示。

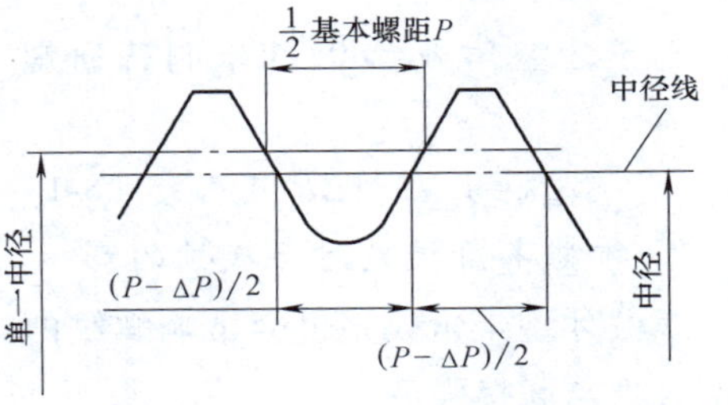

图 8-14 螺纹的单一中径

(5) 螺距（P） 螺距是相邻两牙在中径线上对应两点间的轴向距离。

(6) 导程（P_h） 导程是指同一螺旋线上的相邻两牙在中径线上对应两点间的轴向距离。对于单线螺纹，导程与螺距同值；对于多线螺纹，导程等于螺距 P 与螺纹线数 n 的乘积，即导程 $P_h=nP$。

(7) 原始三角形高度和牙型高度 原始三角形高度 H 是指由原始等边三角形顶点沿垂直于螺纹轴线方向到其底边的距离（$H=\sqrt{3}P/2$）；牙型高度是指在螺纹牙型上牙顶和牙底之间垂直于螺纹轴线方向上的距离，如图 8-13 中的 $5H/8$。

(8) 牙型角（α）和牙型半角$\left(\frac{\alpha}{2}\right)$ 牙型角 α 是指在螺纹牙型上两相邻牙侧间的夹角，牙型半角$\frac{\alpha}{2}$是牙型角的一半。米制普通螺纹的牙型角 $\alpha=60°$，牙型半角$\frac{\alpha}{2}=30°$。

(9) 螺纹升角（ψ） 螺纹升角 ψ 是指在中径圆柱上螺旋线的切线与垂直于螺纹轴线的平面的夹角。它与螺距 P 和中径 d_2 之间的关系为

$$\tan\psi=\frac{nP}{\pi d_2}$$

式中，n 为螺纹线数。

(10) 螺纹旋合长度 螺纹的旋合长度是指两个相互配合的螺纹，沿螺纹轴线方向相互旋合部分的长度。

8.3.2 螺纹几何参数误差对螺纹互换性的影响

螺纹的主要几何参数有大径、小径、中径、螺距和牙型半角，这些参数的误差对螺纹互换性的影响不同，其中中径偏差、螺距误差和牙型半角误差是主要的影响因素。

1. 螺距误差对互换性的影响

对于紧固螺纹来说，螺距误差主要影响螺纹的可旋合性和联接的可靠性；对于传动螺纹来说，螺距误差直接影响传动精度，影响螺纹牙型上负荷分布的均匀性。

螺距误差包括局部误差和累积误差，前者与旋合长度无关，后者与旋合长度有关。

为了便于探讨，假设内螺纹具有理想牙型，外螺纹中径及牙型角与内螺纹相同，但螺距有误差，并假设外螺纹的螺距比内螺纹的大。假定在 n 个螺牙长度上，螺距累积误差为 ΔP_Σ。显然，这对螺纹将发生干涉而无法旋合，如图 8-15 所示。

为了使有螺距误差的外螺纹可旋入标准的内螺纹，在实际生产中，可把外螺纹中径减去一个数值 f_P，f_P 称为螺距误差的中径补偿值。

同理，当内螺纹螺距有误差时，为了保证可旋合性，应把内螺纹的中径加大一个数值 f_P。

如图 8-15 所示的 $\triangle ABC$ 中可以看出：

$$f_P = \Delta P_\Sigma \cot \frac{\alpha}{2}$$

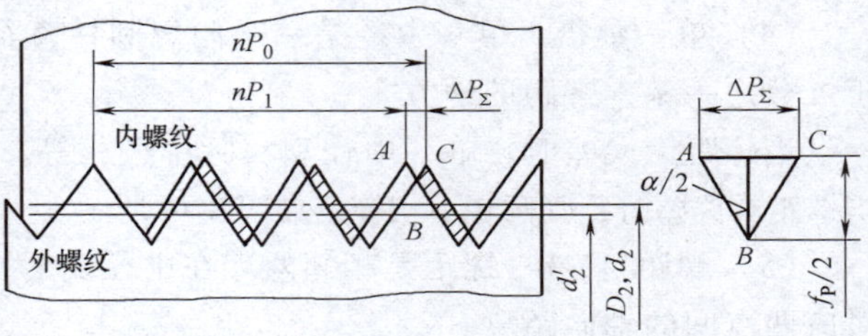

图 8-15 螺距累积误差对可旋合性的影响

对于牙型角 $\alpha = 60°$ 的米制普通螺纹，有

$$f_P = 1.732 |\Delta P_\Sigma| \qquad (8\text{-}1)$$

2. 牙型半角误差对互换性的影响

螺纹牙型半角误差也会影响螺纹的可旋合性与联接强度。

为便于讨论，假设内螺纹具有理想牙型，内、外螺纹的中径及螺距都没有误差，但外螺纹牙型半角有误差，这样牙侧间将发生干涉而不能旋合。其干涉分为以下两种情况。

(1) 外螺纹牙型半角小于内螺纹牙型半角　由于外螺纹牙型半角小于内螺纹牙型半角，两螺纹将发生干涉，因而外螺纹将无法旋入内螺纹，如图 8-16a 所示。

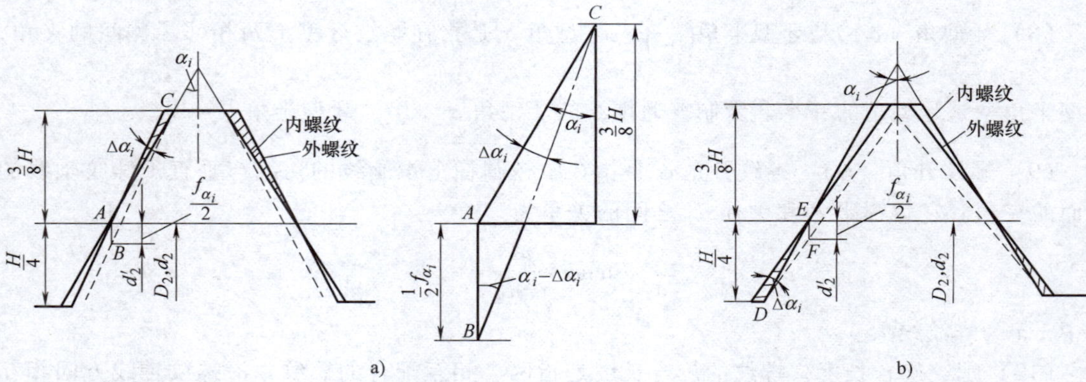

图 8-16 牙型半角误差的影响

为了使有半角误差的外螺纹能旋入内螺纹，就必须把外螺纹的中径减小一个数值$\frac{f_{\alpha_i}}{2}$，$\frac{f_{\alpha_i}}{2}$称为牙型半角误差的中径补偿值。

同理，当内螺纹牙型半角有误差时，为了保证可旋合性，就应该把内螺纹的中径加大$\frac{f_{\alpha_i}}{2}$。

对于普通螺纹，如图 8-16a 所示的△ABC，按正弦定理并经推导可得

$$\frac{f_{\alpha_i}}{2}=\left(1.5\times0.291\times10^{-3}\times10^{-3}H\Delta\frac{\alpha}{2}\right)/\sin\alpha=\left(0.44H\Delta\frac{\alpha}{2}\right)/\sin\alpha$$

或
$$\frac{f_{\alpha_i}}{2}=0.44P\Delta\frac{\alpha}{2} \tag{8-2}$$

（2）外螺纹牙型半角大于内螺纹牙型半角

同理，如图 8-16b 所示的△EFD 可得

$$\frac{f_{\alpha_i}}{2}=\left(0.291H\Delta\frac{\alpha}{2}\right)/\sin\alpha$$

或
$$\frac{f_{\alpha_i}}{2}=0.291P\Delta\frac{\alpha}{2} \tag{8-3}$$

3. 中径偏差对互换性的影响

螺纹中径偏差是指中径实际尺寸与中径基本尺寸的代数差。当外螺纹中径比内螺纹中径大时，会影响螺纹的旋合性；反之，则会使配合过松而影响联接的可靠性和紧密性，削弱联接强度，因此对中径偏差也必须加以限制。

4. 螺纹中径合格性的判断原则

螺纹中径是衡量螺纹互换性的主要指标。螺纹中径合格性的判断原则与光滑工件极限尺寸判断原则（泰勒原则）类同，即实际螺纹的作用中径不能超出最大实体牙型的中径，而实际螺纹上任何部位的单一中径不能超出最小实体牙型的中径。即

对于外螺纹　$$d_{2作用}\leqslant d_{2\max},d_{2单一}\geqslant d_{2\min} \tag{8-4}$$

对于内螺纹　$$D_{2作用}\geqslant D_{2\min},D_{2单一}\leqslant D_{2\max} \tag{8-5}$$

8.3.3　普通螺纹的公差与配合

1. 螺纹的公差等级

在螺纹中，普通螺纹是应用最为广泛的一种，由普通螺纹构成的构件品类多、数量大，因此，为了满足客观需要，世界各国对普通螺纹都在不断进行研究，逐步完善其标准。我国的国家标准中普通螺纹公差按 GB/T 197—2018《普通螺纹　公差》规定，考虑到中径（D_2、d_2）是决定配合性质的主要尺寸，并影响测量的便利性和互换性，标准规定有内、外螺纹中径公差（T_{D_2}、T_{d_1}）、内螺纹小径公差（T_{D_1}）和外螺纹大径公差（T_d）。至于内螺纹大径（D）和外螺纹小径（d_1），因其属于限制性尺寸，不规定具体的公差数值，而只规定内、外螺纹牙底实际轮廓的任何点均不得超越按基本偏差所确定的最大实体牙型。内、外螺纹中径和顶径公差等级见表 8-12。

表 8-12　内、外螺纹中径和顶径公差等级

螺纹直径			公差等级
内螺纹	中径	D_2	4、5、6、7、8
	小径（顶径）	D_1	
外螺纹	中径	d_2	3、4、5、6、7、8、9
	大径（顶径）	d	4、6、8

各公差等级中 3 级最高，9 级最低，其中 6 级为基本级。普通螺纹基本尺寸见表 8-13。

表 8-13　普通螺纹基本尺寸　　（单位：mm）

公称直径（大径）D、d			螺距 P	中径 D_2、d_2	小径 D_1、d_1	公称直径（大径）D、d			螺距 P	中径 D_2、d_2	小径 D_1、d_1
第一系列	第二系列	第三系列				第一系列	第二系列	第三系列			
10	—	11	1.5 1.25 1 0.75	9.026 9.188 9.350 9.513	8.376 8.647 8.917 9.188	20	18	17	2.5 2 1.5 1	18.376 18.701 19.026 19.350	17.294 17.835 18.376 18.917
12	—	—	1.75 1.5 1.25 1	10.863 11.026 11.188 11.350	10.106 10.376 10.647 10.917	24	22	25	3 2 1.5 1	22.051 22.701 23.026 23.350	20.752 21.835 22.376 22.917
16	14	15	2 1.5 1	14.701 15.026 15.350	13.835 14.376 14.917	30	33	32	3.5 (3) 2 1.5	27.727 28.051 28.701 29.026	26.211 26.752 27.835 28.376

注：1. 直径优先选用第一系列，其次选用第二系列，第三系列尽可能不用。
　　2. 黑体字为粗牙螺距。括号内的螺距尽可能不用。

2. 螺纹的基本偏差

螺纹公差带位置是由基本偏差确定的。螺纹的基本牙型是计算螺纹偏差的基准，内、外螺纹的公差带相对于基本牙型的位置，与圆柱体的公差带位置一样，由基本偏差来确定。对于外螺纹，基本偏差是上极限偏差（es）；对于内螺纹，基本偏差是下极限偏差（EI）。

在普通螺纹标准中，对内螺纹规定了代号为 G、H 两种基本偏差，对外螺纹规定了代号为 e、f、g、h 四种基本偏差，如图 8-17 所示。H、h 的基本偏差为零，G 的基本偏差为正值，e、f、g 的基本偏差为负值。

普通螺纹基本偏差和顶径公差见表 8-14，中径公差和中等旋合长度见表 8-15。

3. 螺纹的公差带及其选用

按不同的公差带位置（G、H、e、f、g、h）及不同的公差等级（3~9）可以组成不同的公差带。公差带代号由表示公差等级的数字和表示基本偏差的字母组成，如 6H、5g 等。

在生产中，为了减少刀具、量具的规格和数量，对公差带的种类应加以限制。标准 GB/T 197—2018 规定了常用的公差带，见表 8-16。除有特殊要求，不应选择标准规定以外的公差带。表 8-16 中只有一个公差带代号的表示中径和顶径公差带是相同的；有两个公差带代号的，前者表示中径公差带，后者表示顶径公差带。

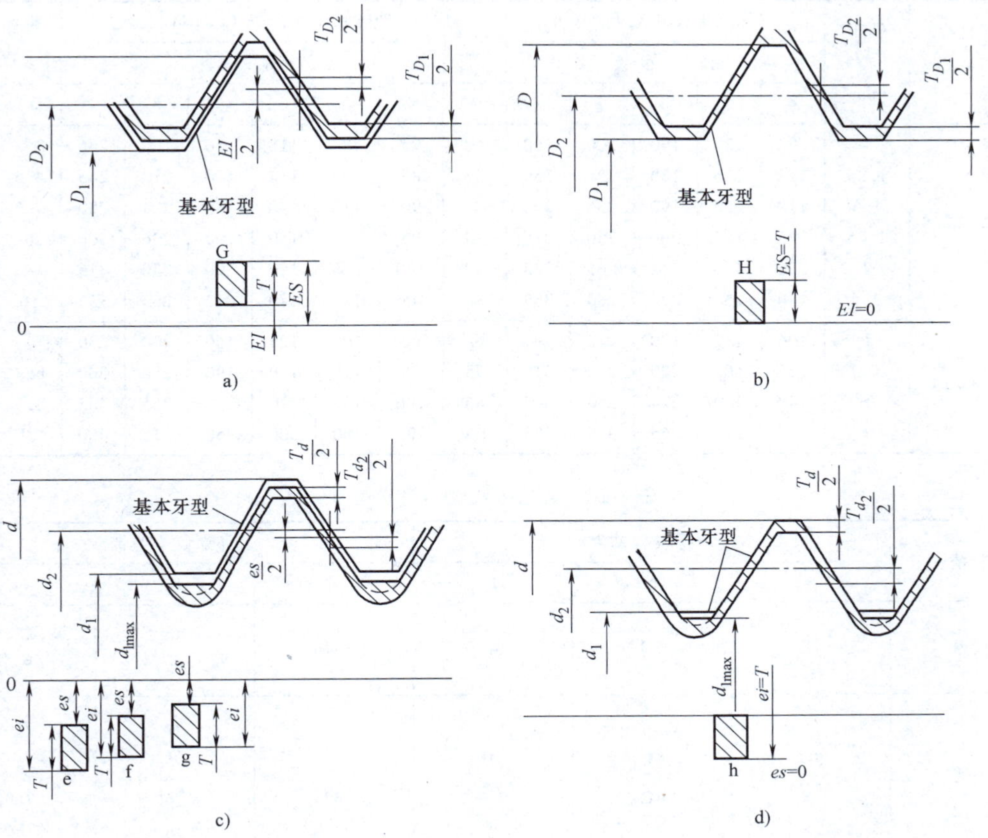

图 8-17　普通螺纹的基本偏差

a）内螺纹公差带位置 G　b）内螺纹公差带位置 H　c）外螺纹公差带位置 e、f、g　d）外螺纹公差带位置 h

表 8-14　普通螺纹基本偏差和顶径公差（摘自 GB/T 197—2018）

螺距 P/mm	内螺纹的基本偏差 EI/μm		外螺纹的基本偏差 es/μm				内螺纹小径公差 T_{D_1}/μm					外螺纹大径公差 T_d/μm		
	G	H	e	f	g	h	4	5	6*	7	8	4	6	8
1	+26		-60	-40	-26		150	190	236	300	375	112	180	280
1.25	+28		-63	-42	-28		170	212	265	335	425	132	212	335
1.5	+32		-67	-45	-32		190	236	300	375	475	150	236	375
1.75	+34	0	-71	-48	-34	0	212	265	335	425	530	170	265	425
2	+38		-71	-52	-38		236	300	375	475	600	180	280	450
2.5	+42		-80	-58	-42		280	355	450	560	710	212	335	530
3	+48		-85	-63	-48		315	400	500	630	800	236	375	600

标准中还将螺纹规定为精密、中等、粗糙三种精度。用于一般机械、仪器和构件的选中等精度；用于要求配合性质变动较小的选精密级精度；对于要求不高或制造困难的选粗糙级精度。

表 8-15　普通螺纹中径公差和中等旋合长度（摘自 GB/T 197—2018）

公称直径 D、d/mm	螺距 P/mm	内螺纹中径公差 T_{D_2}/μm 公差等级					外螺纹中径公差 T_{d_2}/μm 公差等级							N 组旋合长度/mm	
		4	5	6	7	8	3	4	5	6	7	8	9	>	≤
>11.2~22.4	1	100	125	160	200	250	60	75	95	118	150	190	236	3.8	11
	1.25	112	140	180	224	280	67	85	106	132	170	212	265	4.5	13
	1.5	118	150	190	236	300	71	90	112	140	180	224	280	5.6	16
	1.75	125	160	200	250	315	75	95	118	150	190	236	300	6	18
	2	132	170	212	265	335	80	100	125	160	200	250	315	8	24
	2.5	140	180	224	280	355	85	106	132	170	212	265	335	10	30
>22.4~45	1	106	132	170	212	—	63	80	100	125	160	200	250	4	12
	1.5	125	160	200	250	315	75	95	118	150	190	236	300	6.3	19
	2	140	180	224	280	355	85	106	132	170	212	265	335	8.5	25
	3	170	212	265	335	425	100	125	160	200	250	315	400	12	36

表 8-16　普通螺纹的推荐公差带

公差精度	内螺纹公差带			外螺纹公差带		
	S	N	L	S	N	L
精密	4H	5H	6H	(3h4h)	**4h** (4g)	(5h4h) (5g4g)
中等	**5H** (5G)	**[6H]** **6G**	**7H** (7G)	(5g6g) (5h6h)	**6e** **6f** **[6g]** 6h	(7e6e) (7g6g) (7h6h)
粗糙	—	7H (7G)	8H (8G)	—	(8e) 8g	(9e8e) (9g8g)

注：1. 选用顺序依次为：粗字体公差带、一般字体公差带、括号内的公差带。

2. 带方框的粗字体公差带用于大量生产的紧固件螺纹。

3. 推荐公差带也适用于薄涂镀层的螺纹，例如电镀螺纹。所选择的涂镀前公差带应满足涂镀后螺纹实际轮廓上的任何点不超出按公差带位置 H 或 h 确定的最大实体牙型。

标准中将螺纹的旋合长度分为三组，即短旋合长度（S）、中等旋合长度（N）和长旋合长度（L）。一般采用中等旋合长度。螺纹旋合长度见表 8-17。

螺纹的旋合长度与螺纹的精度密切相关。旋合长度增加，螺纹半角误差和螺距误差就可能增加，以同样的中径公差值加工就会更困难，显然，衡量螺纹的精度应包括旋合长度。表 8-16 反映了内、外螺纹精度与旋合长度的关系。

内、外螺纹选用的公差带可以任意组合，为了保证足够的接触高度，加工好的内、外螺纹最好组成 H/g、H/h 或 G/h 的配合。一般情况采用最小间隙为零的 H/h 配合；对用于经常拆卸、工作温度高或需涂镀的螺纹，通常采用 H/g 或 G/h 具有保证间隙的配合。

4. 螺纹在图样上的标注

完整的螺纹标记由螺纹代号、螺纹公差带代号和螺纹旋合长度代号组成，中间用“-”隔开，如图 8-18 所示。

表 8-17　螺纹旋合长度（摘自 GB/T 197—2018）　　　　（单位：mm）

公称直径 D、d		螺距 P	旋合长度				公称直径 D、d		螺距 P	旋合长度			
			S	N		L				S	N		L
>	≤		≤	>	≤	>	>	≤		≤	>	≤	>
5.6	11.2	0.75	2.4	2.4	7.1	7.1	11.2	22.4	2.5	10	10	30	30
		1	3	3	9	9	22.4	45	1	4	4	12	12
		1.25	4	4	12	12			1.5	6.3	6.3	19	19
		1.5	5	5	15	15			2	8.5	8.5	25	25
11.2	22.4	1	3.8	3.8	11	11			3	12	12	36	36
		1.25	4.5	4.5	13	13			3.5	15	15	45	45
		1.5	5.6	5.6	16	16			4	18	18	53	53
		1.75	6	6	18	18			4.5	21	21	63	63
		2	8	8	24	24							

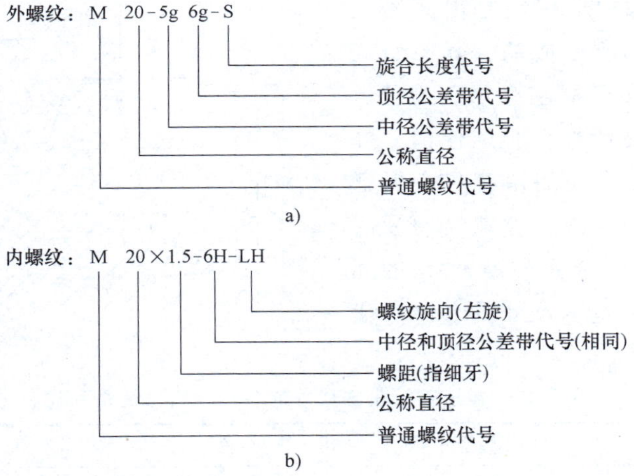

图 8-18　普通螺纹标记示例

螺纹旋合长度不注时，表示中等旋合长度。必要时，可标注旋合长度数值。如 M10×1-6H-20，表示旋合长度为 20mm。

内、外螺纹装配在一起，其公差带代号用斜线分开，如 M20×2-6H/5g6g，左边表示内螺纹公差带代号，右边表示外螺纹公差带代号。

【例 8-2】 查出 M20×2-7g6g 螺纹的极限偏差。

解： 螺纹代号 M20×2 表示细牙普通螺纹，公称直径为 20mm，螺距为 2mm；公差代号 7g6g 表示外螺纹中径公差带代号为 7g，大径公差带代号为 6g。

由表 8-14 可知，g 的基本偏差（es）= −38μm；由表 8-15 可知，公差等级为 7 时，中径公差 $T_{d_2}=200\mu m$；由表 8-14 可知，公差等级为 6 时，大径公差 $T_d=280\mu m$。

故　　　　中径上极限偏差$(es)=-38\mu m$

$$中径下极限偏差(ei)=es-T_{d_2}=-238\mu m$$

$$大径上极限偏差(es)=-38\mu m$$

$$大径下极限偏差(ei)=es-T_d=-318\mu m$$

普通螺纹螺牙侧面的表面粗糙度 Ra 值见表 8-18。

表 8-18　普通螺纹螺牙侧面的表面粗糙度 Ra 值

工件	螺纹中径公差等级		
	4、5	6、7	8、9
	$Ra/\mu m$		
螺栓、螺钉、螺母	≤1.6	≤3.2	3.2~6.3
轴及套筒上的螺纹	0.8~1.6	≤1.6	≤3.2

8.3.4　梯形螺纹简述

部分传动螺纹，如机床丝杠、起重机螺杆等，其螺纹牙型多采用梯形螺纹。这是因为梯形螺纹具有传动效率高、精度高和加工方便等优点，并能够满足传动螺纹的使用要求。

1. 梯形螺纹基本尺寸

国家标准规定的梯形螺纹是由原始三角形截去顶部和底部所形成的，其原始三角形为顶角等于30°的等腰三角形。为了保证梯形螺纹传动的灵活性，必须使内、外螺纹配合后在大径和小径间留有一个保证间隙 a_c，为此，分别在内、外螺纹的牙底上，由基本牙型留出一个大小等于 a_c 的间隙，如图 8-19 所示。基本尺寸的名称、代号及关系式见表 8-19。

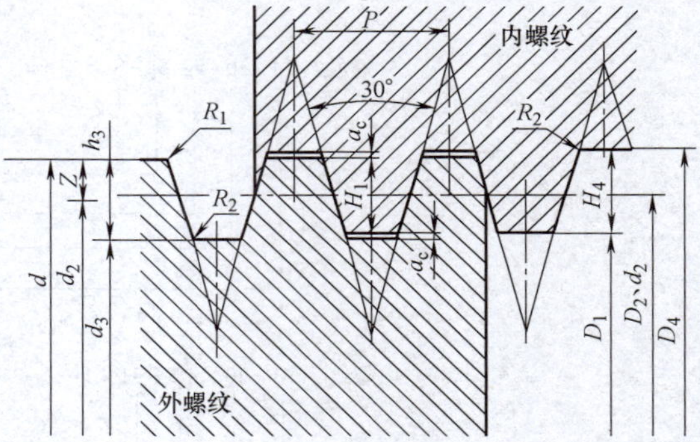

图 8-19　梯形螺纹

表 8-19　梯形螺纹基本尺寸的名称、代号及关系式

名称	代号	关系式	名称	代号	关系式
外螺纹大径	d		外螺纹中径	d_2	$d_2=d-2Z=d-0.5P$
螺距	P		内螺纹中径	D_2	$D_2=d-2Z=d-0.5P$
牙顶间隙	a_c		外螺纹小径	d_3	$d_3=d-2h_3$
基本牙型高度	H_1	$H_1=0.5P$	内螺纹小径	D_1	$D_1=d-2H_1=d-P$
外螺纹牙高	h_3	$h_3=H_1+a_c=0.5P+a_c$	内螺纹大径	D_4	$D_4=d+2a_c$
内螺纹牙高	H_4	$H_4=H_1+a_c=0.5P+a_c$	外螺纹牙顶圆角	R_1	$R_{1max}=0.5a_c$
牙顶高	Z	$Z=0.25P=0.5H$	牙底圆角	R_2	$R_{2max}=a_c$

2. 梯形螺纹公差

梯形螺纹标准中，对内、外螺纹的大、中、小径分别规定了公差等级，见表 8-20。标准对内螺纹的大径 D_4、中径 D_2 和小径 D_1，只规定了一种基本偏差 H（下极限偏差），其值为零；对外螺纹的中径 d_2 规定了 h、e 和 c 三种基本偏差，对大径 d 和小径 d_3 规定了一种基本偏差 h（上极限偏差），其值为零，e 和 c 的基本偏差（上极限偏差）为负。

表 8-20　梯形螺纹公差等级（摘自 GB/T 5796.4—2022）

直径	公　差　等　级	直径	公　差　等　级
内螺纹小径 D_1	4	外螺纹中径 d_2	7、8、9
外螺纹大径 d	4	外螺纹小径 d_3	7、8、9
内螺纹中径 D_2	7、8、9		

3. 梯形螺纹标记

梯形螺纹的标记由梯形螺纹代号、公差带代号及旋合长度代号组成。当旋合长度为中等旋合长度时，不标注旋合长度代号。当旋合长度为长旋合长度时，应将组别代号 L 写在公差带代号的后面，并用“-”隔开。

在装配图中，梯形螺纹的公差带要分别注出内、外螺纹的公差带代号。前面是内螺纹公差带代号，后面是外螺纹公差带代号，中间用斜线分开，如 Tr40×7-7H/7e，如图 8-20 所示。

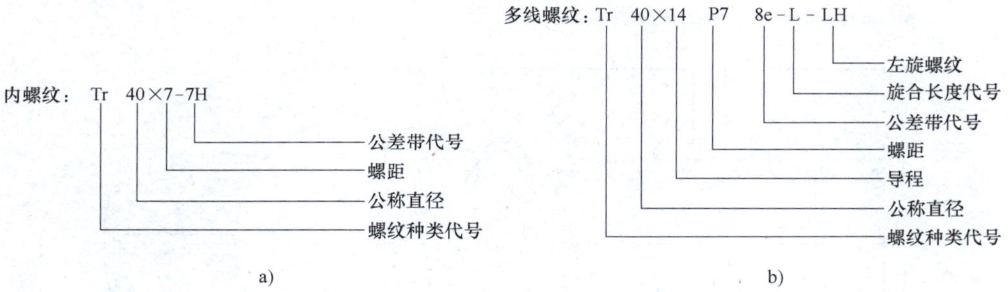

图 8-20　梯形螺纹标记示例

多线螺纹的顶径公差和底径公差与单线螺纹相同，多线螺纹的中径公差是在单线螺纹中径公差的基础上按线数不同分别乘以系数得到的。

8.3.5　普通螺纹的检测

普通螺纹具有多参数要素，其检测方法可分为综合检验和单项测量两类。下面仅介绍螺纹的综合检验。

综合检验是指按泰勒原则使用螺纹量规，检验被测螺纹各几何参数误差的综合结果，用该量规的通规检验被测螺纹的作用中径（含底径），用止规检验被测螺纹的单一中径，还要用光滑极限量规检验被测螺纹顶径的实际尺寸。

检验内螺纹的量规称为螺纹塞规，检验外螺纹的量规称为螺纹环规。

如图 8-21 和图 8-22 所示，螺纹量规通规模拟体现被测螺纹的最大实体牙型，检验被测螺纹的作用中径是否超出其最大实体牙型的中径，并同时检验被测螺纹底径的实际尺寸是否超出其最大实体尺寸。因此，通规应具有完整的牙型，并且其螺纹的长度应等于被测螺纹的旋合长度。止规用来检验被测螺纹的单一中径是否超出其最小实体牙型的中径，因此止规采用截短牙型，并且只有 2~3 个螺距的螺纹长度，以减少牙侧角偏差和螺距误差对检验结果的影响。

用螺纹量规检验时，若其通规能够旋合通过整个被测螺纹，则认为旋合性合格，否则不合格；如果其止规不能旋入或不能完全旋入被测螺纹（只允许与被测螺纹的两端旋合，旋合量不得超过两个螺距），则认为联接强度合格，否则不合格。

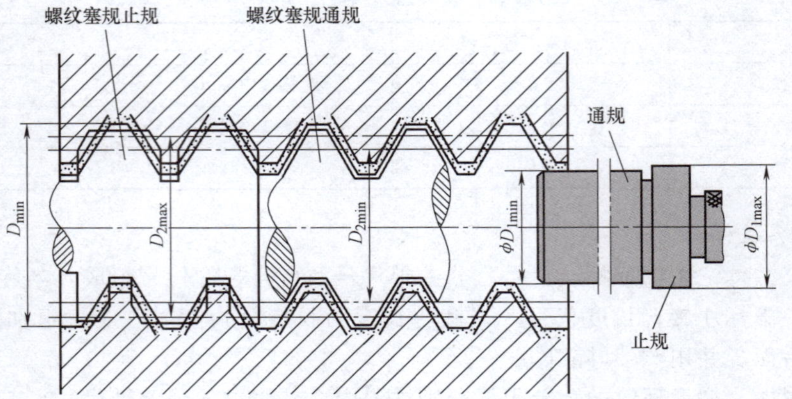

图 8-21　用螺纹塞规和光滑极限塞规检验内螺纹

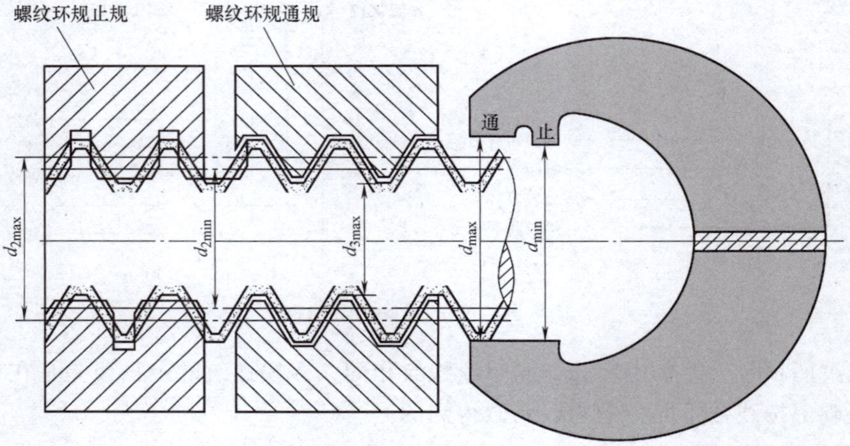

图 8-22　用螺纹环规和光滑极限卡规检验外螺纹

螺纹量规通规、止规以及检验螺纹顶径用的光滑极限量规的设计计算，详见 GB/T 3934—2003《普通螺纹量规　技术条件》。

8.4　圆柱齿轮传动的互换性

8.4.1　概述

齿轮传动是最常见的传动形式之一，广泛用于传递运动和动力。齿轮传动的质量直接影响到机器或仪器的工作性能、承载能力、使用寿命和工作精度。为此，国家标准规定了相应的公差，对齿轮的质量进行控制。

1. 圆柱齿轮传动的使用要求

（1）传递运动的准确性（运动精度）　要求齿轮在一转范围内，产生的最大转角误差要限制在一定范围内，这种一转范围内的最大转角误差又称为长周期误差。

（2）传动平稳性（工作平稳性精度）　要求齿轮在任一瞬时传动比的变化不要过大，否则会引起冲击、振动和噪声，严重时会损坏齿轮。为此，齿轮一齿转角内的最大误差需要限制在一定的范围内，这种误差又称为短周期误差。

（3）载荷分布的均匀性（接触精度）　要求在传动时工作齿面接触良好，全齿宽应承载均匀，避免载荷集中于局部区域而引起局部磨损，提高齿轮的使用寿命。

（4）侧隙的合理性（齿轮副传动精度）　齿轮副啮合传动时，非工作齿面间应留有一定的间隙，用以储存润滑油，补偿齿轮的制造误差、安装误差以及热变形和受力变形，防止齿轮传动时出现卡死或烧伤现象。但侧隙又不能过大，尤其是对于经常需要正反转的传动齿轮，侧隙过大，会产生空程，引起换向冲击。因此，应合理地确定侧隙的数值。

2. 不同工况的齿轮对传动的要求

为保证齿轮具有较好的工作性能，对上述四个方面均要有一定的要求。但用途和工作条件不同时，应有不同的侧重，具体如下。

（1）分度齿轮　如机床分度盘机构中的齿轮、齿轮加工机床中分度链的齿轮，对这类齿轮主要要求传递运动的准确性，以使分度准确。

（2）高速动力齿轮　如汽车及机床变速箱中的齿轮，其特点是圆周速度高、传递功率大、振动小、噪声低，主要保证传动平稳性要求。

（3）低速重载齿轮　如起重机、矿山机械等重型机械上的齿轮，这类齿轮载荷分布的均匀性要求较高，而传递运动的准确性要求不高。

8.4.2　单个齿轮同侧齿面各项偏差的检测及分类

1. 单个齿轮同侧齿面的各项偏差与检测

一般情况下，齿轮都是同侧齿面进行工作的，而另一非工作齿面保持一定的侧隙。单个齿轮同侧齿面制造后产生的主要偏差有以下几种，下面按照现行的国家标准，来讲述单个齿轮的误差项目、含义、检测方法及各项目的使用情况。

（1）齿距偏差

1）单个齿距偏差 f_p：f_p 是指在端平面上接近齿高中部的一个与齿轮轴线同心的圆上，实际齿距与理论齿距（公称齿距）的代数差，如图 8-23 所示。用相对法测量时，理论齿距是指所有实际齿距的平均值。

如图 8-24 所示，用齿距仪检验 f_p，f_p 若在规定的允许极限偏差值内则符合要求。

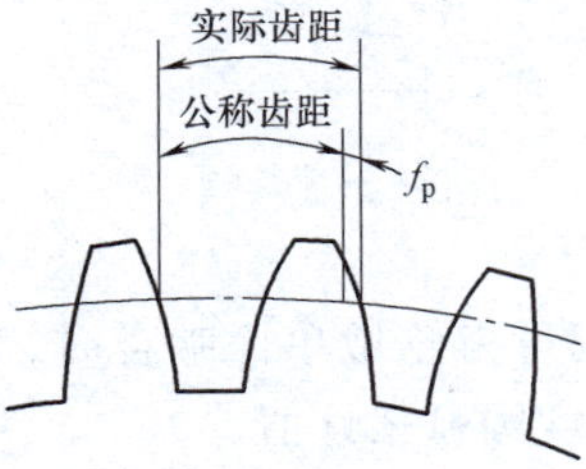

图 8-23　单个齿轮偏差

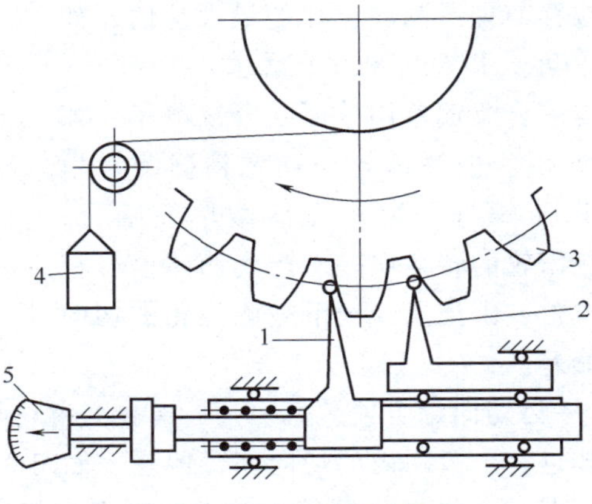

图 8-24　齿距仪测量

1—活动量爪　2—固定量爪　3—齿轮　4—重锤　5—指示表

2）k 个齿距累积偏差 F_{pk} 和齿距累积总偏差 F_p：F_{pk} 是指 k 个齿距间的实际弧长与理论弧长的代数差。国标中规定 k 的取值范围一般为 2～(z/8)（z 为齿轮的齿数），对特殊应用的齿轮（高速齿轮），可取更小的 k 值。图 8-25 中，F_{pk} 为相邻三个齿距产生的累积偏差。

F_p 是指齿轮同侧齿面任意圆弧段（$k=1\sim z$）内的最大齿距累积偏差值。它等于齿距偏差的最大偏差 $+f_{pmax}$ 与最小偏差 $-f_{pmin}$ 的代数差，如图 8-25 所示。

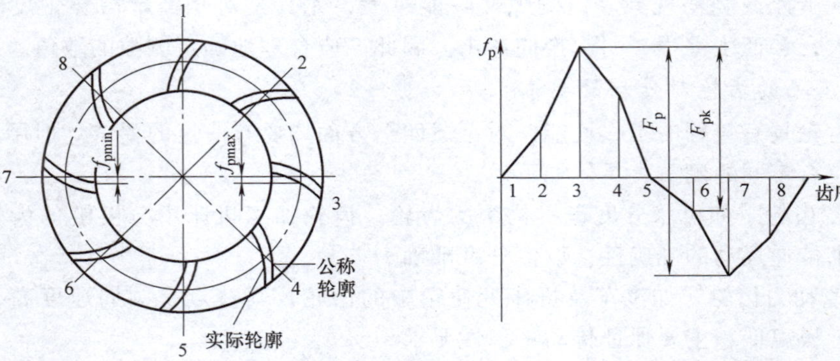

图 8-25　齿距累积总偏差和齿距累积偏差

齿距累积总偏差 F_p 和 k 个齿距累积偏差 F_{pk} 通常在万能测齿仪、齿距仪和光学分度头上测量，测量的方法有绝对法和相对法两种，但较为常用的是相对法。

如图 8-25 所示，用相对法测量时，将齿距仪的固定量爪和活动量爪在齿高中部分度圆附近与齿面接触，以齿轮上的任意一个齿距为基准齿距，将仪器指示表上的指针调整为零，然后依次测量各轮齿对基准的相对齿距偏差，最后通过数据处理求出齿距累积总偏差 F_p 和 k 个齿距累积偏差 F_{pk}。

万能测齿仪、齿距仪和光学分度头等的测量效率不高，所以只能对批量生产的齿轮进行抽检。

（2）切向综合偏差

1）切向综合总偏差 F_{is}：F_{is} 是指被测齿轮与理想精确的测量齿轮做单面啮合检验时，在被测齿轮转动一转的范围内，分度圆上实际圆周位移与理论圆周位移的最大差值，如图 8-26 所示，以分度圆弧长计值。

切向综合总偏差用单面啮合仪测量，如图 8-27 所示。被测齿轮与理想精确测量齿轮（可以是蜗杆、齿条等）做单面啮合，由于被测齿轮的转角误差，产生两路信号相应的相位差，由记录仪记下被测齿轮的切向综合总偏差。

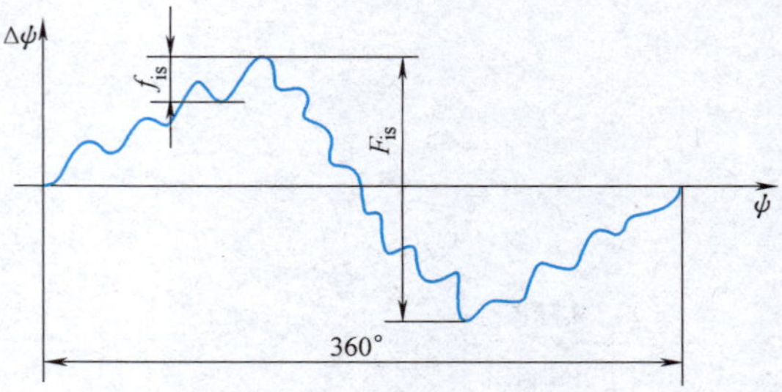

图 8-26　切向综合总偏差

2）一齿切向综合偏差 f_{is}：f_{is} 是指被测齿轮与理想精确的测量齿轮做单面啮合时，在被测齿轮转过一个齿距内的切向综合偏差，如图 8-26 所示，以分度圆弧长计值。

（3）齿廓偏差　齿廓偏差是指实际齿廓偏离设计齿廓的量值，其在端平面内且垂直于渐开线齿廓的方向计值。当无其他限定时，设计齿廓是指端面齿廓。

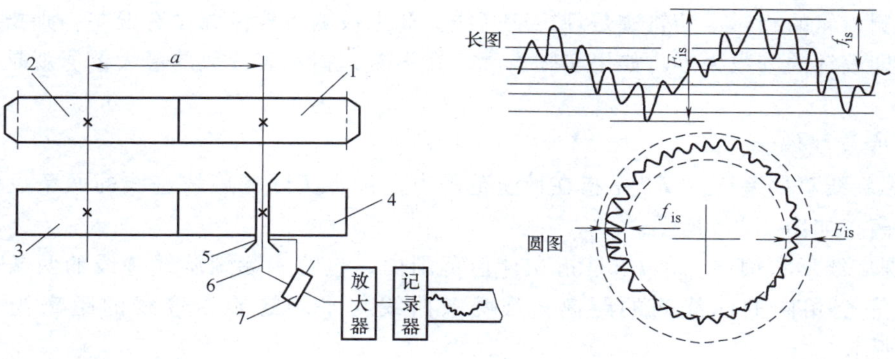

图 8-27　单面啮合仪测量原理

a）双圆盘摩擦式单啮仪测量原理　b）切向综合误差曲线

1—被测齿轮　2—理想精确测量齿轮　3、4—精密摩擦盘　5—辅助装置　6—传动轴　7—传感器

1）齿廓总偏差 F_α：F_α 是指在计值范围内，包容实际齿廓迹线的两条设计齿廓迹线间的距离，如图 8-28a 所示。F_α 可在专用的渐开线检查仪或通用的万能工具显微镜上测量。

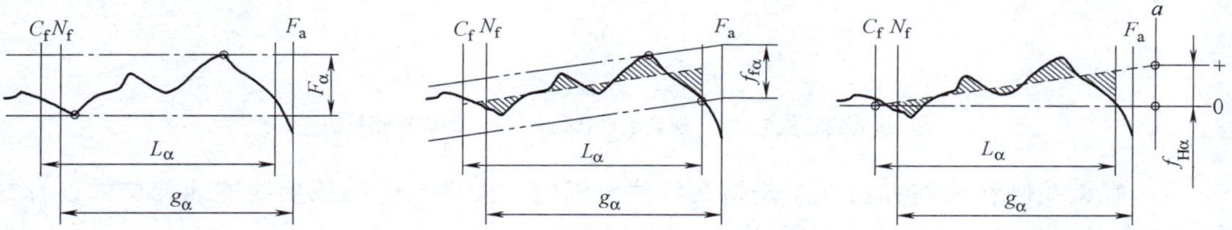

图 8-28　齿廓偏差

a）齿廓总偏差　b）齿廓形状偏差　c）齿廓倾斜偏差

2）齿廓形状偏差 $f_{f\alpha}$：$f_{f\alpha}$ 是指在计值范围内，包容实际齿廓迹线的与平均齿廓迹线完全相同的两条迹线间的距离，且两条曲线与平均齿廓迹线的距离为常数，如图 8-28b 所示。

3）齿廓倾斜偏差 $f_{H\alpha}$：$f_{H\alpha}$ 是指在计值范围内，两端与平均齿廓迹线相交的两条设计齿廓迹线间的距离，如图 8-28c 所示。

F_α 通常用万能渐开线检查仪或单圆盘渐开线检查仪进行测量。图 8-29 所示为单圆盘渐开线检查仪。检测时，将被测齿轮与直径等于被测齿轮基圆直径的基圆盘装在同一心轴上，并使基圆盘与装在滑座上的直尺相切。当滑座移动时，直尺带动基圆盘和齿轮无滑动地转动，

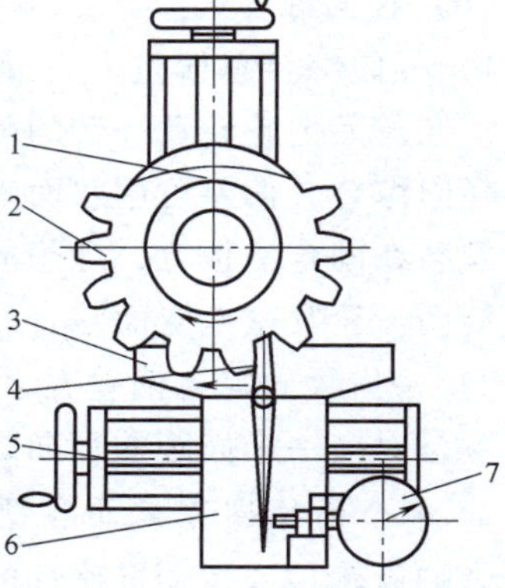

图 8-29　单圆盘渐开线检查仪

1—基圆盘　2—被测齿轮　3—直尺　4—杠杆　5—丝杠　6—拖板　7—指示表

测头与被测齿轮的相对运动轨迹是理想渐开线。如果被测齿轮齿廓没有误差，则指示表的测头不动，即表针的读数为零。如果实际齿廓存在误差，指示表读数的最大差值就是齿廓总偏差值。

（4）螺旋线偏差

1）螺旋线总偏差 F_β：F_β 是指在计值范围内，包容实际螺旋线迹线的两条设计螺旋线迹线的距离，如图 8-30a 所示。

2）螺旋线形状偏差 $f_{f\beta}$：$f_{f\beta}$ 是指在计值范围内，包容实际螺旋线迹线的两条与平均螺旋线迹线完全相同的曲线间的距离，且两条曲线与平均螺旋线迹线的距离为常数，如图 8-30b 所示。

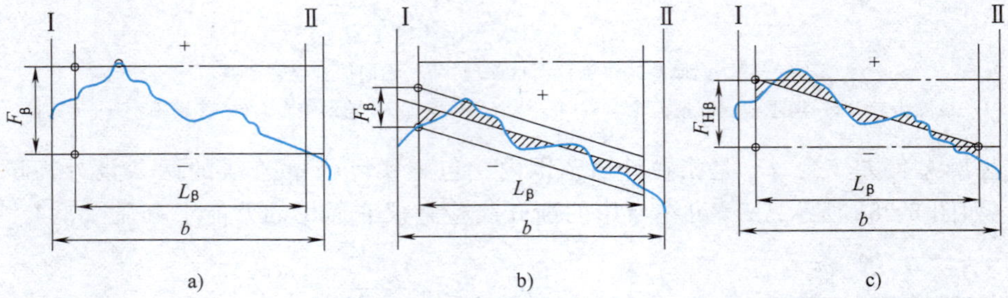

图 8-30 螺旋线偏差

a）螺旋线总偏差 b）螺旋线形状偏差 c）螺旋线倾斜偏差

3）螺旋线倾斜偏差 $f_{H\beta}$：$f_{H\beta}$ 是指在计值范围内，两端与平均螺旋线迹线相交的设计螺旋线迹线间的距离，如图 8-30c 所示。

（5）径向跳动 F_r 齿轮加工完成后，轮齿的实际分布圆周（或分度圆）与理想的分布圆周（或分度圆）的中心不重合，产生了径向偏移，从而引起径向误差，径向误差又导致齿圈径向跳动的产生。

齿圈径向跳动是指在齿轮转动一转的范围内，测头相继置于齿槽内时，与齿高中部双面接触，测头相对于齿轮轴线的最大和最小径向距离之差（图 8-31）。该测量方法是以齿轮孔为基准，测头依次放入各齿槽内，在指示表上读出测头径向位置的最大变动量即为 F_r。

（6）径向综合偏差

1）径向综合总偏差 F_{id}：F_{id} 是指产品齿轮与理想精确的测量齿轮径向（双面）综合检验时，在产品齿轮转动一转的范围内出现的中心距最大值和最小值之差，如图 8-32a 所示。

径向综合总偏差可用双面啮合仪来测量，其工作原理如图 8-32b 图所示。测量时将被测齿轮安装在固定溜板上，理想的精确齿轮安装在可左右移动的滑动溜板上，借助于弹簧的弹力，使两齿轮紧密地双面啮合。当齿轮啮合传动时，由指示表读出两齿轮中心距的变动量。

2）一齿径向综合偏差 f_{id}：测量方法与径向综合总偏差相似，只是当产品齿轮啮合转动时，测量对应一个齿距的径向综合偏差值，如图 8-32a 所示。

2. 单个齿轮同侧齿面各项偏差的分类

影响齿轮传递运动准确性的主要偏差：F_p、F_{pk}、F_{is}、F_{id}、F_r。

影响齿轮传递运动平稳性的主要偏差：f_p、f_{is}、f_{id}、F_α。

影响齿轮载荷分布均匀性的主要偏差：F_β、$f_{f\beta}$。

影响齿轮传动侧隙合理性的主要偏差：E_{sn}、E_{bn}。

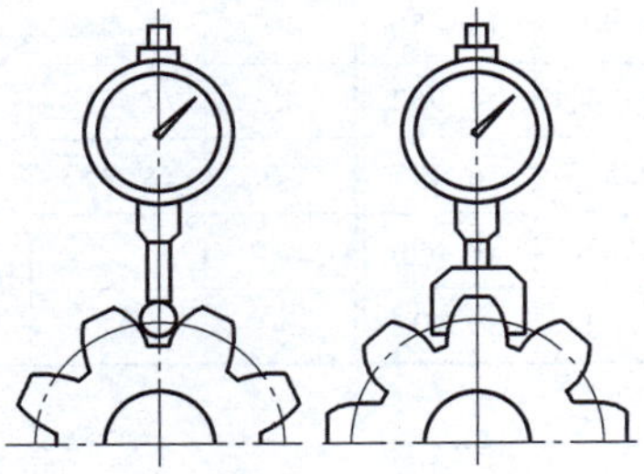

a)　　b)

图 8-31　齿圈的径向跳动

a）球形测头测径向跳动　b）双面啮合仪测量原理

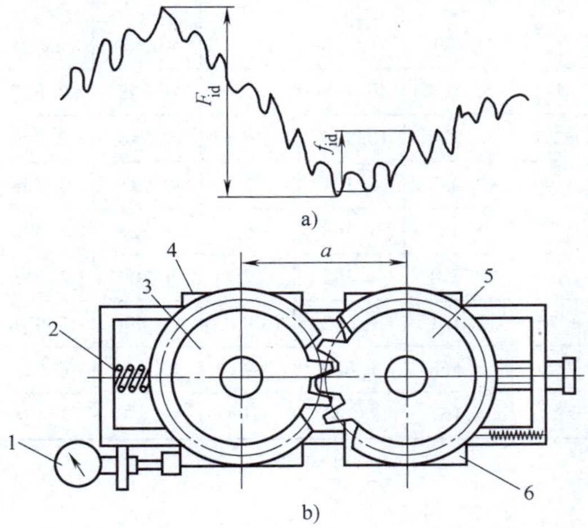

图 8-32　双面啮合仪综合测量

a）径向综合总偏差　b）双面啮合仪测量

1—指示表　2—弹簧　3—测量齿轮　4—滑动溜板

5—被测齿轮　6—固定溜板

单个齿轮不存在侧隙。在装配好的一对齿轮副中，侧隙是指相啮合的齿轮非工作齿面的间隙，它主要由两个齿轮的中心距与啮合齿轮的失效齿厚所决定。由于机架中心距一般不能调整，故侧隙的大小可通过制造时减薄单个齿轮的齿厚进行控制。因此，只要合理地规定齿轮齿厚公差，就可达到控制侧隙的目的。

（1）公称弦齿厚 $\bar{s}$ 与弦齿高 $\bar{h}$　对直齿（外）圆柱齿轮，按定义，齿厚是分度圆弧齿厚，但为了方便，一般用测量分度圆弦齿厚代替。分度圆公称弦齿高 $\bar{h}$ 和弦齿厚 $\bar{s}$，可分别按式（8-6）和式（8-7）计算：

$$\bar{h}_c = m\left[1+\frac{z}{2}\left(1-\cos\frac{90°}{z}\right)\right] = 0.7476m \tag{8-6}$$

$$\bar{s}_c = mz\sin\frac{90°}{z} = 1.3870m \tag{8-7}$$

式中，m 为模数（mm）；z 为齿数。

当 $\alpha=20°$时，分度圆公称弦齿高 $\bar{h}$ 和弦齿厚 $\bar{s}$ 也可查表 8-21 获得。

（2）齿厚偏差 f_{sn} 及检测　齿厚偏差是指在分度圆周上，齿厚的实际值与公称值之差，如图 8-33 所示。

测量齿厚常用的是游标齿厚卡尺（图 8-34）。测量时，以齿顶圆为基准，调整游标高度卡尺来确定分度圆弦齿高 $\bar{h}$，再用游标宽度卡尺测出齿厚的实际值，将实际值减去公称值，即为分度圆弦齿厚偏差。在齿圈上每隔 90°测量一个齿厚，取最大的齿厚偏差值作为该齿轮的齿厚偏差。由于齿厚的上、下极限偏差必须根据齿轮装配后的侧隙要求来确定，故在标准中没有查表值。

表 8-21　直齿轮固定弦齿高和弦齿厚　（单位：mm）

m (m_n)	s_c (s_{cn})	h_c (h_{cn})	m (m_n)	s_c (s_{cn})	h_c (h_{cn})	m (m_n)	s_c (s_{cn})	h_c (h_{cn})	m (m_n)	s_c (s_{cn})	h_c (h_{cn})
1	1.387	0.748	3.5	4.855	2.617	12	16.645	8.971	30	41.612	22.427
1.25	1.734	0.934	4	5.548	2.990	14	19.419	10.466	33	45.773	24.670
1.5	2.081	1.121	5	6.935	3.738	16	22.193	11.961	36	49.934	26.913
1.75	2.427	1.308	6	8.322	4.485	18	24.967	13.456	40	55.482	29.903
2	2.774	1.495	7	9.709	5.233	20	27.741	14.952	45	62.417	33.641
2.25	3.121	1.682	8	11.096	5.981	22	30.515	16.447	50	69.353	37.379
2.5	3.468	1.869	9	12.483	6.728	25	34.676	18.690			
3	4.161	2.243	10	13.871	7.476	28	38.837	20.932			

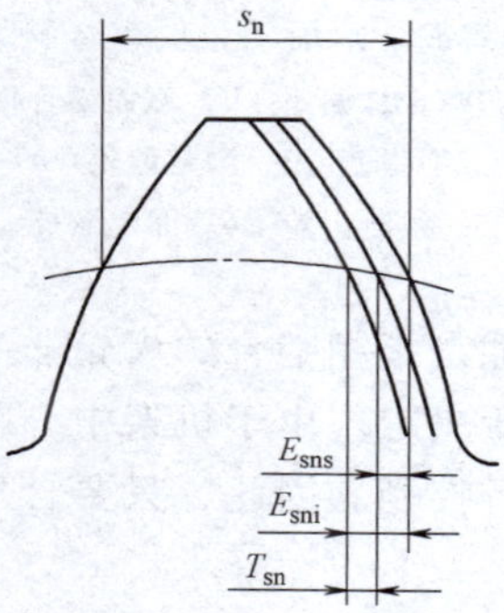

图 8-33　齿厚偏差图

s_n—公称齿厚　E_{sns}—齿厚上极限偏差

E_{sni}—齿厚下极限偏差　T_{sn}—齿厚公差

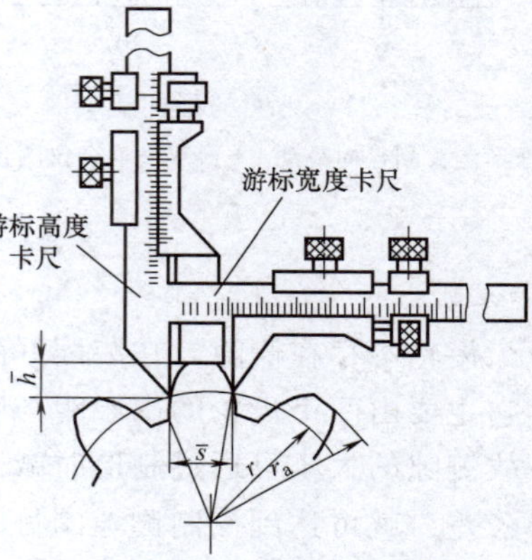

图 8-34　齿厚偏差的检测

由于测量 f_{sn} 时以齿顶圆为基准，齿顶圆直径误差和径向跳动会对测量结果有较大影响，且游标齿厚卡尺的精度又不高，因此齿厚偏差只用于低精度或模数较大的齿轮。常用公法线长度偏差等项目来代替齿厚偏差的测量。

（3）公法线长度偏差 E_{bn}　公法线长度偏差是指在齿轮一周内，公法线长度平均值与公称值之差。

对标准直齿圆柱齿轮，公法线长度的公称值 W_k 为

$$W_k = m[1.476(2k-1)+0.014z] \tag{8-8}$$

式中，k 为跨齿数，检测时通常是通过跨一定齿数来测量公法线长度的，对标准直齿圆柱齿轮，跨齿数 k 为（k 值四舍五入取整数）：

$$k = z\alpha/180°+0.5 \tag{8-9}$$

由于标准中没有给出公法线平均长度极限偏差的数值，可以通过式（8-10）和式（8-11）将计算出的齿厚极限偏差换算为公法线平均长度的极限偏差值

$$E_{bns} = E_{sns}\cos\alpha - 0.72F_r\sin\alpha \tag{8-10}$$

$$E_{bni} = E_{sni}\cos\alpha + 0.72F_r\sin\alpha \tag{8-11}$$

公法线常用公法线千分尺测量，如图 8-35 所示，测量方法简单、可靠，生产中运用较普遍。

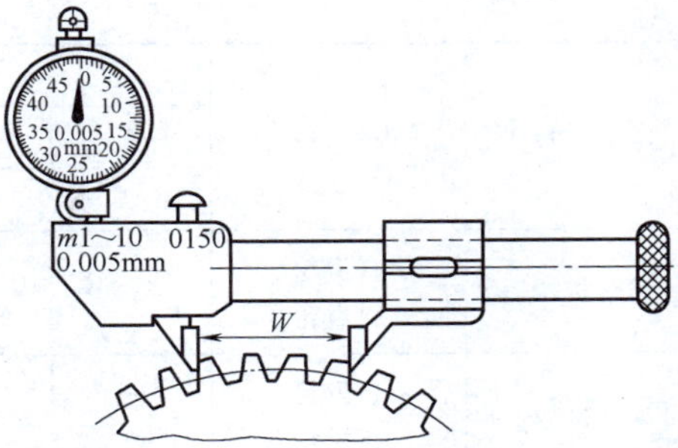

图 8-35　用公法线千分尺测量公法线

8.4.3　圆柱齿轮精度标准及应用

渐开线圆柱齿轮精度标准共包括了六个标准文件 GB/T 10095.1—2022《圆柱齿轮　ISO 齿面公差分级制　第 1 部分：齿面偏差的定义和允许值》、GB/T 10095.2—2023《圆柱齿轮　ISO 齿面公差分级制　第 2 部分：径向综合偏差的定义和允许值》、GB/Z 18620.1～4—2008《圆柱齿轮　检验实施规范》。其中，前两个是基本和主要的，后四个是对前者的说明和扩展。

1. 齿轮精度等级及公差值

（1）精度等级的划分　GB/T 10095.1—2022 将单个齿轮精度规定为 1、2、3、…、11 共 11 级，其中 1 级精度最高，11 级精度最低。

在齿轮的 11 个精度等级中，1、2 为超精度级，一般的加工工艺难以达到，属于未来发展级；一般情况下，3～5 级为高精度级；6～9 级为中等精度级，使用最广；10、11 级为低精度级。

齿轮精度等级的选择应主要考虑齿轮传动的用途、使用要求、工作条件以及其他技术要求，在满足使用要求的前提下，应尽量选择较低精度的公差等级。

精度等级的选择方法有计算法和类比法。在实际工作中，常用的是类比法，即按已有的经验、资料，在设计类似的齿轮传动时可以采用相近的精度等级。

表 8-22 为各类机械中齿轮精度等级的应用范围，表 8-23 为不同机械齿轮传动的精度等级和圆周速度的应用范围，供选用时参考。

表 8-22　各类机械中齿轮精度等级的应用范围

应用范围	精度等级	应用范围	精度等级
测量齿轮	2～5	重型汽车	6～9
汽轮机减速器	3～6	一般减速器	6～9
精密切削机床	3～7	拖拉机	6～9
一般切削机床	5～8	轧钢机	6～10
内燃机或发动机	6～7	起重机	7～10
航空发动机	4～8	矿山绞车	8～10
轻型汽车	5～8	农用机械	8～11

表 8-23　不同机械齿轮传动的精度等级和圆周速度的应用范围

设备名称	齿轮特征	精度等级 4	5	6	7	8	9	10
		传动的圆周速度/(m/s)						
森林机械	任何齿轮	—	—	<15	<10	<6	<2	<手动
通用减速器	斜齿轮	—	—	—	—	<12	—	—

（续）

设备名称	齿轮特征	精度等级						
		4	5	6	7	8	9	10
		传动的圆周速度/(m/s)						
回转机构	直齿轮 斜齿轮	— —	— —	<15~18 <13~36	<10~12 <20~25	<5~6 <9~12	<2~3 <4~6	— —
冶金机械	直齿轮 斜齿轮	— —	— —	10~15 15~30	6~10 10~15	2~6 4~10	0.5~2 1~4	— —
地质勘探机械	直齿轮 斜齿轮	— —	— —	— —	6~10 10~15	2~6 4~10	0.5~2 1~4	— —
煤炭机械	直齿轮 斜齿轮	— —	— —	— —	6~10 10~15	2~6 4~10	<2 <4	低速
发动机	任何齿轮	>40 (>4000)	>60 (<2000) >40 (2000~4000)	15~60 (<2000) <40 (2000~4000)	到15 (<2000) — —	— — —	— — — —	— — —
履带式机器	模数<2.5mm 模数 6~10mm	— —	16~28 13~18	11~16 9~3	7~11 4~9	2~7 <4	2 —	— —
拖拉机	任何齿轮	—	—	未淬火	淬火	—	—	—
造船机械	直齿轮 斜齿轮	— —	— —	— —	<9~10 <13~16	<5~6 <8~10	<2.5~3 <4~5	0.5 —

（2）齿轮偏差项目及公差值　对单个直齿圆柱齿轮，标准对每级精度各项评定指标规定了公差或极限偏差，详见表 8-24~表 8-30。

表 8-24　评定参数允许值的计算公式

项目代号	允许值计算公式
单个齿距公差 f_{pT}	$f_{pT}=(0.001d+0.4m_n+S)\sqrt{2}^{A-5}$
k 个齿距累积公差 F_{pkT}	$F_{pkT}=f_{pT}+\frac{4k}{z}(0.001d+0.55\sqrt{d}+0.3m_n+7)\sqrt{2}^{A-5}$
齿距累积总公差 F_{pT}	$F_{pT}=(0.002d+0.55\sqrt{d}+0.7m_n+12)\sqrt{2}^{A-5}$
齿廓总公差 $F_{\alpha T}$	$F_{\alpha T}=\sqrt{f_{H\alpha T}^2+f_{f\alpha T}^2}$
螺旋线总公差 $F_{\beta T}$	$F_{\beta T}=\sqrt{f_{H\beta T}^2+f_{f\beta T}^2}$
一齿切向综合公差 f_{isT}	$f_{isT,max}=f_{is(design)}+(0.375m_n+5.0)\sqrt{2}^{A-5}$ $f_{isT,min}=f_{is(design)}-(0.375m_n+5.0)\sqrt{2}^{A-5}$
切向综合总公差 F_{isT}	$F_{isT}=F_{pT}+f_{isT,max}$
径向综合总公差 F_{idT}	$F_{idT}=\left(0.08\frac{z_c m_n}{\cos\beta}+64\right)2^{[(R-44)/4]}$

（续）

项目代号	允许值计算公式
一齿径向综合公差 f_{idT}	$f_{idT}=\left(0.08\dfrac{z_c m_n}{\cos\beta}+64\right)2^{[(R-R_x-44)/4]}$ $z_c=\min(\lvert z\rvert,200)$ $R_x=5\{1-1.12^{[(4-z_c)/1.12]}\}$
径向跳动 F_{rT}	$F_{rT}=0.9F_{pT}$

表 8-25　单个齿距公差 f_{pT}、齿距累积总公差 F_{pT}　（单位：μm）

分度圆直径 d/mm	公差项目 / 精度等级 / 法向模数 m_n/mm	单个齿距公差 f_{pT} 5	6	7	8	齿距累积总公差 F_{pT} 5	6	7	8
>20~50	>2~3.5	5.5	7.5	11.0	15.0	15.0	21.0	30.0	42.0
	>3.5~6	6.0	8.5	12.0	17.0	15.0	22.0	31.0	44.0
>50~125	>2~3.5	6.0	8.5	12.0	17.0	19.0	27.0	38.0	53.0
	>3.5~6	6.5	9.0	13.0	18.0	19.0	28.0	39.0	55.0
	>6~10	7.5	10.0	15.0	21.0	20.0	29.0	41.0	58.0
>125~280	>2~3.5	6.5	9.0	13.0	18.0	25.0	35.0	50.0	70.0
	>3.5~6	7.0	10.0	14.0	20.0	25.0	36.0	51.0	72.0
	>6~10	8.0	11.0	16.0	23.0	26.0	37.0	53.0	75.0
>280~560	>2~3.5	7.0	10.0	14.0	20.0	33.0	46.0	65.0	92.0
	>3.5~6	8.0	11.0	16.0	22.0	33.0	47.0	66.0	94.0
	>6~10	8.5	12.0	17.0	25.0	34.0	48.0	68.0	97.0

表 8-26　齿廓总公差 $F_{\alpha T}$、齿廓形状公差 $f_{f\alpha T}$ 和齿廓倾斜公差 $f_{H\alpha T}$　（单位：μm）

分度圆直径 d/mm	公差项目 / 精度等级 / 法向模数 m_n/mm	齿廓总公差 $F_{\alpha T}$ 5	6	7	8	齿廓形状公差 $f_{f\alpha T}$ 5	6	7	8	齿廓倾斜公差 $f_{H\alpha T}$ 5	6	7	8
>20~50	>2~3.5	7.0	10.0	14.0	20.0	5.5	8.0	11.0	16.0	4.5	6.5	9.0	13.0
	>3.5~6	9.0	12.0	18.0	25.0	7.0	9.5	14.0	19.0	5.5	8.0	11.0	16.0
>50~125	>2~3.5	8.0	11.0	16.0	22.0	6.0	8.5	12.0	17.0	5.0	7.0	10.0	14.0
	>3.5~6	9.5	13.0	19.0	27.0	7.5	10.0	15.0	21.0	6.0	8.5	12.0	17.0
	>6~10	12.0	16.0	23.0	33.0	9.0	13.0	18.0	25.0	7.5	10.0	15.0	21.0
>125~280	>2~3.5	9.0	13.0	18.0	25.0	7.0	9.5	14.0	19.0	5.5	8.0	11.0	16.0
	>3.5~6	11.0	15.0	21.0	30.0	8.0	12.0	16.0	23.0	6.5	9.5	13.0	19.0
	>6~10	13.0	18.0	25.0	36.0	10.0	14.0	20.0	28.0	8.0	11.0	16.0	23.0

（续）

分度圆直径 d/mm	公差项目 / 精度等级 / 法向模数 m_n/mm	齿廓总公差 $F_{\alpha T}$ 5	6	7	8	齿廓形状公差 $f_{f\alpha T}$ 5	6	7	8	齿廓倾斜公差 $f_{H\alpha T}$ 5	6	7	8
>280～560	>2～3.5	10.0	15.0	21.0	29.0	8.0	11.0	16.0	22.0	6.5	9.0	13.0	18.0
	>3.5～6	12.0	17.0	24.0	34.0	9.0	13.0	18.0	26.0	7.5	11.0	15.0	21.0
	>6～10	14.0	20.0	28.0	40.0	11.0	15.0	22.0	31.0	9.0	13.0	18.0	25.0

表 8-27　螺旋线总公差 $F_{\beta T}$、螺旋线形状公差 $f_{f\beta T}$ 和螺旋线倾斜公差 $f_{H\beta T}$

（单位：μm）

分度圆直径 d/mm	公差项目 / 精度等级 / 齿宽 b/mm	螺旋线总公差 $F_{\beta T}$ 5	6	7	8	螺旋线形状公差 $f_{f\beta T}$ 和螺旋线倾斜公差 $f_{H\beta T}$ 5	6	7	8
>20～50	>10～20	7.0	10.0	14.0	20.0	5.0	7.0	10.0	14.0
	>20～40	8.0	11.0	16.0	23.0	6.0	8.0	12.0	16.0
>50～125	>10～20	7.5	11.0	15.0	21.0	5.5	7.5	11.0	15.0
	>20～40	8.5	12.0	17.0	24.0	6.0	8.5	12.0	17.0
	>40～80	10.0	14.0	20.0	28.0	7.0	10.0	14.0	20.0
>125～280	>10～20	8.0	11.0	16.0	22.0	5.5	8.0	11.0	16.0
	>20～40	9.0	13.0	18.0	25.0	6.5	9.0	13.0	18.0
	>40～80	10.0	15.0	21.0	29.0	7.5	10.0	15.0	21.0
>280～560	>20～40	9.5	13.0	19.0	27.0	7.0	9.5	14.0	19.0
	>40～80	11.0	15.0	22.0	31.0	8.0	11.0	16.0	22.0
	>80～160	13.0	18.0	26.0	36.0	9.0	13.0	18.0	26.0

表 8-28　f_{isT}/K 的比值

（单位：μm）

分度圆直径 d/mm	精度等级 / 法向模数 m_n/mm	f_{isT}/K 值 5	6	7	8
>20～50	>2～3.5	17.0	24.0	34.0	48.0
	>3.5～6	19.0	27.0	38.0	54.0
>50～125	>2～3.5	18.0	25.0	36.0	51.0
	>3.5～6	20.0	29.0	40.0	57.0
	>6～10	23.0	33.0	47.0	66.0

（续）

分度圆直径 d/mm	精度等级 / 法向模数 m_n/mm	f_{isT}/K 值			
		5	6	7	8
>125～280	>2～3.5	20.0	28.0	39.0	56.0
	>3.5～6	22.0	31.0	44.0	62.0
	>6～10	25.0	35.0	50.0	70.0
>280～560	>2～3.5	22.0	31.0	44.0	62.0
	>3.5～6	24.0	34.0	48.0	68.0
	>6～10	27.0	38.0	54.0	76.0

注：1. 一齿切向综合公差 f_{isT} 的公差值由表中给出的 f_{isT}/K 数值乘以系数 K 求得。

2. $f_{isT}=K\ (4.3+f_{pT}+F_{\alpha T})$，式中，当总重合度 $\varepsilon_\gamma<4$ 时，取系数 $K=0.2[(\varepsilon_\gamma+4)/\varepsilon_\gamma]$；当 $\varepsilon_\gamma\geqslant4$ 时，取 $K=0.4$。

3. 切向综合总公差 $F_{isT}=F_{pT}+f_{isT}$。

表 8-29　径向综合总公差 F_{idT} 和一齿径向综合公差 f_{idT}　（单位：μm）

分度圆直径 d/mm	公差项目 / 精度等级 / 法向模数 m_n/mm	径向综合总公差 F_{idT}				一齿径向综合公差 f_{idT}			
		5	6	7	8	5	6	7	8
>20～50	>1.0～1.5	16	23	32	45	4.5	6.5	9.0	13
	>1.5～2.5	18	26	37	52	6.5	9.5	13	19
>50～125	>1.0～1.5	19	27	39	55	4.5	6.5	9.0	13
	>1.5～2.5	22	31	43	61	6.5	9.5	13	19
	>2.5～4.0	25	36	51	72	10	14	20	29
>125～280	>1.0～1.5	24	34	48	68	4.5	6.5	9.0	13
	>1.5～2.5	26	37	53	75	6.5	9.5	13	19
	>2.5～4.0	30	43	61	86	10	15	21	29
	>4.0～6.0	36	51	72	102	15	22	31	44
>280～560	>1.0～1.5	30	43	61	86	4.5	6.5	9.0	13
	>1.5～2.5	33	46	65	92	6.5	9.5	13	19
	>2.5～4.0	37	52	73	104	10	15	21	29
	>4.0～6.0	42	60	84	119	15	22	31	44

表 8-30　径向跳动公差 F_{rT} 和公法线长度变动公差 F_W　（单位：μm）

分度圆直径 d/mm	公差项目 / 精度等级 / 法向模数 m_n/mm	径向跳动公差 F_{rT}				公法线长度变动公差 F_W			
		5	6	7	8	5	6	7	8
>20～50	>2～3.5	12	17	24	34	12	16	23	32
	>3.5～6	12	17	25	35				
>50～125	>2～3.5	15	21	30	43	14	19	28	37
	>3.5～6	16	22	31	44				
	>6～10	16	23	33	46				

（续）

分度圆直径 d/mm	公差项目 精度等级 法向模数 m_n/mm	径向跳动公差 F_{rT}				公法线长度变动公差 F_W			
		5	6	7	8	5	6	7	8
>125~280	>2~3.5	20	28	40	56	16	22	31	44
	>3.5~6	20	29	41	58				
	>6~10	21	30	42	60				
>280~560	>2~3.5	26	37	52	74	19	26	37	53
	>3.5~6	27	38	53	75				
	>6~10	27	39	55	77				

注：本表中 F_{rT}、F_W 是根据我国的生产实践提出的，供参考。

2. 齿轮精度等级的选择与应用

（1）精度等级选用规定和说明

1）在给定的文件中，如果齿轮精度等级规定为 GB/T 10095.1—2022 的某一等级，而无其他要求和说明，则 f_p、F_{pk}、F_p、F_α、F_β 的允许值均按精度等级选用。

2）如果有协议说明，既可对工作齿面和非工作齿面规定不同的精度等级，也可对不同偏差项目规定不同的精度等级。另外，还可对工作齿面规定所要求的精度等级。

3）径向综合偏差精度等级，不一定与齿距、齿廓、螺旋线等项目的偏差选用相同的等级。

（2）齿轮精度等级的选择方法

1）计算法：主要有以下几点：

① 根据已知传动链末端原件的传动精度要求，按误差传递及分布规律，决定齿轮的精度等级。

② 根据传动所允许的振动及噪声要求，按振动理论及动力计算确定齿轮的精度等级。

③ 根据齿轮承载能力与使用寿命计算确定齿轮的精度等级。

2）经验法：经验法是目前生产中较常用的方法，其要点是参照类似的被生产实践证明使用良好、运转正常的齿轮传动的精度要求的资料，分析对比后确定齿轮的精度等级。

3. 齿轮检验项目

根据国家标准（GB/T 10095.1—2022、GB/T 10095.2—2023）评定齿轮质量，建议的齿轮检验组如下。

1）单个齿距偏差 f_p、齿距累积总偏差 F_p、齿廓总偏差 F_α、螺旋线总偏差 F_β、径向跳动 F_r 共五项。

2）f_p、F_p、F_α、F_β、F_r、k 个齿距累积偏差 F_{pk} 共六项。

3）径向综合总偏差 F_{id}、径向综合偏差 f_{id} 共两项。

4）单个齿距偏差 f_p、径向跳动 F_r（10~12 级）。

5）切向综合总偏差 F_{is}，一齿切向综合偏差 f_{is}（协议有要求时）。

4. 齿坯公差

齿坯精度包括齿轮内孔（或齿轮轴的轴颈）、齿顶圆和端面的尺寸、几何公差及各表面的粗糙度要求。为了保证齿轮的传动质量，就必须控制齿坯精度。

（1）确定齿轮基准轴线的方法　齿坯的各项精度值，只有明确其特定的旋转轴线时才有意义。测量时，齿轮围绕其旋转的轴线如有改变，则这些参数测量值也将改变。因此，在齿轮的图样上必须把规定轮齿公差的基准轴线明确表示出来。

齿轮的基准轴线是制造者（和检测者）用来确定轮齿几何形状的轴线，是由基准面中心确定的，设计时应使基准轴线和工作轴线重合。确定齿轮基准轴线的方法有以下三种。

1）用两个“短的”圆柱或圆锥形基准面上设定的两个圆的圆心来确定轴线上的两个点，如图 8-36 所示。

2）用一个“长的”圆柱或圆锥形基准面来同时确定轴线的位置和方向，如图 8-37 所示。

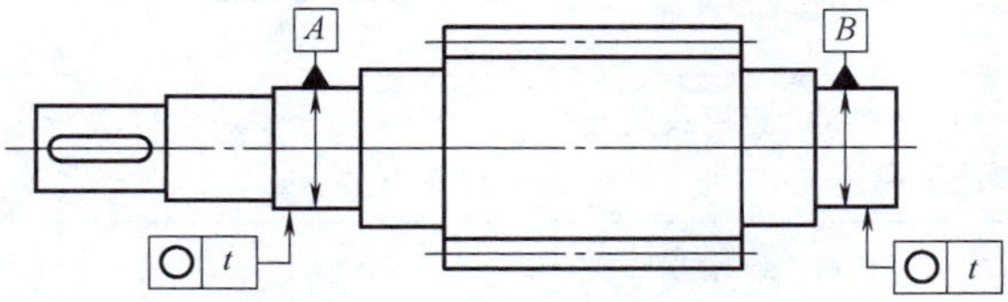

图 8-36　用两个“短的”基准面确定基准线

3）轴线位置用一个“短的”圆柱面和一个“大的”端面确定基准线，如图 8-38 所示。

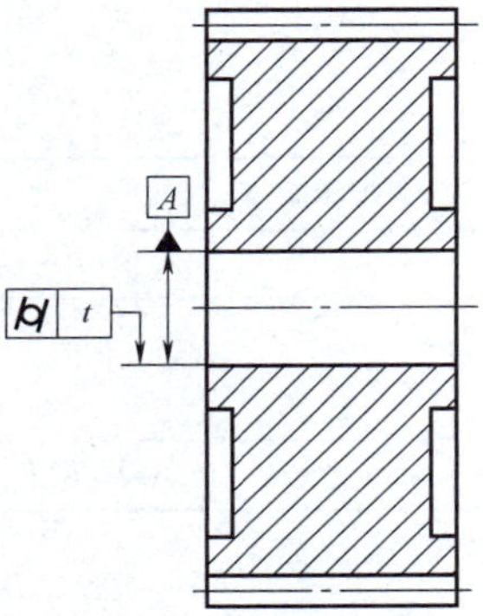

图 8-37　用一个“长的”基准面确定基准线

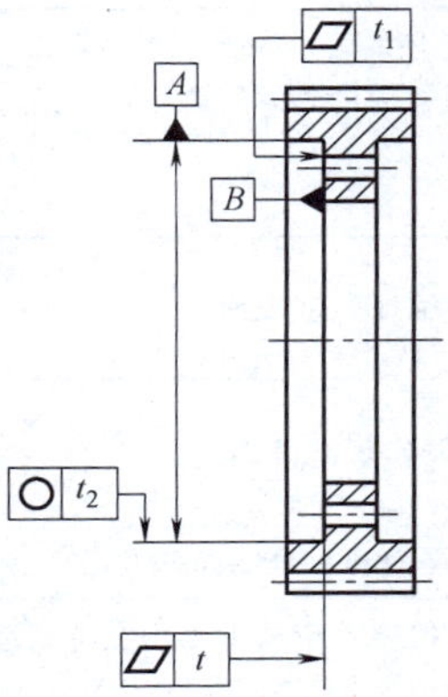

图 8-38　用一个“短的”圆柱面和一个“大的”端面确定基准线

（2）齿坯的尺寸公差规定　现行国家标准没有规定齿坯公差，设计时可参考被替代的国家标准，见表 8-31。

表 8-31　齿坯公差

齿轮精度等级①		5	6	7	8	9	10
孔	尺寸公差	IT5	IT6	IT7		IT8	
	几何公差						
轴	尺寸公差	IT5		IT6		IT7	
	几何公差						
顶圆直径公差②		IT7	IT8			IT9	
分度圆直径/mm		基准面径向③和轴向圆跳动/μm					
≤125		11		18		28	
>125~400		14		22		36	
>400~800		20		32		50	

① 当三个公差组精度等级不同时，按最高精度等级确定公差值。
② 当顶圆不做测量齿厚的基准时，尺寸公差按 IT11 给定，但不大于 $0.1m_n$。
③ 当以顶圆作为基面时，基准面径向圆跳动就是指顶圆的径向圆跳动。

（3）齿坯的几何公差规定　齿坯的几何公差及基准面的跳动公差在现行国家标准中明确规定，可按表 8-32 及表 8-33 选取。

表 8-32　基准面和安装面的形状公差

确定轴线的基准面	公差项目		
	圆度	圆柱度	平面度
两个“短的”圆柱或圆锥形基准面	$0.04(L/b)F_{\beta}$ 或 $0.1F_{p}$，取两者中之小值	—	—
一个“长的”圆柱或圆锥形基准面	—	$0.04(L/b)F_{\beta}$ 或 $0.1F_{p}$，取两者中之小值	—
一个“短的”圆柱面和一个端面	$0.06F_{p}$	—	$0.06(D_{d}/b)F_{\beta}$

注：1. 齿轮坯的公差减至能经济制造的最小值。

2. L 为较大的轴承跨距；D_{d} 为基准面直径；b 为齿宽。

表 8-33　安装面的跳动公差

确定轴线的基准面	跳动量（总的指示幅度）	
	径向	轴向
仅指圆柱或圆锥形基准面	$0.15(L/b)F_{p}$ 或 $0.3F_{\beta}$，取两者之大值	—
一个圆柱基准面和一个端面基准面	$0.3F_{p}$	$0.2(D_{d}/b)F_{\beta}$

注：齿轮坯的公差应减少至能经济制造的最小值。

（4）齿面表面粗糙度　齿面表面粗糙度规定的参数值应优先选择表 8-34 中的参数 *Ra* 作为评定参数，国家标准（GB/T 10095.1—2022、GB/T 10095.2—2023）规定的齿轮精度等级与表 8-34 中表面粗糙度等级之间没有直接关系。

表 8-34　齿轮各轮齿齿面表面粗糙度值 *Ra* 的推荐值　（单位：μm）

齿轮精度等级	5	6	7		8	9	
轮齿齿面	0.4~0.8	0.8~1.6	1.6	3.2	6.3	6.3	12.5
齿面加工方法	磨齿	磨或珩	剃或珩	精滚精插	插或滚齿	滚齿	铣齿
齿轮基准孔	0.4~0.8	1.6	1.6~3.2			6.3	
齿轮轴基准轴颈	0.4	0.8	1.6		6.3		
齿轮基准端面	3.2~6.3	3.2~6.3	3.2~6.3			6.3	
齿轮顶圆	1.6~3.2	6.3					

5. 齿轮零件工作图样

齿轮零件工作图样是体现设计要求和质量要求以及加工制造、检验、安装与生产质量管理的重要技术文件之一。

（1）齿轮图样上应标注的尺寸数据要求

1）齿坯主要尺寸　齿坯主要尺寸有分度圆直径、齿顶圆直径及公差、齿宽、孔（或轴）的尺寸及公差、定位面及要求、齿轮表面粗糙度要求等。

2）齿部要求：

① 基本数据：法向模数、齿数、压力角、齿顶高系数、螺旋角、旋向、径向变位系数、齿厚公差值及其极限偏差（或公法线平均长度偏差及允许偏差）、精度等级、齿轮副中心距及其允许值、配对齿轮图号及其齿数。

② 检验项目代号及其允许值：应按国标推荐的检验组的检验项目标注。

（2）齿轮零件工作图样上的齿轮精度等级的标注

国家标准（GB/T 10095.1—2022、GB/T 10095.2—2023）对齿轮精度等级在图样的标注未作明确的规定，根据现行国家标准的内容，国家标准制定工作组关于齿轮精度等级的标注提出了以下建议。

1）如果齿轮检验项目的精度等级相同（如均为 6 级），则标注为

6　GB/T 10095.1—2022 或 6　GB/T 10095.2—2023

2）如果齿轮检验项目的精度不同，如齿廓总偏差 F_α 为 6 级，齿距累积总偏 F_p 差为 7 级，螺旋线总偏差 F_β 为 7 级，标注为

$6(F_\alpha)$、$7(F_p$、$F_\beta)$　GB/T 10095.1—2022

8.5　贵州“小齿轮”帮助“嫦娥四号”漫游太空

2019 年 1 月 11 日下午，嫦娥四号着陆器与玉兔二号巡视器工作正常，在“鹊桥”中继星支持下顺利完成互拍，地面接收图像清晰完好，工作载荷正常，探测数据有效下传，搭载科学实验项目顺利开展，达到工程既定目标，标志着嫦娥四号任务圆满成功。至此，中国探月工程取得“五战五捷”。

贵州航天所属多家单位的多项产品为此次探月工程的发射段和巡视勘察段提供了有力保障，助力我国开启和平开发利用太空新征程。

嫦娥四号登月探测器是世界首颗在月球表面软着陆和巡视探测的航天器，因而备受关注。而这其中，贵州航天作为航天科工集团唯一一家专业从事齿轮设计、生产制造的单位，再次发挥自身优势，为嫦娥四号提供安全精准的传动技术支撑。

贵州航天自 2009 年开始承担探月工程系列产品开发以来，不断积累空间对接机构精密齿轮研发生产经验。随着神舟系列等空间工程的顺利完成，贵州航天研发的齿轮也被赞誉为“中国飞得最高的齿轮”。此次嫦娥四号探月工程，贵州航天承担了其中月面巡视探测器用齿轮、花键、内齿圈、轴、蜗杆等 51 种高端齿轮的研制生产任务。

虽然前期关于探月工程精密传动齿轮的研发工作已经突破了很多关键技术瓶颈，但是月球表面恶劣的气候环境对产品性能提出了更严苛的要求，特别是薄壁异形零件对机械加工和热处理过程中的变形控制。为提高产品在极度高、低温下的耐热和耐寒性能，以及月球表面月壤尘埃对齿轮机械部件的耐磨和耐蚀性，贵州航天先后引进了深冷处理、真空炉淬火、高温渗氮、渗碳等先进设备。在机加工方面，通过设计制造不同的加工工装，根据现场加工情况调整工艺参数，减少机械加工对变形的影响；在热处理方面，通过反复多次试验，找出变形规律，找出渗氮参数，找到变形最小参数。技术人员为使产品性能达到要求，一个产品就要进行几十次甚至上百次的专炉试验，最终才能确定工艺方案。

由于月球车有着更加严格的重量控制，为了减轻齿轮重量又不影响齿轮正常使用，研发

人员对每个齿轮的设计都精益求精。内齿圈、花键套、扇形齿轮、行星架输出轴等薄壁异形件的突破，为嫦娥四号在月球表面的行走提供了安全可靠的保障。

思考题

8-1　平键联接中，键宽与键槽宽的配合采用的是什么基准制？为什么？

8-2　矩形花键有哪几种定心方式？国家标准中规定采用哪一种定心方式？为什么？

8-3　渐开线花键有哪几种定心方式？为什么小径定心通常不采用？

8-4　某机床变速箱中一滑移齿轮与矩形花键轴联接，已知矩形花键的规格为 6mm×26mm×30mm×6mm，矩形花键孔长 30mm，花键轴长 75mm，齿轮在花键轴上经常移动，而定心精度要求高，试确定：

1）齿轮花键孔和花键轴各主要尺寸公差带代号，并计算出它们的极限尺寸。

2）确定齿轮花键孔和花键轴相应的位置公差及各主要的表面粗糙度值。

3）将上述的各项要求标注在内、外花键的断面图上。

8-5　普通螺纹联接的基本要求是什么？

8-6　影响普通螺纹互换性的主要因素有哪些？

8-7　保证螺纹互换性的条件是什么？

8-8　查表确定 M16×1-6H/5g6g 普通内、外螺纹的中径、大径和小径的公称尺寸、极限偏差和极限尺寸。

8-9　有一 M24×2-7H 的内螺纹，加工后实测得单一中径 $D_{2\alpha}=22.65$mm，螺距累积误差 $\Delta P_{\Sigma}=+45\mu$m，牙型半角误差 $\Delta\alpha_1/2=-30°$，$\Delta\alpha_2/2=+40°$。试判断该零件的合格性。

8-10　以外螺纹为例，试比较其中径 d_2、单一中径 $d_{2单一}$、作用中径 $d_{2作用}$ 的异同点，三者在什么情况下是相等的？

8-11　齿轮传动的使用要求有哪些？不同用途和不同工作条件的齿轮对这些使用要求的侧重点是否相同？试举例说明。

8-12　选择齿轮精度等级时应考虑哪些因素？

8-13　为什么单独检测径向跳动 F_r 不能评定齿轮传递运动的准确性？

8-14　某通用减速器中有一带孔的直齿圆柱齿轮。已知：模数 $m=3$mm，齿数 $z_1=32$，另一配对齿轮 $z_2=160$，齿形角 $\alpha=20°$，齿宽 $b=40$mm，孔径 $D=40$mm，传递功率 $P=5$kW，转速 $n=1280$r/min，轴承跨距 L 为 80mm，小批量生产。试确定小齿轮的精度等级、检验组及各项目与齿厚偏差的允许值。

附录　新旧标准对照表

现行标准	代替的旧标准	采标情况
GB/T 321—2005《优先数和优先数系》	GB/T 321—1980	
GB/T 1800.1—2020《产品几何技术规范(GPS)　线性尺寸公差ISO代号体系　第1部分:公差、偏差和配合的基础》	GB/T 1800.1—2009 GB/T 1801—2009	
GB/T 1800.2—2020《产品几何技术规范(GPS)线性尺寸公差ISO代号体系　第2部分:标准公差带代号和孔、轴的极限偏差表》	GB/T 1800.2—2009	
GB/T 1804—2000《一般公差　未注公差的线性和角度尺寸的公差》	GB/T 1804—1992 GB/T 11335—1989	eqv ISO 2768-1:1989
GB/T 6093—2001《几何量技术规范(GPS)　长度标准　量块》	GB/T 6093—1985	eqv ISO 3650:1998
GB/T 1182—2018《产品几何技术规范(GPS)　几何公差　形状、方向、位置和跳动公差标注》	GB/T 1182—2008	
GB/T 1184—1996《形状和位置公差　未注公差值》	GB 1184—1980	eqv ISO 2768.2:1989
GB/T 4249—2018《产品几何技术规范(GPS)　基础　概念、原则和规则》	GB/T 4249—2009	
GB/T 16671—2018《产品几何技术规范(GPS)几何公差　最大实体要求(MMR)、最小实体要求(LMR)和可逆要求(RPR)》	GB/T 16671—2009	
GB/T 1958—2017《产品几何技术规范(GPS)几何公差　检测与验证》	GB/T 1958—2004	
GB/T 1031—2009《产品几何技术规范(GPS)　表面结构　轮廓法　表面粗糙度参数及其数值》	GB/T 1031—1995	
GB/T 131—2006《产品几何技术规范(GPS)　技术产品文件中表面结构的表示法》	GB/T 131—1993	
GB/T 3505—2009《产品几何技术规范(GPS)　表面结构　轮廓法　术语、定义及表面结构参数》	GB/T 3505—2000	
GB/T 10610—2009《产品几何技术规范(GPS)　表面结构　轮廓法　评定表面结构的规则和方法》	GB/T 10610—1998	
GB/T 3177—2009《产品几何技术规范(GPS)　光滑工件尺寸的检验》	GB/T 3177—1997	
GB/T 1957—2006《光滑极限量规　技术条件》	GB/T 1957—1981	
GB/T 8069—2024《产品几何技术规范(GPS)　功能量规》	GB/T 8069—1998	
GB/T 307.1—2017《滚动轴承　向心轴承　产品几何技术规范(GPS)和公差》	GB/T 307.1—2005	idt ISO 492:2014
GB/T 307.2—2005《滚动轴承　测量和检验的原则及方法》	GB/T 307.2—1995	neq ISO/TR 9274:199

（续）

现行标准	代替的旧标准	采标情况
GB/T 307.3—2017《滚动轴承　通用技术规则》	GB/T 307.3—2005	
GB/T 307.4—2017《滚动轴承　推力轴承　产品几何技术规范（GPS）和公差值》	GB/T 307.4—2012	idt ISO 199:2014
GB/T 4604.1—2012《滚动轴承　游隙　第1部分：向心轴承的径向游隙》	GB/T 4604—2006	
GB/T 275—2015《滚动轴承　配合》	GB/T 275—1993	
GB/T 5847—2004《尺寸链　计算方法》	GB/T 5847—1986	
GB/T 157—2001《产品几何量技术规范（GPS）　圆锥的锥度与锥角系列》	GB/T 157—1989	eqv ISO 1119:1998
GB/T 11334—2005《产品几何量技术规范（GPS）　圆锥公差》	GB/T 11334—1989	
GB/T 12360—2005《产品几何量技术规范（GPS）　圆锥配合》	GB/T 12360—1990	neq ISO 5166:1982
GB/T 192—2003《普通螺纹　基本牙型》	GB/T 192—1981	
GB/T 196—2003《普通螺纹　基本尺寸》	GB/T 196—1981	
GB/T 197—2018《普通螺纹　公差》	GB/T 197—2003	
GB/T 14791—2013《螺纹　术语》	GB/T 14791—1993	idt ISO 5408:2009
GB/T 1095—2003《平键　键槽的剖面尺寸》	GB/T 1095—1979	
GB/T 1096—2003《普通型　平键》	GB/T 1096—1979	
GB/T 1097—2003《导向型　平键》	GB/T 1097—1979	
GB/T 1098—2003《半圆键　键槽的剖面尺寸》	GB/T 1098—1979	
GB/T 1099.1—2003《普通型　半圆键》	GB/T 1099—1979	
GB/T 1144—2001《矩形花键尺寸、公差和检验》	GB/T 1144—1987	neq ISO 14:1982
GB/T 10095.1—2022《圆柱齿轮　ISO 齿面公差分级制　第1部分：齿面偏差的定义和允许值》	GB/T 10095.1—2008	idt ISO 1328-1:2013
GB/T 10095.2—2023《圆柱齿轮　ISO 齿面公差分级制　第2部分：径向综合偏差的定义和允许值》	GB/T 10095.2—2008	
GB/Z 18620.1—2008《圆柱齿轮　检验实施规范　第1部分：轮齿同侧齿面的检验》	GB/Z 18620.1—2002	
GB/Z 18620.2—2008《圆柱齿轮　检验实施规范　第2部分：径向 综合偏差、径向跳动、齿厚和侧隙的检验》	GB/Z 18620.2—2002	
GB/Z 18620.3—2008《圆柱齿轮　检验实施规范　第3部分：齿轮 坯、轴中心距和轴线平行度的检验》	GB/Z 18620.3—2002	
GB/Z 18620.4—2008《圆柱齿轮　检验实施规范　第4部分：表面 结构和轮齿接触斑点的检验》	GB/Z 18620.4—2002	
GB/T 1356—2001《通用机械和重型机械用圆柱　齿轮　标准基本齿条齿廓》	GB/T 1356—1988	idt ISO 53:1998

注：idt——等同采用，eqv——等效采用，neq——非等效采用。

参考文献

[1] 吕天玉. 公差配合与测量技术 [M]. 6版. 大连: 大连理工大学出版社, 2018.

[2] 黄云清. 公差配合与测量技术 [M]. 3版. 北京: 机械工业出版社, 2012.

[3] 屈波. 互换性与技术测量 [M]. 北京: 机械工业出版社, 2014.

[4] 陈于萍, 高晓康. 互换性与测量技术 [M]. 北京: 高等教育出版社, 2002.

[5] 廖念钊, 古莹菴, 莫雨松, 等. 互换性与技术测量 [M]. 6版. 北京: 中国质检出版社, 2012.

[6] 王伯平. 互换性与测量技术基础 [M]. 5版. 北京: 机械工业出版社, 2019.

[7] 杨好学, 周文超. 互换性与测量 [M]. 北京: 国防工业出版社, 2014.

[8] 杨沿平. 机械精度设计与检测技术基础 [M]. 2版. 北京: 机械工业出版社, 2013.